国家林业局经济发展研究中心 ▣ 主编

气候变化、生物多样性和荒漠化问题动态参考2014年度辑要

中国林业出版社

图书在版编目(CIP)数据

气候变化、生物多样性和荒漠化问题动态参考年度辑要. 2014 / 国家林业局经济发展研究中心主编. －北京:中国林业出版社, 2015. 5

ISBN 978－7－5038－7982－1

Ⅰ. ①气… Ⅱ. ①国… Ⅲ. ①气候变化－对策－研究－世界 ②生物多样性－生物资源保护－对策－研究－世界 ③沙漠化－对策－研究－世界 Ⅳ. ①P467 ②X176 ③P941.73

中国版本图书馆 CIP 数据核字(2015)第 099336 号

出版 中国林业出版社(100009 北京西城区刘海胡同7号)
电话 010－83143564
发行 中国林业出版社
印刷 北京中科印刷有限公司
版次 2015年6月第1版
印次 2015年6月第1次
开本 787mm×1092mm 1/16
印张 19.5
字数 400千字
定价 68.00元

编委会

前　言

近年来，我国林业深入贯彻落实党中央确立的以生态建设为主的发展战略，大力推进林业重点工程建设和林业重大改革，不断加强森林、湿地、荒漠生态系统和生物多样性保护恢复，取得了举世瞩目的成就，为社会提供了丰富多样的林产品和生态服务，逐步成为国家生态建设的主战场、大舞台和支撑点，为国家可持续发展打下了较好的基础。据第八次全国森林资源清查结果，我国森林覆盖率达到21.63%，森林蓄积151.37亿立方米。森林生态系统每年提供约10万亿元的生态服务价值。全国沙化土地面积由20世纪90年代后期年均扩展3436平方公里变为年均缩减1717平方公里。90%的陆地生态系统类型、85%的野生动物种群和65%的高等植物种群得到有效保护。在全球森林资源总体减少的情况下，我国成为世界上森林资源增长最快和生态治理成效最为明显的国家。同时，我国山区面积占国土面积的69%，山区人口占全国人口的56%。林业作为重要的绿色经济部门，在山区林区可持续发展和消除贫困中具有基础地位，发挥着关键作用，为我国社会主义小康社会建设作出了巨大贡献。

党的十八大提出大力推进生态文明建设，努力建设美丽中国，形成了中国特色社会主义事业“五位一体”的总体布局。十八届三中全会作出了全面深化改革的决定，并对包括林业在内的各个重要领域树立改革目标、提出明确要求和做出安排部署。十八届四中全会作出了推进依法治国的决定，对包括林业和生态建设提出了具体要求并做出安排部署。在这一新形势下，林业迎来了千载难逢的战略机遇期，进入了转型升级的关键阶段，发展生态林业和民生林业成为当前阶段的核心任务。如何进一步强化林业在国家生态文明建设中的主体地位和支撑作用，是摆在中国林业面前的一个重大课题。

在这一阶段，新形势、新情况千变万化，新矛盾、新问题层出不穷，新做法、新经验不断涌现。国家林业局党组要求认真贯彻落实党中央的要求，不断加强学习，坚持理论武装，树立世界眼光，善于把握规律，富有创新精神，努力提高执政能力和执政水平，以适应形势的变化和工作的需要。要树立问题意识，找准理论与实践的结合点，以辩证的态度对待问题，以科学的方法分析问题，以正确的理论指导解决问题。要大兴调查研究之风，把调查研究作为培育和弘扬良好学风的重要途径，引导广大林业工作者在深入实践中学习，在总结经验中提高。目前，中国林业改革发展面临着一系列重大问题，需要从理论到实践上不断探索、认真总结、抓紧研究，同时借鉴国际经验，寻找解决的途径和方法。

按照国家林业局党组的要求，局经济发展研究中心从2007年起编发《气候变化、生物多样性和荒漠化问题动态参考》(以下简称《动态参考》)，以气候变化、生物多样性和荒漠化治理问题为重点，密切跟踪国内外林业建设和生态治理进程，搜集、整理和分析重要政策信息，为广大林业工作者提供一个跟踪动态、了解信息、学习借鉴的平台。2014年，《动态参考》汇集了近百份有价值的重要信息资料，主要集中在5个方面：一是公约动态，重点关注林业相关国际公约的进展情况及其对林业的影响，以及联合国政府间气候变化专门委员会关于气候变化影响的评估进展；二是森林可持续经营与绿色发展，重点关注全球森林可持续经营的新动向和各国促进绿色经济的林业重大战略和政策行动；三是气候变化与碳排放权交易，重点关注林业应对气候变化的重要地位和各国战略，如美国自然保护区应对气候变化规划、英国生物多样性脆弱性评估国家模型等；四是生态保护与恢复，重点关注各国在自然资源产权和核算、生态文明评价制度等方面的进展，如美国联邦政府自然生态系统保护制度、英国国家生态系统服务经济价值核算等；五是林业法律与改革，重点关注各国“依法治林”进展，如全球气候立法66国评估、美国农业新法案关于林业和生态内容等。这些信息必将对广大林业工作者开拓国际视野、指导当前工作起到参考作用。

今年，根据各方的要求和建议，局经济发展研究中心将2014年动态参考整理汇编，形成了一本内容全面、重点突出、资料翔实、剖析深入的年度辑要，集中展现了林业生态治理的重要政策信息和理论创新成果。今后，在各方的支持下，《动态参考》及其年度辑要，会常办常新、越办越好，使广大林业工作者及时了解国内外林业建设和生态治理的进程动态和政策信息，从中学习借鉴好经验、好做法，为探索林业建设的新路子，加快推进生态林业和民生林业建设，为建设生态文明和美丽中国作出新的更大的贡献。

编 者

2015年4月

目　录

第二节 林业与绿色发展

第三篇 气候变化与碳排放权交易

第一节 林业应对气候变化

第二节 生态补偿与自然系统价值核算

第三节 生物多样性与野生动植物保护

第四节 可再生能源

第五篇 林业法律与改革

第一篇

公约动态

IPCC 报告：分析气候变化风险并指明适应道路　评估对森林、湿地和五种关键生态系统服务的影响

2014 年 3 月 31 日，联合国政府间气候变化专门委员会（IPCC）在日本横滨发布了第五次评估报告第二工作组报告，这份报告题为《气候变化 2014：影响、适应和脆弱性（决策者摘要）》（*Climate Change* 2014：*Impacts*，*Adaptation*，*and Vulnerability SUMMARY FOR POLICYMAKERS*）。报告详细阐述了迄今为止气候变化产生的各种影响、气候变化的未来风险，以及为了降低风险而采取有效行动的各种机会。报告的主要结论包括：随着气候变暖的程度不断加大，管理这些风险的难度也在增大，但应对这些风险的机遇依然存在。

报告内容分为四章，分别是：气候变化风险的评估和管理、复杂和多变世界中观测到的影响、脆弱性和适应、未来适应气候变化的风险和机遇，以及管理气候风险并构筑弹性。报告明确了世界各地的脆弱人群、产业和生态系统。根据这份报告，现已观测到气候变化对农业、人类健康、陆地和海洋生态系统、供水和人们的生计造成不利影响。从热带到两极、从小岛屿到大陆各地区、从最富裕国家到最贫穷国家都受到了气候变化的影响。也就是说，全世界人民、社会和生态系统面对气候变化都是脆弱的，只不过因地点不同而脆弱性存在差异。报告指出，气候变化通常与其他外界压力相互作用，从而增大风险。这些风险来自于暴露度（处于危害状态的人或资源资产）、由于缺乏准备而导致的脆弱性以及触发气候事件的各种危害。报告强调，在许多情况下，尚未对已经面临的气候风险做好准备，与此同时，现在采取的一些准备工作更多的是针对过去的事件作出被动反应，而不是主动预防未来的变化。未来需要在适应气候变化方面已经积累起来的经验基础上采取更大胆、目标更远大的行动。

现将这份报告提出的气候影响风险、对生态系统及其服务的影响，以及专家和相关机构对报告的建议，摘编整理如下。

一、气候变化产生重大冲击　恶化人类生存环境

（一）气候变化影响人类生存

这份报告提出气候变化对粮食安全和人类安全的影响，并强调将平均气

温控制在比工业革命前上升不到2℃的重要性。报告说，在过去数十年间，气候变化对所有大陆和海洋生态系统以及人类社会产生了影响。气温上升的主要风险包括海平面上升、沿海地区遭受高潮危害、城市因洪水受灾、极端天气危害基础设施、城市酷暑导致死亡和疾病、干旱和降水量的变化导致食物不足等。报告指出，气温升高很容易在大范围内产生不可逆的影响。如果平均气温与20世纪末相比上升2℃，热带和温带地区的小麦、稻谷和玉米将会减产；如果平均气温比20世纪末上升3℃以上，南极和格陵兰岛冰盖融化导致海面上升的风险将会提高。如果格陵兰岛的冰盖融化，海面将在1000年内上升7米。报告还详细分析了酷暑和洪水等对全球各地的影响。路透社指出，IPCC在报告中提到了139次“风险”，却仅有8次提到“机会”，足见气候变化问题之严峻。

报告指出全球气候变化产生多方面重大冲击，认为其恶化了人类的生存环境，主要表现在：

(1)全球经济。报告指出，当全球平均气温较工业化前的水平上升2.5℃，全球国内生产总值(GDP)将损失0.2%~2%。例如，2012年全球GDP为71.8万亿美元，损失2%意味全球经济产值将降低1.4万亿美元。

(2)粮食安全。主要表现在三方面：①粮食减产和人口增加的矛盾。IPCC预测本世纪结束前，主要粮作平均收获量可能每10年减少2%；然而到2050年前，全球粮食需求可能每10年就攀升14%。②气候变化意味粮价上涨，排斥贫困群体。继IPCC上次报告发布以来数年中，全球粮食价格已出现三次暴涨，每一次都与极端天气导致的粮食歉收有一定的关系。根据IPCC作出的谨慎估计，受气候变化的影响，到2050年，粮食价格有可能上涨3%~84%，而且极端天气还会造成价格的进一步飞涨。这会给那些将一半收入用来购买食物的人群造成巨大困难，而诸如优质咖啡或巧克力等商品价格的提升也会让人们倍感压力。③气候变化将破坏为消除饥饿所作的努力，甚至倒退数十年。目前，世界各地的饥饿状况正在好转，虽然速度还不够快。但IPCC的研究显示这一进程将出现倒退趋势。到2050年，另有5000万人(相当于西班牙的人口)会因为气候变化而面临挨饿的危险，另外2500万五岁以下儿童会受到营养不良的威胁，这个数字是美国和加拿大所有五岁以下儿童的总和。

(3)沿海与低洼地区。海平面上升代表沿岸与低洼地区遭淹没、海水泛滥与海岸侵蚀的情况将日渐增加，本世纪结束前数亿人可能被迫迁徙，东亚、东南亚与南亚将是遭受最大影响的区域。

(4)人类健康。气候变化将使现存问题恶化，例如受伤的可能性将会增大，疾病高发，强烈的热浪和火灾将造成更多死亡，贫困地区粮食生产量下降造成更多人营养不良，通过食物或水源传染疾病的威胁将进一步加大。若不加速投资因应之道，到2050年前全球五岁以下营养不良的人口可能增加2000万~2500万人。

(5)人类安全。气候变化将通过人口迁徙对社会安全产生影响。例如，间接增加不同群体或族群间冲突、或因贫穷与经济等问题引发抗争的风险。海平面上升将使小型岛国的领土遭遇挑战，并面临海冰融化、鱼群迁移、水资源共享等"跨界"问题。

(6)淡水资源。IPCC发现，气候变化导致干燥的亚热带地区可再生地表水与地下水资源大减，加剧水资源的竞争。陆地与淡水生物濒临绝种的风险也将随之升高。

(7)独特地貌。只见于苏格兰西北部和爱尔兰西部海岸的沿岸砂质低地(Machair)，号称英国的"文化遗产"，富含贝壳的碳酸钙成分，但空气污染正威胁这种独特地貌。

(二)分地区来看，亚洲受影响最为严重

报告指出，从区域看，亚洲将成受害最严重地区。根据对各地区的影响，适应性以及易损性的评估，在本世纪头50年，大气中二氧化碳含量的增多将会引起一系列的气候变化，对英国等国家危害不大。相反，那些生活在发展中国家低纬度地区的，尤其是亚洲沿海人口密集地区的人们，将会面对最为严重的影响。

根据报告，随着全球气候变暖，数以百万计的人们将会受到沿海洪灾，土地流失，冰帽融化以及海平面上升带来的影响。"其中最为严重的地区是亚洲东部，南部以及东南部地区，其中一些小岛屿将深受其害。"

报告警示称，城市同样也会面临一些特殊问题。"热应力、极端降水、内陆及沿海洪水、干旱、水荒将会给城市地区带来威胁，而对于那些基础设施服务不完善的地区，威胁将会进一步扩大。"报告补充道，该项预测可信度很高。

报告还指出，气候变化还将减缓经济增长，进一步削弱食品安全，触发新的贫困问题，特别是"在城市以及饥饿问题的热点地区"。

城市自身的弱点以及高风险地区的划分使得亚洲沿海城市地区成为应对本世纪气候变化的重难点地区。科学家表示，由于干旱或其他因素引起的森林大火，其产生的刺鼻浓烟将会使整个东南亚地区窒息。在将来，这个问题还将更为严重。

二、报告评估了气候变化对森林、湿地等生态系统的影响以及对五项关键生态系统服务的影响

(一)对森林、湿地等生态系统的影响评估

在同时发布的IPCC第五次评估报告第二工作组报告(未决议报告)中，

提出了多项关于气候变化影响生态系统及其服务的结论，包括：未来30年，土地利用和土地利用变化、污染和水资源开发将是淡水(高置信度)和陆地(中置信度)生态系统的主要威胁；过去30年，淡水和陆地生态系统汇集了人类活动排放到大气中的二氧化碳的1/4(高置信度)；陆地生态系统发生实质性改变(植被覆盖、生物量、物候或优势植物群落)，或者是气候变化的影响，或者是其他机制，如转换成农地或人居地，同时区域和全球气候也遭受影响(高置信度)。这份未决议报告评估了气候变化对森林、湿地等生态系统及其服务的影响，部分结论如下：

(1)对森林的影响。根据地面观测、大气碳预算和卫星测量的结果，森林目前在全球范围内为净碳汇(高置信度)。原生林和再生林目前约储碳860±70PgC(1Pg C等于10亿吨碳)，在2000~2007年间汇集碳4.0±0.7 Pg C·a^{-1}，同期由于毁林、森林退化以及采伐和火灾，释放碳2.8±0.4 Pg·a^{-1}。因此，全球森林的净碳平衡是1.1±0.8 Pg C·a^{-1}。未来关于气候和森林之间的相互作用关系仍不是很清楚。原生林和再生林吸收碳经历20世纪70和80年代增长后，目前与20世纪90年代相比趋于稳定。陆地碳汇正在减弱(中置信度)。不同地区，森林碳汇的驱动力不一样。大多数模型表明，本世纪末，高温、干旱和火灾增加将导致森林碳汇减弱或森林变为碳排放源。气候变化下，寒带、温带和热带森林的表现不一样。温带森林主要位于北美洲东部、欧洲和亚洲东部。这些区域的森林总体趋势是树木生长率和总碳储量在增加。最近迹象表明，温带森林和树木已开始展现出气候胁迫的迹象，包括增加的树木死亡现象和虫害爆发。在法国东北部，由于水供给减少，近期欧洲榉木生长量普遍下降。一些研究发现，温带森林树木生长速率已经过了其20世纪后期的峰值，处于下降趋势的原因可能是气候因素，特别是干旱和热浪。在森林群落水平上，温带林响应气候变化碳循环的碳源、碳汇和数量仍有很大的不确定性。区域植被模型对中国的分析表明，温带林有北移趋势。

(2)对湿地、河流、湖泊等的影响。淡水生态系统被认为是地球上所受的最重要威胁之一。值得注意的是，淡水栖息地生活着有记录物种的6%，这其中约包括鱼种的40%和脊椎类动物种类的1/3。而河流破碎化，因城市建设和农业发展导致洪泛区和湿地面积减少，甚至与河流主体间被完全分割，以及城市和农业的污染，直接导致了水质下降和生态服务系统功能的减弱。据估计：至少有1万~2万个淡水物种由于人类的活动而灭绝或濒临灭绝，有些物种例如北美小龙虾、淡菜、鱼及一些两栖动物，每10年灭绝4%。

越来越多证据表明，气候变化将显著改变河流和湿地的水文属性，进而影响甚至改变淡水生态系统，例如河流夏季径流和基流的下降。一些水生生物的栖息地，最容易受到气候变化的影响，特别是温度的上升，逐渐减少和消失的冰川将导致当地淡水生物多样性的减少。据预测，物种库中11%～38%的大型无脊椎物种将随着冰川的消失而消失。而冰川的融化和小冰川的消失还将影响物种多样性和基因多样性。包括低温物种的逐步衰落。

此外，气候变化诱发的降水物质极有可能是温带和寒带泥炭地植被改变的主要原因。泥炭地包含大量的碳，易随土地利用和气候变化而改变，尽管泥炭地只占土地表面的3%，但它们却含有大气中碳的一半含量，或者全球1/3土壤碳储量(400～600Pg)。世界上大约14%～20%的泥炭地被用于农业和东南亚的泥炭沼泽林。近期研究表明，热带泥炭地(溶解性有机碳)DOC值要高出50%。因此，保护未开发的生物燃料以及泥炭地，或恢复退化泥炭地，保留它们的碳存储，是减缓地球变暖的一种策略。

(3)对沙漠的影响。地球陆地表面的35%为沙漠。受气候变化影响，预计地球沙漠面积在未来几十年里还会逐年扩大，沙漠物种构成也会有所改变。模型拟合结果显示，受地表反照率效应作用，伴随着全球气候变暖，分布在南北回归线附近副热带高压区内的低纬度沙漠(热沙漠)将会越来越热，而分布在温带大陆内部(冷沙漠)中纬度沙漠将会越来越冷。此外，沙漠地区气候变干变热的速度要快于地表其他地区，而这种变化带来的生态损失要大于生态收益。有些沙漠的生态耐理机制自我调整要快于全球气候变化的速度。

(二)对关键生态系统服务的影响评估

1. 对栖息地的影响评估

气候变化将通过三种方式诱导栖息地改变，即栖息地重新分布、由于物种迁出其首选栖息地产生的变化，以及栖息地质量的变化。气候变化正在对栖息地产生影响(如北极熊的案例)，但还不是一个普遍现象。对气候变化诱导栖息地改变的模型研究表明，未来几十年许多物种将不得不离开其首选栖息地(preferred habitats)。如非洲的鸟类将不得不迁徙几百公里。到2080年，欧洲保护区内60%(58±2.6%)的植物和脊椎动物将不再拥有有利的气候条件，它们必须适应不太适合自身的栖息地。美国西部也有类似影响，但是，对某些目前生活在并不适宜自身的保护物种，气候变化也能带来有利影响。报告指出，有学者建议，要在预测气候变化后，新增或调整保护区布局，使其对气候变化提前适应(pre-adaptations)。总的来说，许多植物和动物物种，为应对几十年来观测到的气候变化，已迁离其栖息地，改变了它们的丰度和季节性活动(高置信度)。这种情况发生在很多地区，并且为了应对预测的未来气候变化，还将继续发生(高置信度)。

2. 对木材和纸浆生产的影响评估

在大多数人工林地区，过去几十年森林生长率已经增加，但也有差异，一些地区在减少。在非缺水地区，这些趋势与较高的温度和较长的生长季节是吻合的，但是，在一般情况下，因为许多环境驱动因素和森林管理的变化相互交织在一起，就很难对这些(影响)因素进行归因。在欧洲，减少采伐强度是重要的因素。森林产量模型预测气候变化下未来林业生产会增加，这或许过于乐观。

3. 对生物质能源的影响评估

生物能源的来源包括传统形式(如木材和木炭)和现代形式(如工业燃烧生物质废弃物、生产乙醇和生物柴油，以及种植生物能源作物)。由于用户转向化石燃料或电力，传统生物燃料的产量普遍在下降，但它们仍然是许多欠发达地区的主要能源来源，如非洲。一般来说，气候变化下生物质能源生产的潜力很高，但也具有很大的不确定性(uncertain)。

4. 对授粉和病虫害调节的影响评估

物种相互作用的减少可能会减少生态系统调节服务的效果。Burkle *et al.* (2013) 指出，物种丧失减少了相互作用物种间的共生机制(co-occurrence)，进而减少相关的生态系统服务。气候变化往往会增加有害物种的丰度，但很难评估其影响。气候变化对虫害有直接影响和间接影响，前者表现在暖化有利于害虫产卵成虫，后者表现在对害虫天敌的影响。气候暖化导致害虫活力和繁殖力增加。气候变化对传粉者(包括蜜蜂)和授粉有严重负面影响(中置信度)。土地利用变化和气候变化是导致传粉者减少的两个最重要因素。气候变化对授粉还有很多潜在影响。While Willmer (2012)指出，可能低估了物候变化的影响。观察到的蜜蜂数量的普遍下降，明显表明其受到全球变化现象、农药施用、新的疾病和压力(以及这些因素组合)的损害。保护蜜蜂的遗传多样性被认为是生态系统授粉服务的一项关键适应战略。

5. 对气候、极端天气事件调节的影响评估

2000~2009 年，全球陆地生态系统净吸收大量的人为排放到大气中的 CO_2，减缓了气候变化。造林或再造林是一项有潜力的减缓气候变化的行动，但是，造林对全球气候的净影响是复杂的，也是视环境而定的。在减缓气候变化的造林和其他生态系统服务(如水供给、生物多样性保护)之间，可能存在负影响权衡(negative tradeoffs)。

三、政要、专家和相关机构表达了关注并提出建议

(一)政要和专家的观点

联合国秘书长潘基文：对联合国政府间气候变化专门委员会的新报告表示欢迎。他指出，随着气温不断上升，应对气候变化风险也将变得愈发困难。为降低此类风险，全球必须大幅减少温室气体排放量，同时采取明智的策略和行动改进防灾准备工作，减少气候变化所引发事件造成的危害。潘基文敦

促所有国家在各个层面上迅速而大胆地行动起来，为即将于 2014 年 9 月 23 日召开的气候峰会带来雄心勃勃的宣言和行动，尽一切努力在 2015 年之前达成一项具有法律约束力的全球应对气候变化新协议。

第二工作组联合主席文森特·巴罗斯指出："我们生活在一个人为气候变化的时代。在很多情况下，我们对业已面临的气候风险尚未做好准备。如果我们为更好的防御而投资，无论是在当前还是未来，都可获得回报。"他进一步分析，适应在降低这些气候风险方面能起到重要作用。他说："适应之所以如此重要，部分原因是由于过去的排放和现有的基础设施使全世界面临一系列气候变化风险，这些风险随着温度升高已进入整个气候系统。"

第二工作组的另一位联合主席克里斯·菲尔德认为，现在的确已经开展减少气候变化风险的适应工作，但我们更多注重就过去事件做出被动响应，而不是主动防御未来的变化。菲尔德说："气候变化的适应工作不是一项从未尝试过的异乎寻常的议事日程。全世界各国政府、工商界和社区都在不断地积累适应方面的经验。这方面经验将成为一个重要起点，从此让我们在气候和社会继续变化的情况下采取更大胆、更具远大目标的适应行动。"未来气候变化造成的风险在很大程度上取决于未来气候变化量。气候变暖的幅度不断增长加大了出现严重和普遍影响的可能性，这些影响也许会出人预料的或是不可逆的。菲尔德说："随着温室气体排放量持续增加使升温幅度达到高位，管理风险将极具挑战性，甚至达到严峻程度，持续的投资将面临限制。"观测到的气候变化已对农业、人类健康、陆地和海洋生态系统、供水和人们的生计造成不利影响。从观测到的影响最显著的特点是，影响发生在从热带到两极，从小岛到大陆各地区，从最富裕国家到最贫困国家。菲尔德还说，"该报告得出以下结论，全世界人民、社会和生态系统都是脆弱的，但因地点不同脆弱性也各异。气候变化通常会与其它外界压力相互作用，从而增大风险。"菲尔德补充说："气候变化是对风险管理的一种挑战，认识到这一点可开创各种宽泛的机会，将适应与经济社会发展以及与抑制未来变暖的倡议整合为一体。我们确实面临着各种挑战，但认识到这些挑战，并创造性地逾越这些挑战则能够使适应气候变化成为有助于在近期乃至更长远时期建立一个更有活力的世界的重要途径。"

IPCC 主席拉金德拉·帕乔里说："第二工作组的报告说明我们朝着了解如何降低和管理气候变化风险又迈出了重要一步。连同第一工作组和第三工作组的报告，本报告绘出了一幅概念图，其中不仅体现了气候挑战的基本特征，而且还给出了可供选择的解决方案"。帕乔里说："如果没有第二工作组主席以及数以百计的科学家和专家自愿牺牲他们的时间来编写这份报告，以及全世界超过 1700 名专家评审提供宝贵的监督意见，这一切都是不可能的"。

“IPCC 报告是人类历史上最雄心勃勃的科学事业，我感谢每个人为此做出的贡献，同时也为之感动”。

英国苏塞克斯大学和荷兰阿姆斯特丹自由大学教授、IPCC 委员理查德·托尔：新报告指出，气温进一步升高 2℃，可能导致相当于全球 GDP 的 0.2%~2% 的损失。按照当前的趋势，这种程度的气候变暖可能在 21 世纪下半叶发生。换句话说，气候变化在半个世纪所造成的影响，相当于损失一年的全球经济增长成果。减少温室气体排放并不是减弱气候变化影响的唯一办法。除此之外通过适应和发展也能解决问题，但人们很少探讨这些折中办法。目前超过 15% 的发展援助资金被用于预防气候变化的尝试。这是帮助目标受益国的最佳方式吗？还是它反映的是援助国希望优先解决的问题？

(二)部分机构的关注和建议

(1)世界自然基金会：气候变化的减缓和适应不可分割。建议在增加基础设施建设的同时，更要加强生态系统的保护、恢复和管理，把自然生态系统作为绿色生态屏障，抵御气候变化和极端气候事件带来的灾难性影响，比单纯的通过工程手段应对气候变化更经济可行。同时，能源结构的转型是应对气候变化的最根本途径。我们认为中国的电力部门“去煤”是可行的，而且可再生能源发电的潜力巨大，中国政府能够拿出更大的政治勇气“去煤”并大力发展可再生能源，以缓解中国经济持续增长下能源进口的压力，并从根源上解决雾霾问题。

(2)大自然保护协会：气候变化影响着洪水和台风等自然灾害的频率和强度，对我国的生物多样性保护、农业、防灾减灾等各方面都提出了严峻的挑战。适应气候变化，除了必要的基础设施建设之外，还应当包括对自然生态系统的保护和修复，以帮助人类提高应对气候变化的长期影响和气候灾害的能力。我国在诸如确定适应目标、制定适应行动方案、在产业升级转型和城镇化的进程中探索适应与减缓协调开展的工作机制、有效整合人工设施和自然生态适应气候变化等问题上，还大有探索空间。这需要集合政府、学界、企业和 NGO 多方的力量，开展广泛而深入的国内外合作和研究，在有代表性的区域进行创新适应机制和技术的尝试与示范。

(3)创绿中心：国家的公共财政已投向农业、水资源、海洋、气象等气候变化的适应工作，但相比减缓领域，投向适应领域的资金相对不足，也未得到私营资本的重视。适应气候变化作为一项国家战略，需要明确地体现在政府职能和公共财政管理体系中。建议中央财政将气候变化的适应和减缓分别纳入到全国公共财政支出预算科目，并加大适应领域的投入资金。同时，降低私营资本进入适应领域的门槛，激励更多社会资本投入到适应气候变化的领域中。

(4)乐施会：相对于全球粮食需求每10年上升14%，气候变化会导致全球农业总产量每10年下降两个百分点，并会导致粮价的高企和不稳定。乐施会估计全球谷类食品的价格到2030年会翻一倍，其中一半是因为气候变化导致的，而这可能使人类对抗饥饿的行动倒退数十年。温度上升1.5℃就会对我们的粮食系统带来严重影响，而IPCC的最新报告中强调升温3～4℃带来的粮食危机失控。如果我们不采取行动，本世纪后半叶，这种失控就会发生。呼吁政府和商业机构现在就采取行动来阻止气候变化带来的致贫或返贫，这些行动包括提高社区的适应力、加大减排力度和推进有约束力的国际协议的达成。

(5)北京山水自然保护中心：建议国家的适应战略重视淡水保护与生物多样性保护，增强适应气候变化与气候灾难的能力。保护陆地和淡水生态系统，建立物种走廊等以减少物种灭绝风险；保障农村地区的淡水供应，加强建设人畜饮水设施与节水的灌溉方式，通过新技术的应用来提高水资源管理能力和适应能力；通过生态的方法对洪水、干旱、内涝、泥石流等极端灾害进行预防，并设立专项气候变化救灾基金。

(6)全球环境研究所：希望中国各省市政府官员能够运用科学的、透明的、可量化的工具来分析和评估低碳发展政策，采用定性与定量相结合的方式制定政策，以增加可实施性和有效性，更好地实现经济发展和碳强度降低的双重目标。

(7)绿色和平：气候变化的减缓与适应是一枚硬币的两面，随着气候变化严峻程度的不断提升，气候适应问题的紧迫性已毋庸置疑。与主要针对温室气体排放源的减缓工作不同，适应面临更多的交叉学科和治理领域。由其本身特性决定，适应问题在获得资金、技术支持等诸多方面也将面临挑战。适应问题的紧迫性、复杂性、艰巨性都要求对该问题的研究与政治重视更进一步。

（摘译自：1. Climate Change 2014：Impacts，Adaptation，and Vulnerability Summary for Policymakers；2. 新浪天气网；3. 中国气象报；4. 人民网；5. 中国网；6. 新浪博客。）

IPCC 报告：
评估林业减缓气候变化的潜力和成本、机遇和挑战、政策措施以及技术选项

2014年4月7~11日，联合国政府间气候变化专门委员会第三工作组第12次会议暨第39次全会在德国柏林召开，4月13日会议审议并批准发布了IPCC第三工作组第五次评估报告（以下简称第五次报告），即《气候变化2014：气候变化减缓》（*Climate Change* 2014：*Mitigation of Climate Change*）。报告包括决策者摘要（SPM）、技术摘要、基础报告（共16章）和三个附件。第五次报告主要对人类减缓气候变化的做法进行评估，认为全球温室气体排放已升至前所未有的水平，但仍然有许多路径来实现未来气候升温不超过2℃的既定目标，只是所有路径都需要各部门的共同努力和大量投资。第五次报告专章分析了农业、林业和其他土地利用部门（AFOLU）（以下简称农林和其他土地利用）减缓气候变化的潜力和成本、政策措施和技术选项等内容。认为农林部门与其他部门相比具有特殊性，表现在两方面：一方面农林部门减缓气候变化的潜力较大、路子较多；另一方面该部门又为人类提供食物、纤维、生态等服务，为人类可持续发展提供"兜底性需求"（underpinning requirement），为此，农林部门减缓措施要综合评估对这些"兜底性"服务的潜在影响。现将第五次报告的主要结论，以及关于林业的部分结论编译整理如下，供参考。

一、第五次评估报告的主要结论：虽然努力减排，但温室气体排放仍在加速，通向大幅减排的道路有多条

报告显示，虽然减缓气候变化的政策越来越多，但全球温室气体排放已升至前所未有的水平。2000~2010年间，人为温室气体排放量平均每年增长2.2%，高于此前30年1.3%的年均增长率。如果减缓气候变化的力度保持当前水平，不采取更多减排温室气体措施，那么至2100年，全球平均温度将比工业革命之前高3.7~4.8℃。报告指出，各种情景显示，将全球平均温度上升限制在2℃是可能的，这意味着与2010年相比，到本世纪中叶要将全球温室气体减少40%~70%，到本世纪末减至近零。要实现这一目标，只有通过重大体制和技术变革才更可能将全球变暖幅度控制在各国政府公认的上述阈值内。

报告认为，过去10年，温室气体排放增长的主要推动因素是能源需求增加以及全球燃料结构中煤炭比重的上升。为控制全球变暖，全球能源供应系统应大规模改变，增加风能、太阳能、水能等可再生能源及核能等低碳和零碳排放能源的使用比例，淘汰没有应用碳捕获及储存技术的化石能源发电形式。全球能源供应领域2040～2070年应实现CO_2排放水平比2010年低90%，并最终实现零排放。第三工作组联席主席之一尤巴·索科纳说："减缓气候变化的核心任务是割断温室气体排放与经济和人口增长之间的联系。通过降低当地空气污染及提供(清洁)能源，很多减缓措施能够为可持续发展做出贡献。"

报告指出，气候变化的减缓效果取决于能源供应、工业、交通运输、建筑、土地利用、城市规划等不同领域的共同努力。2000～2010年增加的人为温室气体排放中，47%直接来自能源供应领域，30%直接来自工业，11%直接来自交通运输，3%直接来自建筑。要实现大气中温室气体浓度的稳定，各国需要采取新技术实现大幅改变(mass shift)，有效地使用能源，并在能源生产、交通运输、建筑、工业、土地利用和人类居住等各个行业进行减排。

在工业领域，可以借助创新和技术改造升级，提高工业生产能源使用效率，并通过材料和产品回收及再利用，降低温室气体排放。另外，不同行业、不同公司之间进行合作，共享设施、信息、资源，也有助于整个工业领域的减排。

在交通运输领域，可以通过技术手段提高运输工具的能源使用效率；推广氢能、生物燃料汽车、电动汽车等低碳车辆；增加基础设施投资，建设高速铁路网，降低短程飞行需求；借助城市规划，鼓励自行车、步行及公共交通出行等。

在土地利用领域，造林和减少毁林已阻止甚至逆转了因毁林产生的排放增加。通过造林，林地可吸收大气中的CO_2，也可通过生物质发电与CO_2捕获和储存技术相结合的方式实现。但是，迄今为止这种组合尚未呈现规模化，常年储存在地下的CO_2面临着各种挑战，需要对加剧的土地竞争风险进行管理。实现土地的多功能用途，可减少这些风险。农业生产中的耕地、牧场管理以及有机土壤恢复也被认为是减缓气候变化的有效措施。

在建筑领域，可以建设低能耗的新式建筑，并对老建筑进行节能改造。同时，生活方式及行为习惯的改变也有助于降低能源需求。

报告强调了国际合作的重要性，指出不同区域、国家之间的气候政策联动有助于为减缓气候变化步伐和适应气候变化影响带来好处。

二、第五次评估报告关于林业的主要结论

第五次评估报告与第四次评估报告相比，在内容上有新的调整，它将第

四次评估报告中单独设立的“林业”、“农业”两章合并为一章，命名为“第十一章：农业、林业和其他土地利用”(AFOLU)。因此，第五次评估在陈述关于林业部门的结论时，虽有单独针对林业的评估结论，但较多的地方还是针对“农林和其他土地利用”的评估结论。现将第五次评估报告关于林业的部分热点内容摘译整理如下，供参考。

(一)林业减缓气候变化的潜力和成本

1. 评估“林业减缓气候变化的潜力和成本”的主要方法

农林和其他土地利用减缓潜力和成本的估算，主要有两种方法，即自下而上(bottom-up)和自上而下(top-down)的方法。自下而上的研究是基于对减缓方案的评估，突出强调具体的技术和规定。这类研究一般是针对行业的研究，将宏观经济视为不变。将各个行业估算进行综合累计，为这类评估提供一个有关总体减缓潜力的估算。自上而下的研究是从整体经济的角度评估各减缓方案的潜力。这类研究使用全球一致的框架和有关减缓方案的综合信息，并抓住宏观经济反馈和市场反馈。

2. “林业减缓气候变化的潜力和成本”的主要评估结果

从供给角度看，在碳价最高至100美元/吨CO_2当量时，到2030年，农林和其他土地利用部门(AFOLU)减缓措施的经济减排潜力估计为71.8亿~106亿吨CO_2当量/年(全部范围为4.9亿~106亿吨CO_2当量/年)，其中1/3的措施可以在碳价低于20美元/吨CO_2当量时实现。这些估计包括针对农业和林业的研究，还包括农业土壤碳汇。其中，在碳价最高至100美元/吨CO_2当量时，自第四次评估报告以来所有“仅估计农业部门减缓措施”的研究，估计的减排潜力范围为3亿~46亿吨CO_2当量/年；自第四次评估报告以来的所有“仅估计林业部门减缓措施”的研究，估计的减排潜力范围为2亿~138亿吨CO_2当量/年。以上估计的减排潜力变动范围较大，主要原因是每一项研究中选取了减缓选项措施的不同组合，而且在研究中并未考虑所有的温室气体。

对于林业部门，不同碳价下其减缓选项的差异较小，但是在不同地区，其减缓选项的差异较大。分地区来看，每个地区有效的林业减缓措施各不相同(图1)。拉丁美洲和加勒比、中东以及非洲的林业减缓选项主要是减少毁林，这一手段在OECD地区和经济转型国家潜力很小。亚洲、OECD地区和经济转型国家的主要林业减缓选项是森林管理和造林。对于农业部门，针对不同碳价，应选择不同的减缓选项，在碳价较高时，恢复有机土壤的减排潜力较大，在碳价较低时，农地和牧场土地管理的减排潜力较大。

自第四次评估报告以来，减缓气候变化更多的注意力聚焦于通过提高单位产品的生产效率来减少排放强度(emissions intensity)，或实施减缓措施，或综合采取这两种方法。农业、林业和其他土地利用部门的各种商品，其减缓

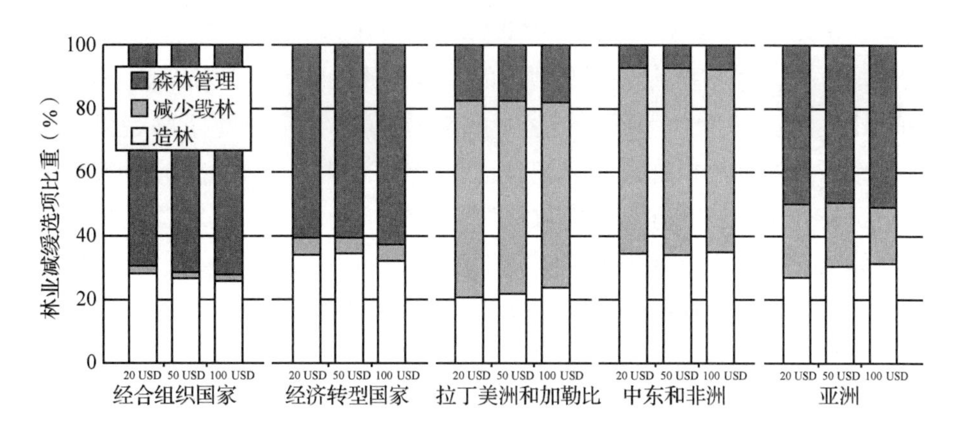

图1 各地区林业减缓气候变化的主要选项比较

潜力和成本大不相同。

(二)林业部门温室气体通量的趋势

农林和其他土地利用部门(AFOLU)的排放从1970年的93亿吨CO_2当量增加到2010年的112亿吨CO_2当量。其中，农业从42亿吨CO_2当量增加到57亿吨CO_2当量，林业和其他土地利用从51亿吨CO_2当量增加到55亿吨CO_2当量。

农林和其他土地利用排放目前约占全球人为温室气体排放的1/4，每年约为100亿~120亿吨CO_2当量，主要源自毁林、牲畜和农业养分管理的排放，此外还包括森林退化、生物量燃烧产生的排放。自第四次评估报告以来，农林和其他土地利用部门(AFOLU)的排放保持相似，但其占人为温室排放的份额已下降到24%，主要因为能源部门的排放增加。尽管全球林业和其他土地利用碳通量估计的变化范围很大，但绝大多数的方法都表明，近几年由于毁林率下降该部门CO_2排放已下降。

林业和其他土地利用(FOLU)活动直接导致的温室气体排放大部分是CO_2，产生的非CO_2温室气体排放相对较少(主要源自排干泥炭地导致的退化和生物质燃烧)。

林业和其他土地利用占据1750~2011年间人为活动导致的CO_2排放的1/3，占2000~2009年排放的12%。同期，大气测量法(atmospheric measurements)表明陆地是CO_2净吸收汇，那么剩余陆地汇(residual terrestrial sink)补偿了林业和其他土地利用产生的排放。陆地的净吸收汇认识也得到“对温带和热带地区管理和未管理森林采用”清查测量法(inventory measurements)的证实。另据第一工作组第五次报告，假如不考虑土地利用变化导致的碳损失，2000年代陆地生态系统碳汇大小为2.6±1.2Gt C/年(1Gt C为10亿吨碳)，而假如考虑土地利用变化导致的碳损失，2000年代陆地生态系统碳汇大小为1.5±0.9 Gt C/年。分地区看，东亚、北美、欧洲的陆地生态系统碳汇大小分别是0.25±0.1 Gt C/年、0.6±0.02 Gt C/年和0.9±0.2 Gt C/年。

分地区看，林业和其他土地利用的CO_2排放趋势是：①亚洲、拉丁美洲和加勒比地区在20世纪80年代达到了排放峰值，之后处于下降趋势。这与其毁林率下降的趋势相吻合。②经合组织和经济转型国家所处的温带和寒带地区情况较为复杂，既有大的净排放源，也有小的净吸收汇。温带和寒带地区的总体情况是，排放处于下降，碳汇处于增加（图2）。这些地区包括大面积的森林采伐和再生长的经营区，以及美国、欧洲农地遗弃后的再造林区域。因此，模型估计结果对天气很敏感，也对森林管理和环境如何影响再生林很敏感。③中东和非洲的情况也很复杂，Houghton模型证明1970～2010年代一直是持续增加的排放，VISIT模型表明自2000年代碳汇方面出现微小增加。

联合国粮农组织（FAO）采用IPCC Tier 1方法估计农林和其他土地利用的温室气体排放。2001～2010年，林业和其他土地利用（FOLU）温室气体总排放是32亿吨CO_2当量/年，其中包括的四项具体内容分别为：①毁林为38亿吨CO_2当量/年；②森林退化和森林管理为－18亿吨CO_2当量/年（负数表示碳汇）；③生物量燃烧以及泥炭地火灾为3亿吨CO_2当量/年；④排干泥炭地为9亿吨CO_2当量/年。FAO估计，林业和其他土地利用平均温室气体净通量从1991～2000年的39亿吨CO_2当量/年，下降为2001～2010年的32亿吨CO_2当量/年。

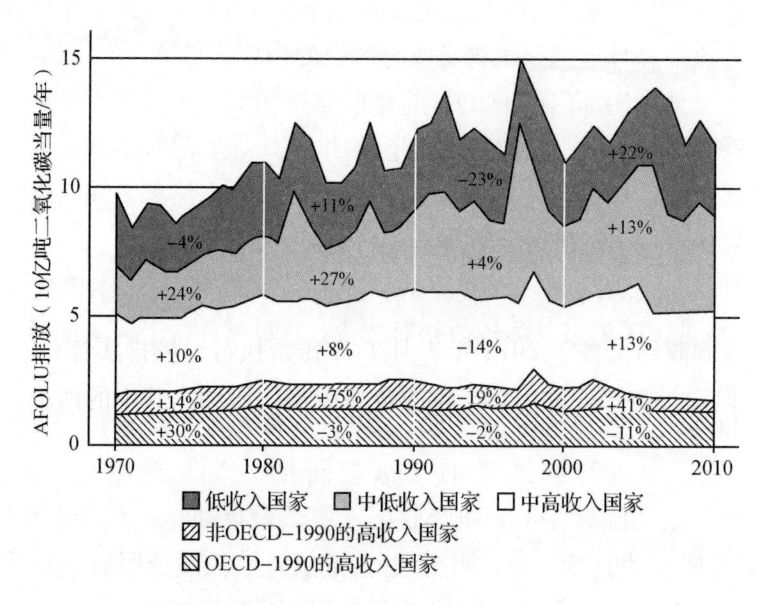

图2 世界各种收入类型国家AFOLU部门排放变化趋势

（三）林业减缓气候变化的部门政策

农林和其他土地利用部门（AFOLU）的性质意味着它们在实施减缓气候变化行动方面面临许多障碍、机遇和潜在的影响。减缓气候变化是土地为人类福利提供的众多关键生态服务中的一种。成功的减缓政策需要考虑如何发挥好农业、林业和其他土地利用部门的多功能性。不同减缓措施的成本有效性受区域差异的阻碍。

发展中国家特别关注农林业在国家减缓气候变化中的地位，原因有二：一是农林业对气候变化特别敏感；二是农林业在发展中国家经济中占据重要地位，并且其对减缓气候变化具有经济和技术潜力。截至2010年12月，43个发展中国家向气候公约递交了其发展中国家适当减缓行动(NAMAs)计划。在32个具体描述其减缓行动的国家中，有30个国家关注林业(占94%)，最不发达国家都(100%)在NAMAs中建议实施林业。根据第五次报告，林业减缓气候变化的部门政策主要有以下四类：

1. 经济激励

(1)排放贸易。第五次报告分析了京都强制碳市场、国家建立的强制碳市场和自愿碳市场三种经济激励政策：第一，京都机制碳市场。报告指出，截至2013年6月，CDM机制注册总项目是6989个，造林和再造林、农业分别占0.6%和2.5%。造林/再造林项目成功的关键因素是，项目由具有技术专长的大型组织提供启动资金、进行设计并实施指导，项目在具有稳定产权的私有土地上实施，并且大多数来自核证减排量的收入又返回到当地社区。第二，国家建立的强制碳市场。2011年，澳大利亚启动低碳农业倡议(Carbon Farming Initiative)，允许农民和投资者通过农业和林业项目获得可贸易碳补偿(tradable carbon offsets)。2011年和2012年总计完成了6.5万公顷的造林或再造林项目。另一个例子是澳大利亚北领地Western Arnhem Land地区的减少火灾项目(WALFA)，通过土著人采用传统方法改善火灾管理向澳大利亚2006年启动的火灾管理计划申请可贸易碳补偿。林业于2008年进入了新西兰建立的国家碳交易市场。欧盟排放贸易计划是现存最大的碳市场，还未接纳农林业项目。美国加州的限额和贸易法规在2012年1月1日生效，于当年9月1日修订。强制履约义务于2013年1月1日开始执行，控排实体(regulated emitters)可以通过购买四种项目产生的合格碳信用履约，其中的两种分别是城市和农村林业的碳汇活动。第三，自愿碳市场。自愿市场碳信用最常见的购买动机是企业社会责任和公共关系。自愿市场中的森林项目处于上升趋势。2010年，林业部门碳信用交易额为1.33亿美元，其中95%来自自愿市场。

(2)REDD+。REDD+的主要创新是基于结果的支付，是按照减缓结果的一种事后(expost)支付，而基于项目的森林碳汇活动，则是根据事前(ex-ante)预计的减缓效果的一种支付。REDD+的资金支持针对提供减排效果的活动，尽管气候公约已经为这些活动的资金支持提供了许多可行的方法，但是关于REDD+的资金机制仍在谈判中。REDD+实施中还存在许多问题，如保障原则、MRV 和生物多样性替代等。

(3)税收、收费和补贴。法规是控制污染的另一个办法。可以使用很多工具，包括：排污收费、排放税、对投入征税和补贴。据估计，欧盟农业7%的减排效果归功于对畜产品征收温室气体加权税(GHG-weighted tax)，标准为60欧元/吨 CO_2 当量。通过国家计划，低息贷款支持巴西农业向可持续模式转型。

2. 监管和调控

(1)控制毁林和加强(保护区等)土地规划。热带地区毁林率及由其导致的人为碳排放的相对贡献率处于下降趋势。在一些热带国家，公共政策对减少毁林率产生重大影响。农业扩张是毁林发生的一个重要驱动力，农业集约化是一个应对措施。土地节约(land sparing)既能提供环境服务和碳汇，又能保护生物多样性。在美国，1300万公顷的原农地(former cropland)被划入保护储备计划(Conservation Reserve Program)，以实现保护生物多样性、提高水质和增加碳汇的生态目标。

(2)环境管控(控制温室气体及其前体)。20世纪90年代中期，许多发达国家开始非常关心水和空气污染问题，出台了很多法规，这些法规现在管制着改善农业养分管理计划(agricultural nutrient management)。欧盟1991年的硝酸盐指令(the Nitrates Directive)，对硝酸盐脆弱区氮肥和动物粪便氮素的使用设置了上限。欧盟27国39.6%的地域受到相关监管计划的管理。

(3)生物质能源目标。到2012年，许多国家已经设定生物质能源目标或任务，以实现多重政策目标，包括减缓气候变化、能源安全和农村发展。欧盟27国设定了大量的任务，美洲13国、亚太12国和非洲8国也设定了类似任务或目标。在实施生物质燃料的过程中，土地利用规划和治理至关重要，同时农业、林业等部门的政策法规也有力地影响生物质能源项目的发展。最近一项研究分析欧盟成员国可再生能源目标对其森林碳汇的影响，表明碳汇下降了4%～11%(Böttcher et al., 2012)。另一个发展生物质燃料需要权衡考虑(tradeoff)的因素是国际贸易。生物燃料国际贸易可能对其他商品市场(如植物油或动物饲料)产生重大影响，也因为补贴和非关税壁垒引发了一些贸易争端。

3. 信息和宣传

要讲求低成本成功实施气候政策，需要考虑土地经营者的接受程度和减缓措施的可操作性。推进环境政策实施的组织，认证计划有助于可持续经营。过去20年，森林认证已成为促进森林可持续管理的一个重要工具。认证计划适用于所有类型的森林，但在温带森林地区较为集中(Durst et al., 2006)。约8%的全球森林面积已通过各种认证计划，全球工业原木的25%来自经认证的森林(FAO，2009b)。大部分经认证的森林(82%)由私营部门管理。许多国家的政府都致力于建立森林可持续管理的谅解工作。认证机构认证符合标准和政策的农场或团体。在一些国家，认证计划纳入了自愿的减缓和适应气候变化的标准。尽管存在许多困难，森林认证仍被认为有利于提高意识、传播森林可持续管理知识、提供可持续评估和碳汇核实工具。

4. 自愿行动和协议

自愿协议是政府管制规定(mandatory regulations)和管制计划的重要补充。如英国加入自愿气候协议的实体，可以享受气候变化税 80% 的折扣。创新的农业实践措施和技术能在减缓和适应气候变化中发挥核心作用，其需要制度和政策革新以在发展中国家得到创新和扩散。根据气候公约，2007 年的巴厘行动计划将技术开发和转移作为一个优先领域。在气候公约第 16 次缔约方大会上建立了一个技术机制。另外，农业适应措施也可以产生显著的减缓效应。Lobell et al. (2013)在农场尺度上研究了适应措施减少土地利用变化产生的温室气体排放的减缓效应。这项研究侧重于投资开发新技术，如抗病或抗旱作物，土壤管理。

(四)林业减缓气候变化的技术选项

农林部门减缓思路主要是减少温室气体排放，增加碳汇，并用生物质能源替代化石燃料。

减少温室气体排放既可以通过供给侧(supply-side)选项(如减少单位土地、动物或单位产品的温室气体排放量)，也可以通过需求侧(demand-side)选项(如改变对粮食、纤维的需求，减少浪费)。在第四次评估报告中，已在“林业”那一章介绍了供给侧和需求侧的减缓选项，但农业部分仅介绍了供给侧减缓选项。第四次评估报告已对大多数减缓选项进行了总结，这次报告(指第五次报告)增加了一些新的选项，如生物碳(biochar)、水产业(aquaculture)、生物质能源(bioenergy)。

第五次报告从供给侧总结的林业减缓选项包括四方面：①减少毁林。减碳选项包括：通过控制毁林、保护森林储备区，以及控制其他的人为干扰因素如火灾和病虫害暴发，保护现有的森林植被和土壤碳库；减少刀耕火种农业、减少森林火灾。减少甲烷和氧化亚氮的选项包括：保护泥炭地森林、减少野火。②造林或再造林。减碳选项包括：通过在非林业农地上植树增加生物量，包括单一树种造林或混交造林。这些活动能产生社会、经济和环境多重效益。③森林管理。减碳选项包括：加强森林管理促进可持续木材生产，如延长轮伐期、减少对保留株的破坏、减少采伐废弃物、实施水土保持措施、施肥，以更加能效的方式使用木材、木材能源的可持续开发。减少甲烷和氧化亚氮的选项包括：野火行为矫正(wildfire behaviour modification)。④恢复森林。减碳选项包括：保护生物量和土壤碳密度低于其最大值的次生林和其他退化森林，通过自然和人工更新、退化土地恢复、长期休耕增加碳汇。减少甲烷和氧化亚氮的选项包括：野火行为矫正。

第五次报告从供给侧总结的农林业综合减缓选项包括三方面：①混农林业。减碳选项包括：混合生产系统能提高土地生产率，也能提高水和其他资源的效率，减少土壤侵蚀并实现碳汇目标。减少氧化亚氮的选项包括：能有效减少氮投入。②其他混合生物质生产系统。减碳选项包括：多年生草本植物（如竹），可以作为保护带和缓冲带，提供环境服务、碳汇和生物质生产。减少氧化亚氮的选项包括：能有效减少氮投入。③将生物质生产和加工纳入粮食和生物质能源部门。减碳选项包括：将农林业剩余物用作能源生产。

第五次报告从需求侧总结的农林业减缓选项包括：通过可再生原料的有效使用或替代，保护木材及其产品；用来自认证的可持续林业木材替代来自非法采伐或破坏性采伐的木材；用木材替代铝、钢等高碳密度原料。这份报告指出，根据一份关于利用中（垃圾填埋场除外）长周期木质林产品（long - lived wood products）全面的全球、长期数据集，其碳储量从1900年的22亿吨碳增加到2008年的69亿吨碳。如果使用更多的长周期木质林产品，碳汇和减缓效果更好。但并非在所有情况下，增加木材的利用均能减少温室气体排放，因为木材采伐至少短期内减少了森林中的碳储量，增加木材采伐可能导致森林长期碳储量下降。

（五）林业减缓气候变化的机遇和挑战

第五次报告分析了林业减缓气候变化在经济和社会、技术、生态等方面的机遇和挑战。报告认为，农林行业的性质意味着在执行减缓选项时，存在许多潜在的障碍，包括资金的可获性，贫困，制度、生态、技术开发，以及推广和转移。如果利用现有土地的替代性减缓选项会相互排斥，但也有潜在的协同效应，如景观尺度的综合系统或多功能，那么不同的土地利用方式间会存在竞争。最近的政策框架，如环境或生态服务评估，为评价各种减缓选项的协同效应提供了有效的机制。农业、森林和其他土地是可持续发展的一个“兜底性需求”（underpinning requirement）。

在转型道路上，由于农业、林业和生物质能源减缓措施的巨大减缓潜力，农林及其他土地利用的排放会发生很大变化。与土地有关的减缓，包括生物质能源，到2030年贡献累积总减排（total cumulative abatement）的20% ~ 60%，到2100年贡献累积总减排的15% ~40%，但是政策协调和执行问题是实现这个潜力的挑战。农林和其他土地利用部门的能源生产和碳汇为能源供给和能源终端利用部门减缓技术的开发提供了灵活选择，但是对生物多样性、粮食安全和土地提供的其他服务会有影响。包括体制障碍和惯性在内的实施挑战，使近期减排成本和净减排潜力具有不确定性。

增加大规模的土地用于开发生物质能源或植被碳汇，将会对土地、水和其他资源造成竞争压力，可能会对粮食安全、土壤和水保护、陆生和水生生物多样性的可持续性带来威胁。农林业保护和管理的治理政策要兼顾到减缓和适应。目前 AFOLU 部门最可行的是 REDD + 机制，它既能实现成本效益的减缓，又能实现经济、社会及其他环境效益(如保护生物多样性和水资源)。

林业在生物质能源减排中可发挥重大作用。假如生物质能源发展中注意避免把高碳价值的森林、草地和泥炭地转换，并实施最优土地管理措施，它可能会在减缓气候变化中发挥关键作用。模型研究表明到 2050 年生物质能源范围为每年 10 ~ 245EJ①。源自速生树种、甘蔗、芒草和剩余物的生物质能源，较源自玉米和大豆的生物质能源，排放周期更低。生物质能源和 CO_2 捕获和封存(BECCS)对于将升温控制在 2°C 以内这一情景来说至关重要，但是 BECCS 的减排潜力和成本具有很大不确定性。不过，如果政策条件不满足(如化石和陆地碳两者的价格、土地利用规划，以及其他)，生物质能源的发展也可能导致排放增加，并影响生计(作为分配结果)、生物多样性和生态系统服务。

(六)政府提供林业应对气候变化公共品的初步分析

在第五次报告的第 15 章即“国家和次国家政策和制度”，对政府提供林业应对气候变化公共品进行了初步分析。报告认为，造林、保护国有林、传播林业技术是政府提供的应对气候变化的重要公共品。世界上大部分森林为公有林，作为森林保护工作的一部分的固碳服务，主要应由公共部门完成。森林保护区占全球森林的 13.5%，占热带雨林的 20.8%。在 2000 ~ 2005 年期间，严格保护区经历的毁林较所有热带森林少 70%，但这些研究没有考虑被动保护(passive protection)(即位于偏远和交通不便地区的保护区)和泄露(即保护区域外更高的毁林)等变量。Andam et al. 研究了哥斯达黎加的被动保护问题。保护区能减少毁林 65%，但是在控制保护区位置的偏远性等变量后，这一比例下降为 55%。此外，报告还分析了地方政府森林治理和私有产权不稳定对林业应对气候变化潜力的影响。

(摘译自：Climate Change 2014：Mitigation of Climate Change)

---

① 1EJ = 10^{18} 焦耳。

联合国环境规划署：建立安全运作空间 恪守耕地红线和生态红线之间的平衡

2014 年 1 月 24 日，联合国环境规划署撰写的报告《评估全球土地使用方式：如何在消费与可持续的供给之间取得平衡》(*Assessing Global Land Use: Balancing Consumption with Sustainable Supply*)，在瑞士达沃斯发布，报告主要分析农田过度扩展对生态安全的重大影响，指出如果目前不可持续的土地使用方式持续下去的话，到 2050 年时将有 8.49 亿公顷的自然土地——相当于整个巴西的面积——出现退化。报告特别提出了"安全运作空间"(safe operating space)这一概念，指的是在各种(不可逆转的)生态风险[①]演变超出我们的容忍限度之前，我们到底可以增加多大的土地使用量，即要确保土地的可持续供给位于生态可承受的边界内。以下是这份报告的主要内容。

一、近 50 多年来农田扩张过度挤占了森林和生物多样性

为了供养全球日益增多的人口，更多的土地正在变成农田，其代价是牺牲全球的草原、草地和森林。

此种情况致使环境普遍退化、生物多样性大量丧失，由此而受到影响的土地约占全球土地总面积的 23%。

目前农业用地占全球土地总面积的 30% 以上，而农田面积约占其中的 10%。

1961 ~ 2007 年期间，农田总面积扩展了 11%，而且这一趋势目前仍在持续。

国际资源专家委员会编制了《评估全球土地使用方式：如何在消费与可持续的供给之间取得平衡》报告。该专家委员会系在环境规划署的主持下由 27 位国际知名资源问题科学家、33 个国家政府以及其他一些团体共同组成。

联合国副秘书处长兼环境规划署执行主任阿基姆·施泰纳指出，"过去 50 年来，全球陆地生态系统服务和功能方面出现了前所未有的急剧退化。为了供养日益增长的人口，大量森林和湿地被改作农业用地。"

---

① 如生物多样性丧失、二氧化碳排放、水和营养周期中断，以及土壤生产力丧失等不可逆转的破坏性风险。

他说，“我们已认识到土地是一种有限的资源，因此需要在生产、供给和消费基于土地的产品的方式方面提高效率。我们必须能够界定并恪守本星球的各种红线，而且必须在这些红线之内安全地运作，从而到2050年时使成百上千万公顷的土地得到拯救。”

他还补充说，“世界目前正在着手绘制2015年之后可持续发展的新蓝图，上述报告中提出的各项建议旨在为政策制定工作提供信息，并进一步推动目前就可持续的资源管理目标和指标开展的讨论。”

专家委员会的报告概述了在消费与可持续的生产之间取得平衡的必要性和各种选项。

报告重点讨论了诸如粮食、燃料和纤维以土地为基础的产品，并阐述了使各国得以确定其消费量是否已超过可持续的供给能力的各种方法。

报告同时还针对农田的毛扩展(gross expansion)和净扩展(net expansion)作了明确的区分。

净扩展是对粮食和粮食以外的生物量的需求不断增大的结果——需求量的增长速度超过了产量的增长速度，而毛扩展则主要是指由于出现了严重的土地退化，致使农田被迫改用于其他目的。

按照一切照旧的设想情景，到2050年时农田的净扩展面积将达1.2亿~5亿公顷。

由于目前发展中国家不断转向使用蛋白质更为丰富的食品，同时特别是在发达国家对生物燃料和生物材料的需求量不断增加，对土地的需求量也随之而增大。

二、安全的消费水平

专家委员会的报告试图回答如下问题：为了满足人类对粮食和粮食以外的生物量的日益增长的需求，我们还需要增加多少农田——同时又能够把土地用途的变化(例如森林砍伐等)所产生的后果保持在一个可以容忍的水平上?

随着收入水平的提高和城市化程度的加剧，人们的饮食习惯也因此而发生了转变，从而增加了对土地的需求量，而且这种在饮食习惯方面出现的转变很快便将取代人口增长因素成为驱动我们为了获取食品而使用土地的最主要动因。

为了应对挑战，国际资源专家委员会采用了“安全运作空间”这一概念作为其工作的起始点。

报告还指出，如果要实现到2020年时遏制全球生物多样性丧失的目标，便需要使作为导致其丧失的关键驱动力的农田扩展得到遏制。

报告中基于“安全运作空间”概念作出的计算是：为满足需求而供给的全球农田面积增加量的安全幅度为不超过 16.4 亿公顷。

报告警告说，如果按照一切照旧的设想情景，预计到 2050 年时全球的土地需求量将超出这一安全运作空间。

报告提议，作为一项暂定目标，到 2030 年时用于消费的农田面积应为每人 0.2 公顷。

对各国和各区域国内消费的全球土地使用情况的监测结果可用于表明此方面的消费量是否超过了其各自的安全运作空间。

例如，就欧盟而言，其 2007 年所需土地为每人 0.31 公顷。这一数量已超过欧盟内部可供应的土地量的 1/4、超过 2007 年全球每人可用农田面积的 1/3、而且远远超过到 2030 年时每人可用 0.20 公顷农田的安全运作空间设定目标。

报告进一步指出，我们所面对的各种全球性挑战的重大根源与不可持续的和不平衡的消费水平息息相关，但那些高消费国家仅仅制定了为数不多的政策手段来解决此种过度消费的习惯，而且现行的机制实际上鼓励这些消费习惯。

与此同时，随着全球人口不断增加和在世界范围内的城市化进程不断演进，预计到 2050 年时约 150 亿公顷的土地中将有高至 5% 的土地变成人类居住区。

在许多情形中，居住区土地的扩展牺牲了农业用地，而农用土地的扩展又是以牺牲草地、草原和森林为代价的，特别是在热带地区。此外，在过去 50 年间森林砍伐的平均速度约为每年 1300 万公顷。

三、减少土地需求量

随着世界平均农业产量增长速度放缓，看来诸如撒哈拉以南的非洲地区等农业产量滞后的区域迎来了提高其生产率的良机。

在最佳管理实践方面开展能力建设、对科学和地方专门知识进行整合，以及针对退化土地的补救方法进行投资等，具有大幅增加产量的巨大潜力。

在那些高消费量区域，需要以更为有效和更为公正的方式使用基于土地的产品。

如果世界能够切实采用旨在把农田扩展速度限制在“安全运作空间”限度之内的各种综合性措施，则到 2050 年时将会使高达 3.19 亿公顷的土地得到拯救。

这些措施包括：①改进土地管理和土地使用规划，以便尽最大限度减少在高产量土地上扩展和建造居住区；②对退化土地的恢复工作进行投资；③

改进农业生产实践，以在生态上和社会上可接受的方式强化生产；④基于各国农产品总消费量监测全球土地使用需求情况，以便据此对全球平均和可持续的供应情况进行比较，并查明其对各部门的政策性影响；⑤减少粮食浪费，并推动转向以素食为主的饮食习惯；⑥减少对燃料作物的补贴，包括在此种燃料作物的消费国家减少并逐步取消生物燃料配额。

四、报告中列述的其他调研结果

(1)过去25年间，全球使用了人类以往所生产的全部人造氮肥的一半以上。

(2)2005年时，全球10家最大的种子公司控制了世界所有商业种子销售量的一半；全球最大的5家谷物贸易公司控制了谷物贸易市场的75%；全球最大的10家农药制造商为全世界提供84%的农药。

(3)自1960年代以来，国际农业贸易量增加了10倍。

(4)目前已形成的一种全球性农业贸易格局的特点是：农商综合体高度集中、各大连锁超市在零售食品销售中所占据的份额迅速增大、而且食品、化肥和农药的贸易量出现增加。

(5)虽然目前的粮食价格仍然低于其2008年时的峰值，但要高出许多发展中国家的危机前粮食价格。

五、转向更可持续的土地使用方式

报告中提出了一些跨领域和跨部门性建议。若能一并综合采取这些措施，则可有助于到2050年时把农田的毛扩展幅度限制在8%～37%，从而使整个世界得以守住其安全运作空间。

这些措施包括：①改进信息系统，特别是用于监测国内土地使用方式，以及监测为了国内生产和消费而使用国外土地的方式的信息系统；②实行土地使用规划，以防止高价值的自然土地转用作不断扩展的农田，并避免在高产量土地上开发居住区；③通过实行整个经济体系的可持续资源管理方案，协调粮食安全、能源、农村发展和工业诸方面的政策；④采用各种经济手段来启动可持续的供应和需求。例如，可采用一种“对可持续性实行补贴”的办法来提高长期的土壤生产力；④把公共投资重点放在小农户的需求方面，以期提高农村地区的粮食安全程度和生活水平。

（摘自：联合国环境规划署中文网）

联合国环境规划署分析全球环境犯罪危机形势

2014 年 7 月初，联合国环境规划署发布了《环境犯罪危机》(*The Environmental Crime Crisis*)报告，分析了木材非法采伐和野生动物、森林资源非法贸易对可持续发展造成的威胁。报告指出，生态系统在经济发展中发挥关键作用，收入增长、未来发展机遇、生计及可持续生产都高度依赖自然资源，如农业、林业和渔业。健康的生态系统是粮食生产和经济发展的根基。

生态系统可以为发展提供机遇，然而目前日趋严重的跨国有组织环境犯罪正在破坏发展目标和有效管理。主要包括木材非法采伐、非法狩猎、非法捕鱼、非法采矿、有毒废料倾销，及动物的非法交易，其对环境、源自自然资源的收入、国家安全和可持续发展构成重大威胁。根据来自经合组织、联合国毒品和犯罪问题办公室(UNODC)、联合国环境规划署、国际刑警组织的统计数据，每年跨国有组织环境犯罪涉及资金约为 700 亿～2130 亿美元，这相当于全球官方发展援助(ODA)的资金 1350 亿美元。非法野生动植物贸易在税收、发展机遇等方面给发展中国家带来数以 10 亿计的损失。

1. 野生动物非法贸易

野生动物非法贸易不再是一个新问题，其规模和对自然的威胁已经受到濒危野生动植物物种国际贸易公约(CITES)、联合国预防犯罪和刑事司法委员会、联合国经济及社会理事会(ECOSOC)、联合国安理会、联合国大会、国际刑警组织、世界海关组织(WCO)和其他国家的一致承认。高级别的政治会议已开始协商该问题，其中比较著名的有博茨瓦纳和巴黎(2013 年 12 月)、伦敦(2014 年 1 月)、达累斯萨拉姆(2014 年 5 月)。但是，目前的打击措施仍无法应对日益严峻的威胁，无法实现发展目标，包括对野生动植物和森林的保护。

每年非法贸易的珍稀动植物约 70 亿～230 亿美元，包括昆虫、爬行动物、鱼类、两栖动物和哺乳动物，主要为动物活体及其制品，用作制药、食物、宠物、观赏和传统用药。其中最主要的种类有大猩猩、黑猩猩、大象、老虎、犀牛、藏羚羊、熊、鸟类、穿山甲、龟类、鲟鱼和其他深海鱼类，这些动物不仅在黑市上具有极高价值，在管理得当的前提下，对国家的经济也产生重大意义。野生动植物非法贸易不受政府的监管，严重威胁经济、环境和社会安全，但是各国过去都很少关注。

非洲每年有 20～2500 头大象被猎杀。2002～2011 年，非洲森林象的数量下降了 62%，每年走私到亚洲的非洲象牙黑市价值(street value)约为 1.65 亿~1.88 亿美元。94%的犀牛偷猎发生在津巴布韦和南非(有全球最大的犀牛种群)，猎杀数量由 2007 年的不到 50 只增长到 2013 年的 1000 多只。近年来，在一些亚洲和非洲国家，犀牛已经灭绝，2013 年猎杀的犀牛角的非法贸易金额为 6380 万~19200 万美元。

2. 木材非法采伐

野生动物非法猎杀的交易规模远低于木材非法采伐。目前，全球每年的非法木材贸易约为 300 亿~1000 亿美元，占全球木材贸易总量的 10%~30%，一些热带国家疑有 50%~90%的木材来自非法采伐。木材非法采伐犯罪主要有以下四种形式：①对高价值濒危树种进行开发(华盛顿公约已列出，包括红木和桃花心木)；②非法采伐木材制作锯材，用于建筑材料和家具；③通过非法开垦种植园获得木材，为造纸工业提供原料；④在保护区外进行木炭交易来掩盖非法采伐，以及进行逃税、漏税。

对于纸浆和造纸业、空壳公司网络和种植园，以农产品种植或棕榈油开发为借口进行非法采伐、运输木材和纸浆。这些方法有效规避了目前的海关检查。根据欧盟统计署、联合国粮农组织和国际热带木材组织的统计数据，欧盟和美国每年约进口 3350 万吨热带木材，其中 62%~86%的非法木材是以纸、纸浆或刨花等形式进入。

在非洲，90%的木材用于木质燃料和木炭生产，官方统计数据表明 2012 年木炭生产量为 3060 万吨，价值约为 92 亿~245 亿美元。非洲国家因木炭非法交易每年至少损失 19 亿美元。按照目前撒哈拉以南非洲城市化和人口的增长趋势，木炭的需求量在未来 30 年内至少要增加 3 倍。这会造成大规模的毁林、污染和健康问题，还会加剧森林退化和气候问题。网上列出了非洲 1900 家木炭生产商，至少有 300 个生产商的木炭出口订单为 10~20 吨，其每日出口订单量超过了国家规定的每年总出口限额。非洲东部、西部和中部地区，木炭非法交易以及非法征税的利润约为 24 亿~90 亿美元，相当于这片区域海洛因和可卡因的黑市交易价值(26.5 亿美元)。

野生生物犯罪、森林犯罪在威胁经济的犯罪组织、非政府武装组织(包括恐怖组织)方面起到推波助澜作用。象牙贸易为刚果(布)和中非的民兵组织提供大量资金，并且还为南苏丹、刚果(布)和中非三角形地区的圣主抵抗军(Lord's Resistance Army)、南苏丹、苏丹、乍得湖、尼日尔的其他牧民武装部队提供大量资金。这就造成了大象的大量猎杀，撒哈拉以南的地区每年猎杀大象的收入中约有 400 万~1220 万美元投入到民兵组织中。

木炭的非法征税通常为其总价的 30%以上，由非洲的犯罪组织、民兵和恐怖组织进行征收。刚果共和国每年公路税收为 1400 万~5000 万美元。索马里青年党(Al Shabaab)的主要收入为港口和公路路障的非法税收，其中班德哈得黑地区每个路障每年因木炭运输产生的非法收入约为800万~1800万美元，每年木炭非法出口金额约为3.6亿~3.84亿美元，索马里青年党每年非法税收约为3800万~5600万美元。由于非洲国家(包括马里、中非、刚果共和国、苏丹和南苏丹)不间断的武装冲突，保守估计每年民兵组织和恐怖组织野生生物猎杀及其制品、木材非法贸易、木炭税收和其他收入要增加1.11亿~2.89亿美元。

3. 联合国环境署提出了打击环境犯罪活动的12条建议

(1)认识到环境犯罪的多维性及其对环境和可持续发展目标的影响。支持、协调利益相关者的合作和信息共享机制，加强法治，认识到法律在有效环境治理中的必要性和有效作用。

(2)呼吁联合国和各国全面协调行动，加强环境立法、减贫和可持续发展支持，用系统方法(holistic approach)减少环境犯罪对环境和发展的危害。

(3)号召作为全球环境权威机构的联合国环境规划署处理日益严峻的环境犯罪问题，并且建立协调机制，促进国与国之间、地区与国际之间执法机构共享环境信息，更好地打击野生动植物及其制品的非法贸易、木材非法采伐和非法贸易。

(4)呼吁国际和双边国家慈善团体重视并着力解决环境犯罪对可持续发展的威胁。支持地区、国家和全球实施、遵守和执法针对性措施打击野生动植物及其制品非法贸易、木材非法采伐。

(5)采取集体行动，缩小承诺和遵约之间的差距，如通过实施和强制执行打击野生动植物和林产品非法贸易活动的相关决定和决议，来兑现多边环境协议。

(6)找到终端消费市场并加强负责任消费宣传。呼吁国家政府和联合国进行有效合作，鼓励民间团体和私营部门努力寻求野生动植物和林产品的替代品。

(7)通过认证提高意识，如加强宣传森林管理委员会(FSC)，方便消费者识别合法与非法产品，尤其是纸产品，包括热带木材的进出口以及华盛顿公约(CITES)附录物种及其制品等。

(8)加强机构、法律和监管体系建设打击腐败，有效应对与野生动植物有关的犯罪，并确保合法贸易的有效监测和管理。

(9)加强整个执法链条的建设，包括前线跟踪、调查员、海关、检察和司法机关等。

(10)加强对国际刑警组织、禁毒办、世界海关组织和濒危物种公约的支持，如通过国际打击野生动植物犯罪联盟(ICCWC)及其计划，进一步支持各成员国和其他利益相关者制定和实施打击环境犯罪的方案，认识环境犯罪对环境治理、野生动植物、生态系统和生态服务的严重威胁和影响。

(11)加大国家在环境、野生动物和法律执法机构的能力建设和技术投入，使其能够进一步保护受到偷猎威胁的标志性濒危物种，例如但不限于犀牛、老虎和非洲象，此外还要加强栖息地保护和管理。

(12)加强环境立法、遵约和意识，呼吁执法机构和国家打击非法贸易和非法征税对非政府武装组织和恐怖组织的资金支持。特别是加强对威胁国家金融的野生动物、木材产品贸易、木炭贸易的研究，认识到环境立法在这方面的不足。

(摘译自：The Environmental Crime Crisis)

联合国开发计划署
发布2014年人类发展报告　关注脆弱性和抗逆力

7月24日，联合国开发计划署在日本东京发布了2014年人类发展报告，报告称，惊人的贫困率、严重的不平等以及频发的自然灾害与危机威胁着亚太地区的人类发展进步。要解决这些贫困和不平等问题，就必须采取一系列行动，包括提供普遍的社会服务，建立强大的社会保障福利体系等。

这篇题为《促进人类持续进步：降低脆弱性，增强抗逆力》的报告以全新的视角看待脆弱性，并提出了一系列关于如何增强抗逆力的建议。报告称，按最新发布的多维贫困指数来衡量，目前在91个发展中国家，仍有近15亿人口生活在贫困中，这些人正在遭受健康、教育和生活水平方面的多重剥夺。全球仍有近8亿人一旦遭受冲击便会面临重新陷入贫困的风险。报告显示，全球有将近80%的人口缺乏全面的社会保障，8.42亿人口正遭受长期饥饿，超过15亿员工为非正规就业或非固定就业。该报告敦促各国针对上述问题采取措施加以改善。

在整个亚太地区，有超过10亿人的日均生活成本为1.25 ~2.50美元，仅比极端贫困线略高一点。如果发生灾害或危机，那些遭受多重剥夺的人群将特别容易重新陷入贫困。

报告引入了生命周期脆弱性的概念，即在人的一生之中有一些敏感时期可能更容易受到冲击的影响。报告强调要特别重视人们出生后的前1000天、从学校到工作的过渡期，以及从工作到退休的过渡期，以实现更具包容性和可持续性的社会经济发展。

报告敦促各国政府承诺提供普遍的基本社会服务和社会保障，以增强抗逆力，尤其是增强贫困群体和其他脆弱群体的抗逆力。报告认为，亚太地区的国家现在就可以向本国人民提供充足的社会保障或基本社会服务，而不必非得等到国家富裕了才采取这些措施。报告表明，一些北欧国家和韩国、哥斯达黎加等国在其人均 GDP 低于现在的印度和巴基斯坦时，就已经开始提供这些基本的社会服务。

报告称，具有凝聚力的社会抗逆力更强，无论国家处于哪个发展阶段，都需要养老金和失业保险等强大的社会保障体系，以降低脆弱性，增强抗逆力。

报告强调，缺乏报酬优厚的体面工作(尤其是对年轻人而言)是亚太地区面临的一大挑战。许多亚太国家的青年失业率都比较高。伊朗的青年失业率为23%，印度尼西亚为22%，斯里兰卡超过17%，菲律宾和萨摩亚为16%，东帝汶为14%。报告还敦促各国政府加快教育改革和促进全面经济增长，以创造更多报酬优厚的体面就业机会，这对于改善人民生活水平而言至关重要。此外，还有数百万人的安全受到粮食不安全、对妇女的暴力行为、国内冲突和灾害风险(例如山体滑坡和海平面上升引起的气候变化)的威胁。

联合国开发计划署署长 Helen Clark 表示，“通过解决脆弱性问题，所有人将可以共享发展成果，人类发展也将变得更加平等和可持续。”

报告的其他要点还包括：①南亚地区。在极高人类发展组别中，没有一个国家来自该地区。其平均 HDI 值为 0. 588，低于世界平均水平(0. 702)，仅略高于撒哈拉以南非洲地区的 0. 502。②东亚和太平洋地区。在高人类发展组别、中等人类发展组别和低人类发展组别中，分别有 6 个、11 个和 3 个国家来自该地区。其平均 HDI 值为 0. 703，略高于世界平均水平(0. 702)。

(来源：美通社亚洲)

联合国粮农组织 批准全球行动计划　遏制土壤持续退化

2014 年 7 月 24 日，各国政府代表和专家在联合国粮农组织举行的会议上敦促立即采取行动，改善世界土壤资源的健康并遏制土地退化，从而确保子孙后代拥有充足的食品、水、能源和原料供应。全球土壤伙伴关系在全体会议上批准了一系列行动计划，目的是保护全球农业生产赖以持续的土壤资源。

会议提出的建议包括实施严格的土壤可持续管理条例和相应的政府投资，促进消除饥饿、粮食不安全和贫困。

粮农组织副总干事海伦娜·塞梅多说："土壤是食品、饲料、燃料和纤维生产的基础，没有土壤，人类便不能生存，而土壤的丧失则是人类所无法恢复的。目前日趋严重的土壤退化给未来人口满足其自身需求的能力带来威胁。需要政治意愿和投资来拯救我们粮食生产体系所依赖的宝贵土壤资源。"

土壤：易于丧失，难以恢复

参加此次为期 3 天会议的专家警告说，世界上生产性土壤资源有限，因此在种植业、林业和牧场、城市化及能源生产和采矿等各类用途之间存在着日益激烈的竞争。土壤中含有全球至少 1/4 的生物多样性，并在供应清洁水及抵御洪水和干旱方面发挥重要作用。最为关键的是，植物和动物的生命所依赖的主要养分通过土壤过程再循环。

人口压力

根据粮农组织的数据，尽管非洲和南美洲部分地区显示出较大的农业发展潜力，但鉴于到 2050 年全球人口预计将超 90 亿，导致食品、饲料和纤维的需求增长 60%，土地资源面临的压力将进一步加大。由于水土流失、养分耗竭、酸化、盐渍化、板结和化学污染等影响，大约 33% 的土壤出现中高度退化。由此对土壤造成的损害给生计、生态系统服务、粮食安全和人类福祉带来影响。土壤不仅是气候变化的受害者，同时也是促进者。例如，对土壤资源的可持续管理可以通过固碳和减少温室气体排放以及减缓荒漠化进程，为气候变化带来积极影响。

扭转趋势

全球土壤伙伴关系强调了国家政府保护土壤和提供必要投资的重要性，以此为目的建立了健康土壤基金。

全球土壤界决定制定全球计划，促进全球可持续土壤管理、土壤保护和恢复。干预措施应基于合适技术的使用和可持续的包容性政策，鼓励当地社区直接参与土壤保护行动。特别有必要将富含有机碳的土壤，尤其是泥炭地和永冻地区的保护和管理作为优先事项。

准备创建一个全球土壤信息系统，用来衡量工作进展情况和土壤资源状况。鉴于非常需要提高对土壤问题的认识、教育和推广，还将制定一项能力发展计划。此外，还将在 2015 年 12 月 5 日发布首份《世界土壤资源状况报告》。

联合国已确认将 2015 年 12 月 5 日指定为世界土壤日，以及 2015 年为国际土壤年。

主要事实：

• 在非洲，约30%的土地可用于农业。然而，水土流失和养分耗竭已经显现。在索马里，只有1.8%的土壤可被用作耕地。然而，在一些地区，每年水土流失造成的土壤损失可超过140吨/(公顷·年)。

• 在拉丁美洲，据估计，具有集约型农业生产潜力的土壤仅占该大陆面积的25%。土壤退化依然是该区域面临的主要挑战。

• 自19世纪以来，土地利用的变化，如与农业和城市有关的清地活动等，导致土壤中约60%碳储量和植被丧失。

• 土壤最上面1米的低活性黏土(湿润和半湿润热带地区大部分高原土壤)含有大约1850亿吨有机碳量，相当于亚马孙植被中有机碳储量的2倍。如果采用不可持续的土壤管理办法，这些碳会被释放到大气中，导致与化石燃料燃烧相关的全球变暖加剧。欧洲目前土壤中储存的碳如果被释放0.1%就相当于1亿辆汽车的年排放量。

(摘自：联合国粮农组织中文网)

联合国环境规划署发布全球关键生态系统资产地图，为各国人类生态福祉和国土利用规划提供决策支持

2014年8月1日，联合国环境规划署世界保护监测中心(UNEP-WCMC)发布题为《迈向全球自然资本地图：关键生态系统资产》(*Towards a Global Map of Natural Capital: Key Ecosystem Assets*)的报告，提出了全球海洋和陆地生态系统资产的合成地图，为各国人类生态福祉和国土利用规划提供决策支持。这份地图根据现有的空间数据集，经过分析提出了六个领域生态服务存量评估结果：淡水资源、促进植物生长的土壤质量、陆地碳、陆地生物多样性、海洋生物多样性、海洋渔业。在针对这六个领域分别形成“全球陆地土壤和植被有机碳”、“全球以玉米为作物参照系的植物生长土壤质量”、“完整性调整的物种丰度”等六份专门地图的基础上，将它们合成为全球关键生态系统资产地图。

合成地图显示，陆地生态系统资产的重叠集中在赤道地区，以及加拿大和俄罗斯联邦的一部分，而海洋生态系统资产主要重叠集中在东南亚，以及非洲、欧洲和南美洲的海岸线。这份报告详细介绍了这些生态系统资产和自

然资本的概念基础，以及它们与关键政策驱动因素的内在联系的背景信息，这些驱动因素包括《生物多样性公约》和世界银行的财富核算及生态系统服务价值评估(WAVES)项目。

世界保护监测中心指出，报告提出的信息是为了帮助政府核算自然资本，并改进决策更多地考虑自然资本与人类福祉、充分平衡不同的资产和生态系统服务之间的关系，以及尽量避免土地利用变化对自然资本产生的负面影响。未来，这份地图还将进一步纳入自然资源(如矿产和化石燃料)，并纳入生态系统资产的货币价值，为自然资本提供全面的信息。

(摘译自：Towards a Global Map of Natural Capital：Key Ecosystem Assets)

联合国环境规划署：全球十大新兴环境问题的现状和对策

2014年7月出版的《联合国环境规划署2014年年鉴》分析了全球环境十大新兴热点问题，并提出科学决策和政策行动的建议。2014年年鉴传递的一条关键信息是，我们亟须准确、及时地掌握周边的环境信息，以明确存在的环境问题，并制定有效的应对计划。基于此，联合国环境规划署一直致力于改善各个国家的环境数据库，提高信息的广度和可获取性。十大新兴环境问题分别是：

(1)氮元素。氮肥一直是全球农业系统中利用率低的一种肥料。如今，全球每年人为生产可供使用的氮约1.9亿吨，远远超过了自然产生的1.12亿吨。环境中存在过度的氮元素会导致很多问题，如富营养化，同时作为温室气体的一氧化二氮，是引起气候变化的原因之一。2014年年鉴指出，更好的管理实践对于提高氮肥的利用效率至关重要，是减少农业生产中氮肥流失到环境中的最具成本效益的方案。

(2)传染性疾病。统计数据表明，每年死于传染性疾病的人数达1500万，占全球死亡率的25%。造成传染性疾病多发的原因有多种，如药物与寄生生物之间的传递受阻，以及新疫苗的缺失。环境变化是导致传染病出现或再次出现的主要原因。如，生态系统的退化和破坏会导致捕食者的数量减少，改变优势种群，或为疾病宿主创造更有利的生存条件。还有基础设施的建设，如水坝和沟渠，为蚊子的繁殖提供了理想环境，是导致疟疾和登革热等传染性疾病的主要媒介。为控制传染性疾病的传播，需要制定有效的环境管理方法，加强疾病相关信息的宣传，改善社区的卫生条件。

(3)*海洋水产养殖*。1950 年以来，水产养殖从 65 万吨增长到了 6700 万吨。海洋水产养殖产量在过去的 10 年间增长了 35%，淡水养殖和海水养殖分别增长了 70% 和 83%。虽然海洋水产养殖取得了更加可持续的发展，却也造成了环境问题，如导致渔场里的营养物质、未消化的饲料和农兽药物释放到环境中，增加疾病和寄生虫的风险和有害藻类的繁殖。此外，一些国家的虾养殖破坏了大面积的沿海栖息地，如红树林。未来海洋水产养殖对环境造成的影响预计会有所增强，从而需要加强该行业环境方面的健全管理，避免对重要生态系统服务的破坏。

(4)*野生动植物非法贸易*。野生动植物非法贸易不仅会破坏环境，减少政府和企业收入，还会危及一些物种的生存。目前野生动植物每年的非法贸易总额为 500 亿 ~ 1500 亿美元，非法捕鱼总额为每年 100 亿 ~ 235 亿美元，木材非法采伐和加工的贸易总额为 300 亿 ~ 1000 亿美元。这个数字还没有考虑非法贸易对环境、社会和经济造成的负面影响。野生动植物非法贸易必须得到控制，关键在于加强国家之间、国家与国际之间的合作与交流。

(5)*甲烷*。因有关消息称甲烷的产能潜力大于目前世界上已知的石油和天然气的总储量，导致甲烷的产量在过去十年发生飙升。甲烷有助于解决全球能源需求，提高国家的能源自给能力，但是目前还没有从化合物中持续提取甲烷气体的生产方法，同时，如要进行商业化生产，需要进行环境风险评估。

(6)*民间科学*。年鉴指出，民间科学可以超越简单的数据收集方法，有助于为世界的基本问题提供答案。过去十几年，由于互联网技术、社交媒体和其他科技的发展，民间科学发展非常迅速。已有研究证实民间科学的可靠性和准确性。但是，仍然需要克服实现民间科学全部潜力的障碍：在已开发和已证明的项目上，与科学家和项目开发人员更好的合作，以减少冗余的项目；更有力的识别民间科学收集的数据；全球合作集合和分析民间科学收集的数据资料，以帮助决策者获取有价值的数据资料。

(7)*空气质量*。世界卫生组织估计，2012 年全球空气污染导致的过早死亡人数达 700 万(每 8 个人中就有 1 人死于空气污染)，是之前预计的 2 倍。空气污染是造成与环境死亡相关的主要原因。充分的数据表明，与往年相比全球很多城市的空气质量逐渐恶化。世界卫生组织的每年平均细微颗粒物的标准是 25 微克/立方米。但是，一些中低收入国家的空气质量远远超出了这一标准，如尼泊尔的加德满都 PM2.5 水平已超过 500 微克/立方米。世界最先进经济体，加上印度和中国，空气污染导致的失去生命和健康疾病的成本预计达每年 3.5 万亿美元。经合组织国家室外空气污染造成的死亡和疾病对经济的影响仅 2010 年就高达 1.7 万亿美元。研究表明，交通运输占了近 50%。

报告指出，考虑到空气污染导致的与健康和环境相关的高成本，所有国家都应该投资清洁能源。

（8）海洋中的微塑料。2014 年年鉴提出了一个非常紧迫的问题，即微塑料被越来越多的直接用于消费品行业，如牙膏、发胶和洁面乳的微粒。这些微塑料在污水处理过程中难以过滤，最终会直接排放到河流、湖泊和海洋之中。北大西洋的很多地区都已发现聚集在微塑料上的微生物群。这种微塑料可以传播有害微生物、病原体和藻类等物种。微塑料还被确认为是大型海洋生物的威胁，如濒临灭绝的北方露脊鲸。塑料披露项目和环境规划署领导的海洋垃圾全球合作伙伴关系等行动已经帮助人们提高认识，并开始采取行动应对这一问题。但是仍然需要更多的行动，如企业应该监管塑料使用状况，并发布年度使用报告，提高民众的参与和关注等。

（9）保护土壤中的碳储存。土壤中的碳可以提供多种生态系统服务，对于气候调节、水供给和生物多样性至关重要。土壤中的碳储存易受人类活动的干扰。19 世纪以来，储存在土壤和植物中的碳减少了 60%，主要是由于土地利用方式的改变（利用非农业用地生产粮食、饲料、纤维和能源作物）。碳储存的减少导致了全球农业生产力的下降，并影响了其提供的生态系统服务。

（10）北极变暖。据 2013 年年鉴报道，由于北极变暖，2012 的夏季海冰范围惊现历史最低，仅为 340 万平方公里，比之前 2007 年出现的最小海冰范围还要低 18%。除了夏季海冰的减少，北极变暖还危及到当地的生物多样性，对全球海洋环流和天气模式产生深远影响，导致永久冻土层的融化并释放温室气体，影响动物迁徙等。此外，永久冻土层和冰雪的融化还会导致海平面上升。为应对北极变暖，提高其对气候变化的弹性和适应性至关重要。此外，进行环境风险评估，强化监控系统进行早期预警，对于预防环境破坏和经济损失也很重要。

（摘译自：UNEP YEAR BOOK Emerging Issues in Our Global Environment 2014）

美国向气候公约提出 2015 年全球气候协议要素的构想

美国于 2014 年 2 月 12 日向联合国提交了对 2015 年国际气候协议的提议，提出其设想的气候协议主要内容。美国是第一个就 2015 年气候协议提出展望意见的国家，美国提案继续贯彻其自下而上模式、承诺——回顾(pledge and review)和打破防火墙的立场，它提出新的国际条约应纳入所有国家，并指明未来的框架公约不应该用 1997 年《京都协定书》的“两分法”(bifurcated approach)，让发达国家和发展中国家都承担不同的减排责任。美国希望新框架协议能够更加灵活，修订协议不需基于全体达成共识，这在过去曾使谈判反复陷入困境。美国建议减缓气候变化，核算方法、报告要求、定期回顾的相关规定均为全球统一(趋同)模式，仅按照能力给最不发达的国家以灵活性/例外。如果最终协议能够达成，将使得所有政府为 2020 年之后的减排制定新的目标，并且对发达国家和发展中国家提出一样的法律要求。现将这份文件关于减缓、适应和资金的主要内容编译如下，供参考。

一、减缓气候变化

新协议的减缓部分应包括六个主要要素。

1. 首先，新协议各缔约方应保持一份“反映其为限制或减少全球温室气体排放所作贡献的”时间表(或任何其他类似的条款)：

1.1 减排贡献[①](contribution)应由讨论中的缔约方国家(自行)决定，它可以充分考虑到相关因素(如国情、能力、减缓机遇、发展水平等)。

1.2 初始减排贡献应当与一份共同的时间表关联。

1.3 减排贡献应具体明确，即超越公约所载的一般性承诺。

1.4 一般情况下，(缔约方)减排贡献预期将以量化条款表达，或者如果采用定性方法的话，也要用可量化的条款表明其(以国家或以其他方面)对全面减排产生的预期效果。对于能力有限、对全球排放量贡献并不显著的国家，可能更适合采用纯粹定性方法描述其减排贡献，比如在可用减排机遇的全面分析后，制定的一套能源和(或)土地利用部门政策。此外，一些缔约方可能会选择量化或可量化的减排贡献其他补充措施，即它们有助于减排但并非量化指标或不可量化，如研究和开发投资。

时间表可以包括一种以上的减排贡献，例如，对于容易预测排放的部门设定严格的减排帽，另一个部门设定强度指标，以及第三个部门制定减排政策。

1.5 土地部门的减缓努力(包括 REDD +)对全面减排雄心(overall ambition)具有重要的减排贡献，应酌情反映在时间表里。

1.6 在 2020 年后外部融资仍将继续，并且期望在有利环境下正在采取雄心勃勃减排行动的(ambitious actions)缔约方继续吸引支持。另外，缔约方

---

① 译者注：根据文意，指的是各国承诺的具体减排目标。

将继续报告其超越时间表外已经采取或正在采取的减缓措施。然而，我方期望缔约方减排贡献清单不应以获得外部支持为条件。

1.7　加入2015协议后，缔约方需立即提交其时间表。

1.8　为便于理解和比较减排贡献，理想的做法是针对时间表设计（规范的）概念格式（notional format）。它既可以是新条约的一部分（如作为附件或附录），也可以在与条约同时或更早通过的大会决议下。美国2013年秋天提出了一份概念格式。

1.9　时间表应分开存放（例如，由秘书处），一方面是因为，这将有利于随时间推移进行更新，另一方面是因为，国家时间表并不被其他缔约方认可为与协议规定或缔约方决议具有同样意义。

2. 其次，应要求每一个缔约方同时提供易于理解其时间表的信息。换句话说，缔约方提交的减排贡献，既要具体（specific），又要清楚（clear）。

2.1　对华沙会议的每个结果，公约缔约方将于近期识别确定，在提交国家减排贡献（nationally determined contributions）提议时，为了清晰、透明和易于理解（clarity，transparency，and understanding），需要提供哪些必要的信息。

2.2　当缔约国加入协议提交国家贡献时，应适用相同类型的信息。

2.3　附加信息（accompanying information）应包括：

2.3.1　相关的时间周期。

2.3.2　基准年或基准期。

2.3.3　覆盖的气体或部门。

2.3.4　覆盖国家排放的百分比和预期的全面减排（量）。

2.4　如果适用下述任何一条，附加信息还将包括：

2.4.1　如果包括土地部门，需包括缔约方如何核算所有重要土地、活动、碳库和温室气体的信息。

2.4.2　如果缔约方需要利用市场机制，应描述用途（源或类型）以及如何避免双重核算。

2.4.3　对排放预测、照常情景（BAU）预测或强度目标，需要描述方法学和假定（包括关键数据来源）。

3. 第三，要求每一个缔约方定期汇报其实施时间表的进展。该汇报要通过“促进问责制、缔约国用‘挑刺的眼光’（hard look）对待盘查和减缓机遇、揭示最优做法，以及有利于评估全球总的减排努力”，增强减缓雄心。该汇报应基于一个内在灵活性（built-in flexibility）的统一系统。换句话说，所有缔约方应遵循同一套商定的准则，这一准则应适当考虑能力和国情的差别。关于汇报的要求应该是2015协议本身（的内容），然而，准则应被载明在缔约方的决议中，详细提出其预期的细节和随时间进行更新的可能需要。

4. 第四，关于核算应有如下规定：

4.1　适用于所有缔约方。

4.2　土地利用核算应包括所有重要的土地利用汇和源。应要求每一个缔约方在基年和目标年都采取相同的方法。

4.3　市场机制的任意使用都需要详细说明，以避免重复核算。

4.4　采用 BAU 方法的国家贡献的基线应无变化。

4.5　规定应允许适度的灵活性。

5. 第五，应对缔约方实施时间表实行定期回顾(review)。回顾必须包括：让其他缔约方和国际社会知晓时间表实施的程度(extent)；回顾将允许缔约方评估全球努力的总和是否充足；回顾将提供重大激励，让缔约方参与执行其时间表的有意义实施活动。回顾也应采用一个统一的系统。当然，根据能力和国情的差别，可有适度的差异。回顾应列明在一份决议中。

6. 最后，在新协议敲定前，需完成一些与减缓有关的步骤，包括：

6.1　公约缔约方阐述它们倾向的国家贡献(已准备好的缔约方在 2015 年第一个季度阐述国家贡献)。

6.2　缔约方要在提交国家贡献时一并提出清楚的附加信息。

6.3　在缔约方的国家贡献最终被确定之前，应留出机会让其他缔约方分析和提出澄清问题。

6.4　公约缔约方如果愿意选择的话，可以在国家贡献最终确定之前，重新调整。

虽然这些步骤已经发生，它们不会服务于新协议覆盖的第一个周期，但新协议仍然应该参考这些步骤。体现在这些步骤中的概念(即提出有倾向的国家贡献、留出时间允许其他缔约方分析国家贡献等)，尽管具体的细节还需待缔约方未来进一步的决定，将对新协议覆盖的随后的周期具有持续的影响价值。此外，需进一步考虑，在新协议签订并生效后，当进入到提出国家贡献并允许其他缔约国分析的程序时，该程序如何操作。

关于各国国家贡献的法律约束力，美国提出了几种可能，即具有国际约束力、不具有国际约束力和中间道路(强调国内约束力)。新气候机制的总体架构是一个核心条约加上一系列附属规定、决议。

二、适应气候变化

1. 适应将是巴黎会议成果的一个重要组成部分。

2. 面对气候变化，各个国家、社区、甚至家庭表现出各自不同的脆弱性。同时，各方也都在做积极的准备，以应对 2020 年以后气候变化带来的不可避免影响，增强自身对未来气候变化不确定性的应变能力。

3. 适应行动最终要落实到地方层面。地方不同，适应行动也不同，而行动的受益对象更多是在地方层面，而不是全球或者国家层面。各方也会在考虑自身条件和优先次序的基础上，继续制定并执行各自的适应计划和政策。

4. 协议将会强调各方继续努力的重要性：

4.1　将适应纳入国家发展规划和发展进程，以增强对近期、中期及长期气候变化影响的应变能力。

4.2　着手评估气候变化影响和自身脆弱性。

4.3　优先考虑对气候变化最脆弱的人、地区、生态系统及部门。

4.4　明确不同层面适应气候变化的成本及效益。

4.5　加强管理并创造良好的适应环境。

4.6　监测、报告、评估以及学习适应规划、政策及项目。

5. 协议还将强调各方在适应气候变化方面加强协作的重要性。

6. 要成立专门的下属机构负责完成各方协作及行动。

7. 协议还要进一步支持并强化下述行动：

7.1　加强与公约外组织和机构的联系，例如地区、国家以及次国家层面的大学，社会公众团体，政府间组织及私人部门，鼓励并支持他们在各方认同的一些重点关键领域提供需要的专业知识、技能和才智。

7.2　支持对有关优良适应实践知识和信息的整合。

7.3　支持对优良适应实践的技术指导，将适应纳入国家发展规划和政策。

7.4　通过加强国家间交流，进一步明确各自责任，总结优良经验、知识及适应实践，从而更有效地增进了解，并相互支持国家适应计划的进展。

总之，这不但能显著增强应对气候变化风险能力，还表明这是包含国际组织、亚国际组织和社区多方参与的行动。

三、气候变化资金

协议早期，就有相当数量的资金投入。从机构看：主要是GEF；从资金来源看：主要是公共资金投入；从捐助者看：主要是附件2中包含的各方；从目的看：主要是用于减缓气候变化；从资金额度看：规模并不是很大；从资金运行透明情况看：并没有完全做到可以清晰地看出资金的流动。

此后，上述情况都在一定程度上发生了变化：

1. 机构上：绿色气候基金也成为一个主要的参与组织。

2. 资金来源上：私人资金已经参与进来。

3. 资金使用目的上：更多资金是用于适应气候变化。

4. 资金额度上：资金规模大幅增加，包括早期快速启动资金（2012～

2020年投入资金300亿美元，美国分担其中的75亿），发达国家承诺到2020年，投入资金1000亿美元用于应对气候变化。

5. 资金运行上：更加透明和公开，可以清楚了解资金整个运行过程。

（摘译自：U. S. Submission on Elements of the 2015 Agreement）

欧洲环境署：欧洲陆地绿色基础设施覆盖达25%

2014年3月6日，欧洲环境署（EEA）发布一份题为《欧洲绿色基础设施的空间分析》的报告，该报告展示了对“自然、半自然空间以及其他具有环境功能空间构成的网络的”制图方式，这些网络为欧洲提供了生态系统服务，包括净化空气、防止水土流失、调节水流、保护海岸、帮助授粉及碳存储等。报告提出了一种用来识别“绿色基础设施元素”（green infrastructure elements）的方法，该方法具有可行性和重现性，并适用于不同的实体及不同的尺度，即2013年欧盟定义的绿色基础设施。报告表明，应用该方法可以得知功能完善的绿色基础设施覆盖了欧洲陆地面积的1/4，同时这些区域也是哺乳动物的主要栖息地，如熊、狼和猞猁。报告进一步分析了不同绿色基础设施元素之间的连通性，指出道路、乡镇和其他发展建设将导致生境破碎，进而缩小野生动物种群规模，使其分散成更多更小的种群，减弱了应对气候变化的能力。报告强调，该空间分析在确定优先保护领域方面，只是一个有效的开始，未来的研究应该致力于建立一个更为综合性的空间分析方法，如因子分析、协方差和相关矩阵等，特别要充分考虑文化服务等因素。

（摘译自：Spatial Analysis of Green Infrastructure in Europe）

欧委会分析森林执法、施政与贸易（FLEGT）进展

2013年4月30日，欧委会发布《打击非法采伐：欧盟森林执法、施政与

贸易行动计划的经验》(*Combating Illegal Logging Lessons from the EU FLEGT Action Plan*)报告。报告指出，20世纪90年代末，因非法采伐对经济、环境和社会产生的严重影响，引发各方政界的重视。1998年八国集团首脑会议上提出要解决非法采伐问题，并提出建立“森林行动”计划(Action Programme on Forests)。欧盟作为木材贸易市场的主要参与者，其行动将对规范木材贸易市场产生深远影响。欧盟森林执法、施政与贸易(FLEGT)作为欧盟针对非法采伐和相关贸易所采取的行动计划，主要方法是在木材生产国和欧盟之间签署“自愿伙伴关系协议”(VPA)，通过此双边贸易协议的签署帮助木材生产国建立起控制和许可程序，以确保只有合法木制品才能进入欧盟市场。现将有关情况介绍如下：

一、自愿伙伴关系简介

它基于一种简单理念：木材出口国在向欧盟出口木材和木制品时必须具有欧盟FLEGT许可证；FLEGT许可证须保证进口到欧盟的产品来自合法采伐。欧盟于2005年制定的FLEGT行动计划，规定通过自愿伙伴关系进口到欧盟的木材产品必须持有FLEGT许可证。

2009年，加纳成为世界上第一个与欧盟就自愿伙伴关系进行谈判的国家。之后，喀麦隆、中非共和国、刚果、印度尼西亚和利比里亚也相继就自愿伙伴关系与欧盟进行谈判。每个伙伴都要求出口国保证其木制品来自合法采伐，并对运输、缴税及授予许可证等过程进行规范管理，建立可靠的木材跟踪体系。

1. 自愿伙伴关系实施过程

实施过程包括准备、谈判、发展和执行4个阶段(欧盟VPA具体实施进程可见后附图)。准备阶段：在正式谈判之前，木材生产国的执政者学习自愿伙伴关系相关信息、明确优先权，进行国家咨询，并向欧盟告知其谈判立场。谈判阶段：双方就木材合法性的定义达成一致，并建立一套严格的监督体系以确保法律的执行，即法律保障体系。发展阶段：木材生产国通过对体系进行更新升级来执行自愿伙伴关系协议，包括审核法律的执行情况、建立独立审计员制度并加强与木材消费国之间的信息透明和交流，以及进行能力建设。执行阶段：双边联合实施委员会保障协议的执行，启动相关认证程序，保证只有得到FLEGT许可的合法木材才能出口到欧盟市场。

2. 自愿伙伴关系的重要作用

它是解决木材非法采伐问题的一个有效措施，对木材合法性的定义和法律保障体系均要求客观可核查且具有强制性。同时，自愿伙伴关系谈判要结合木材出口国的实际和法律情况。基于此，执政者须在全国进行广泛的沟通。

政府机构、地方社区、民间团体和私营部门的代表须参与该沟通过程，以形成全国统一意见。执政者在应对森林管理挑战和建立法律审核制度的过程中，要考虑到所有阶层的利益诉求。

3. 木材出口国从自愿伙伴关系中获得的利益

除了能够保证出口到欧盟的木材的合法性，木材出口国还可通过伙伴关系实现更广泛的国家目标。签署关系已经成为国家通过林业部门带动改革的一种有效手段。一些伙伴关系还要求确保所有出口木制品的合法性，不单单针对欧盟的进口需求，这对于新兴经济体至关重要，因其在全球木材贸易中占据越来越多的市场份额。

4. 对自愿伙伴关系的财政支持

伙伴关系作为一个贸易协议，并不涉及资金支持。但是，管理系统升级改造及能力建设等活动又需要资金投入。为支持木材出口国的相关管理活动，欧盟委员会向其投入资金支持。不过，伙伴国的法律保障体系一旦正式建立，其运行费用需要自行承担。

5. 签署自愿伙伴关系的伙伴国情况

目前，科特迪瓦、刚果(金)、加蓬、圭亚那、洪都拉斯、老挝、马来西亚、泰国、越南处于谈判阶段，喀麦隆、中非共和国、加纳、印度尼西亚、利比里亚和刚果(布)已正式与欧盟签署协议。

二、欧盟森林执法、施政与贸易行动计划的其他进展

欧盟森林执法、施政与贸易行动计划除了自愿伙伴关系这个核心内容外，还包括其他一系列措施，以共同打击非法采伐，这些措施主要关注以下几个方面：

1. 提倡政府采购

政府采购政策是指政府明确优先采购的商品和服务，并通过优先购买政策影响履约企业的业务模式。到目前为止，已有 11 个欧盟成员国制定优先采购合法林产品的政策。

2. 调动私营企业的积极性

为响应欧盟倡议，木材公司和企业协会纷纷改变自身的生产方式。如，企业采用自愿行为准则，遵守政府采购政策和产销监管链标准(chain-of-custody initiatives)，特别是木材、造纸和建筑行业。这种改变对欧盟的木材监管提出了更高的要求。

3. 森林认证计划(Forest Certification Schemes)

森林认证计划是指符合森林可持续经营标准的森林将获得森林认证，在某些定义中，也被称为合法森林。森林认证计划与 VPA 相辅相成，共同促进

森林的可持续、合法经营。

4. 财政和投资保障

2011 年，欧盟委员会提议修改其问责制和透明度指令(Accounting and Transparency Directives)，以提高政府从伐木企业获得资金的透明度。

5. 欧盟木材法规(The EU Timber Regulation)

欧盟森林执法、施政与贸易计划的另一个重要行动是欧盟木材法规的发布，该强制性法规形成于 2010 年 10 月，并于 2013 年 3 月开始生效。法规要求进入欧盟市场的木材及木制产品须来自合法采伐的森林，禁止任何国家或地方向欧盟销售非法采伐森林的木材制品，这里对“非法采伐”的认定是根据木材生产国的法律条例。法规要求与欧盟进行木材贸易的每一个运营者执行记录制度，进行“尽责调查”(due diligence)，以最大限度地减少来源于“非法采伐”木材制品进入欧盟市场的风险。法规要求欧盟的 28 个成员国均须强制执行。

根据欧盟木材法规规定，进入到欧盟市场的木材制品须持 FLEGT 许可证或符合《濒临绝种野生动植物国际贸易公约》(CITES)的相关要求。这进一步形成木材出口国与欧盟签署自愿伙伴关系的动力。

三、欧盟森林执法、施政与贸易的启示

欧盟 FLEGT 行动计划通过对木材供给方和需求方设置一系列要求，改善了森林管理水平，显著减少了一些热带地区木材生产国的非法采伐行为。如，喀麦隆和印度尼西亚在 2001～2006 年间，通过对木材非法采伐行为的管控将二氧化碳的排放量减少 16 亿吨(相当于目前全球每年人为二氧化碳排放量的 4%)，同时增加了 40 亿美元的税收，吸引了越来越多的国家开始考虑加入 VPA。

以下是从欧盟及其成员国、木材出口国执行 FLEGT 行动计划获得的几点启示：①聚焦木材合法性。发展中国家已经意识到聚焦木材合法性将强化其国家主权，强制要求所有运营者都必须遵守木材合法性的相关规定，有助于创建公平的市场环境。②利用市场力量。鼓励私营企业的参与和利用市场力量，将通过扩大参与范围、提高参与热情，影响森林经营管理的改革进程。③将供给与需求联系起来。将供给与需求联系起来对于解决国际自然资源贸易问题至关重要，同时也展示了欧盟打击非法采伐的决心和努力——通过调整自身行动来支持木材出口国的相关活动。④自愿伙伴关系签订双方平等。伙伴关系协议的签署和对出口国提供财政支持的分开实施，说明伙伴关系谈判是欧盟与伙伴国之间的政治对话，而非捐赠方与受益方关系。⑤行动计划的包容性。鼓励多方参与并具包容性，需要消耗大量时间，但对该过程投入

更多的耐心往往有助于森林管理难题的解决。

FLEGT 行动计划在本质上更是一种政治进程，而非传统的援助项目。因此该过程省略了里程碑等干预发展的行动。FLEGT 行动计划的优势是以统筹全局的角度来力图解决森林管理难题，避免了不可预期的错位问题和森林发展援助中常常出现的消极影响。

（摘译自：Combating Illegal Logging Lessons from the EU FLEGT Action Plan）

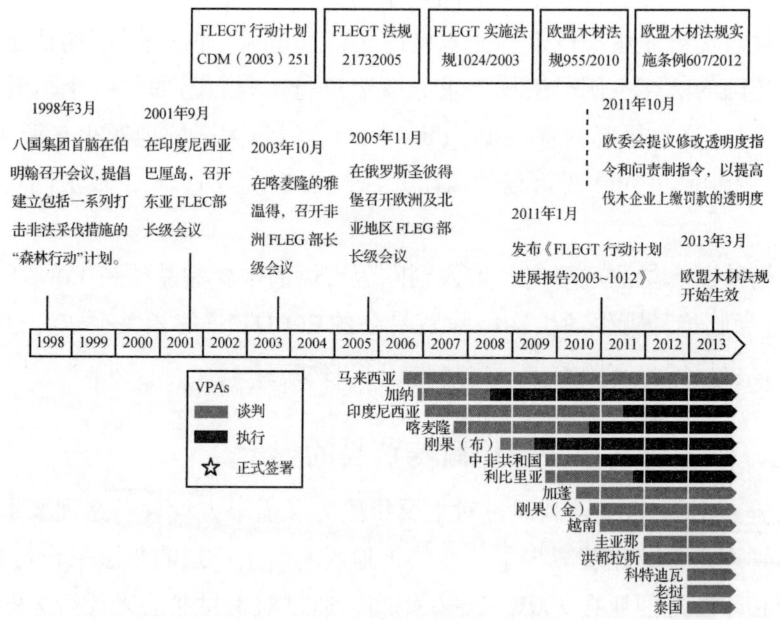

附图 欧盟打击非法采伐大事记

欧洲环境署：
欧洲高生态价值森林评价指标和方法

欧洲环境署近日发布题为《开发欧洲森林自然性评价指标》的技术报告，介绍了高生态价值森林的概念和评价方法。报告指出，一套完善的高生态价值森林指标体系及其制图结果有助于更好地了解森林自然性的当前状态，并可进一步进行空间和时间分析。现将报告的执行摘要编译如下：

1. 背景

欧洲的森林覆盖率达 40%（1.9 亿公顷），是世界上森林资源最为丰富的地区之一。森林是许多野生物种的重要栖息地，但不当管理可能对生物多样性造成负面影响，如不可持续的经营活动导致的森林退化和森林多样性锐减。目前，土地利用的扩张、城市化的加剧，以及气候变化，使得森林面临的压力更为严峻。

欧盟长期以来一直致力于生物多样性的保护。欧盟有关自然和森林的立法可以追溯到1979年，其生物多样性战略自1998年开始日益完善。森林与生物多样性密切相关，森林生物多样性取决于林区的健康与活力。目前森林生物多样性面临的一个主要威胁是森林生态系统“自然性”(naturalness)的丧失，该丧失主要由森林的不当管理所致。

对生态系统自然性的测量可以被定义为“当前生态系统的状态与其自然状态的相似度”。如，原始森林因非常接近其原始状态，将具有较高级别的自然性。反过来，人工林的自然等级将会较低，因其通常只包含同一林龄的单一树种，即使林龄不尽相同，种植方式也非常单一。

2. 高生态价值概念

欧盟具有多部与保护自然环境、防止生物多样性丧失的战略和规定，其中，保护森林被视为保护、维持、提高生物多样性的一个关键途径。高生态价值(high nature value，HNV)于20世纪90年代早期被提出，旨在通过支持农林业生产实践活动，保护农村生物多样性。此后，欧盟进行了一系列努力，旨在开发一个完备的系统，以监测农业地区的自然性等级。

目前，已有研究开始开发森林的高生态价值指标体系，包括欧洲环境署牵头的一些研究。欧洲环境政策研究所于2007年首次提出高生态价值森林的定义。高生态价值森林指的是，经营管理办法(历史的或当前的)有利于保护物种及栖息地多样性的所有天然林和半天然林，以及/或能够保护欧洲、国家或区域重要物种的森林。

自然性和生物多样性概念较为复杂，对其监测需要使用多种指标，如果指标体系过于简单，仅包括一种或有限的几个指标，往往会导致错误结论。

该技术报告旨在阐明森林的高生态价值概念，并为欧洲森林的高自然价值评价提供了一个可行且具有重现性的方法。该方法可以测量和监测高自然价值区域的变化情况，对于支持欧洲的环境保护和政策执行必不可少。为简化工作并提高透明度，该方法仅针对山毛榉森林。

目前的工作集中在明确森林的自然性等级。只能选择具有山毛榉森林的国家，包括：奥地利、比利时、保加利亚、克罗地亚、捷克共和国、丹麦、法国、德国、匈牙利、意大利、荷兰、挪威、波兰、斯洛伐克、斯洛文尼亚、西班牙、瑞典、瑞士和英国。同时，正在逐步扩展工作范围，以覆盖欧洲39个国家的全部森林。

3. 报告分章解读

本报告第一章为政策背景综述。该章节定义、讨论了高自然价值概念，并与其他相关概念进行了比较，如自然性，生物多样性，高保护价值森林（high conservation value forests，HCVFs），生物重要性森林（biologically important forests，BIFs）。同时总结了其他国际、国家经验。

第一章还介绍了2011年开展的9个研究案例，该研究作为欧洲环境署项目的一部分，旨在开发高生态价值森林评价指标体系。这些研究考虑了现有的国家评估标准，并强调了对高生态价值概念进行明确定义的必要性。这9个案例主要研究以下几个重要问题：监控目标不明确，生物多样性、自然性和保护状态经常被混淆；当缺乏高自然价值森林明晰定义时，地方监测系统通常基于多种指标体系；指标的选择具有限制性，往往由调查区域可获数据的有效性决定。

因此，需要确定监控目标的泛欧洲协议，并对涉及的不同概念进行清晰定义。为建立一个可运行的监控框架，有两种策略可选择：一是集中国家已有的方法；二是开发一个基于基础信息的新系统，且可在欧洲通用。由于国家方法的多样性和统一数据的缺乏，更可行的方法是基于欧洲层面的可用数据，而不是单独某个成员国的数据。

第二章讨论了针对山毛榉森林的评估方法，包括选择现有的和可用的空间数据集，并描述了评价高自然价值的多指标体系。高生态价值森林的评价主要基于以下五个指标：自然性；生态干扰度（人类活动对生态系统的影响程度）；可达性（表现为地形的险峻性）；立木蓄积（活立木的体积）；连通性（森林的可用性以及林斑之间的距离，即物种迁徙运动的阻碍程度等）。

第三章描述了利用该指标体系对欧洲山毛榉森林的评价结果。报告指出，该多指标体系的应用表明高生态价值森林的界定在现阶段已成为可能。五种指标的综合评分即是高生态价值山毛榉森林的评价结果。通过对现场数据的校验和统计检验，可将该方法简化为只包含树种组成的自然性、可达性和连通性。

目前已生成欧洲高自然价值山毛榉森林的地图结果，其涵盖19个欧洲国家，并通过对该地图与另三个独立信息源的比较，对结果进行了合理性验证。三个信息源分别是欧洲森林遗传资源计划；欧洲森林类型联合研究中心开展的栖息地适宜性分析；欧洲潜在自然植被地图，称为Bohn图。此外，首次对现有的保护区域网络进行了对比分析，包括重要鸟类迁徙区，自然2000保护网，以及指定保护区通用数据库（CDDA）。该比较进一步细化了高自然价值森林的定义，即森林生态系统的当前状态接近其原始自然状态。

第四章为结论，指出了发展高生态价值森林面临的挑战和展望。对山毛榉森林的研究表明在对高生态价值森林的分析过程中已开始应用一些泛欧洲数据集。将山毛榉森林的评价结果与没有明显人类活动痕迹的成熟林的观察结果作比较，比较结果肯定了一些评价指标的有效性。同时，校验结果强调了多指标体系的复杂性。

该研究的主要成果之一是进一步简化了自然性评价方法，不必同时分析五个监测指标。后续的研究将仅考虑树种组成的自然性，并扩大分析范围，根据欧洲环境署的森林类型分类将全部特定类型的森林涵盖进去。对斯堪的那维亚北部地区的森林进行的测试和制图较为成功，该区域为亚北极气候。

所有结论都是在进一步发展高生态价值森林制图，力图涵盖欧洲的全部森林。该方法和结果将与国家级别的高生态价值森林评价结果作比较，后者基于更为详细的森林数据和信息。在欧洲森林数据中心（EFDAC）的支持下，随着越来越多欧盟水平的数据的获取，该方法将进一步细化。

（摘译自：Developing a Forest Naturalness Indicator for Europe-Concept and Methodology for a High Nature Value（HNV）Forest Indicator）

欧盟环境政策研究所：欧洲生态保护区财政和非财政供资重点方向分析

欧盟“自然 2000”生态网是欧洲甚至世界上最大的保护区系统，目前已有超过 2.7 万个保护区单元，占欧盟陆地面积的 18%。2014 年 7 月，欧盟环境政策研究所和世界自然基金会发布《自然 2000 生态网资金提供指南手册》，回顾了“自然 2000”生态网的历史与运行，分析了现有的资助形式与资金来源，并倡导促进多元化的融资渠道，对一系列的管理措施进行可行性评级并针对措施指出创新资助的要点。报告主要内容如下：

“自然 2000”生态网的设立为成功保护欧洲生物多样性作出了卓越贡献，生态网正常运行需要大量资金。据估计，为保持并提高生态服务功能，“自然 2000”生态网每年运行成本高达 58 亿欧元。这个数字看起来很大，但相比每年产生 2000 亿～3000 亿欧元的效益，显得微不足道。投资自然保护项目具有很显著的经济效益。

1.“自然 2000”生态网公共资金供给方式

目前“自然 2000”生态网主要由 7 种欧盟公共资金提供支持，这 7 种资金具有不同的来源和特点及目的，报告重点对其中的前三项进行了说明：①欧洲农村农业发展基金。其目的主要包括三个：促进农业竞争力；保证自然资源与气候变化的可持续管理；促使农村经济与社区协同发展，包括增加并保持就业岗位。2014～2020 年，该基金将继续为资助“自然 2000”生态网提供大量机会，最直接的支持包括：在农业—环境—气候与森林环境计划框架方案下，资助“自然 2000”的活动；“自然 2000”项目区内的农地林地管理；拟定“自然 2000”管理计划。另外，该基金还为“自然 2000”生态网提供间接支持，如发展有机农业、加强风险管理、扶持依靠“自然 2000”保护区的原产地品牌。②欧洲海事及渔业基金。其目的主要包括两个：推动有竞争力、环境可持续、经济可行以及具有社会责任感的渔业与水产养殖业；促进共同渔业政策实施。该基金主要用于支持“自然 2000”生态网中的海洋保护区。③欧盟生活基金下的环境与气候行动项目。旨在向高资源利用效率、低碳以及适应气候的经济转型，保护、提高环境质量以及阻止并逆转生物多样性丧失，包括对“自然 2000”生态网的支持，减少生态系统退化。④“地平线 2020”面向研究与创新的框架项目。在一些优先保护区域上开展跨国研究。⑤欧洲区域发展基金。如投资公共设施，向能源、环境、交通运输以及信息交流领域的相关从业者提供基础服务；加强小规模公共设施，包括小规模文化可持续旅游设施的固定投资。⑥欧洲社会基金。⑦凝聚基金。投资环境，包括与可持续发展以及对环境友好的能源的领域。

2. 要加强新型资金支持

自创立“自然 2000”生态网起，欧盟在对保护区的保护与网络的管理方面，一直给予有力的公共资金支持。但是面对该生态网建设的资金需求，需进一步挖掘公共资金提供能力，应鼓励成员国利用更多其他来源的公共资金并提高管理能力，如经济发展、公共卫生、气候与教育以及水管理、洪水防控和海岸保护方面的预算资金。

另一方面，新的更具创新性、基于市场的资金工具也在兴起，如有针对性的生态服务价值补偿、碳抵消、生态产品标签、市场营销计划以及对自然资源利用相关的销售许可。

报告列举了 15 种非欧盟层面的资金提供模式，并分析了它们的特点、创新性以及可行性。其中 5 种可能性最高，在此重点介绍：①成员国直接资助。资助方不仅包括成员国中央政府也包括成员国地方政府和当地政府。它是更加有效的公共资助方式，往往需要公共部门与私人部门或 NGOs 进行深入沟通和广泛合作，让各方充分了解可由项目带来的好处。②补助金。资助方主要是政府、公益基金或慈善基金。要进一步挖掘奖励性质的补助金。其成功的关键在于这种方式对于资本融资而言具有可行性。③信托基金与捐赠。资助方式具有多种形式：募捐基金、偿债基金、周转基金。要加强拓宽基金资助渠道，并加强其长期管理。可以与生物多样性抵消项目来为未来提供资金。④类似生态服务支付的管理协议。利用公共基金刺激私人土地管理计划。成功的关键在于其协议在私人林地管理中获得更广阔的应用。⑤税收激励政策。

通过企业、个人扣税为“自然2000”生态网提供私人资助。其成功的关键在于需要阐述与政府收税与支出相比的好处，比如通过税收激励政策降低了生态服务交易成本。同时，也需要加强政府的规章制度与控制。

3. 加强生态保护区管理吸引更多市场化资金

公共部门直接的资金投入是“自然2000”生态网的主要来源。非财政的商业赞助也是“自然2000”生态网可行的资助形式，然而其也带来了许多挑战，需仔细考虑。报告最后列举了25个“自然2000”生态网的创新管理模式，并认为通过加强这些管理模式可以进一步增强吸引资金的能力。其中，4个可行性高，12个可行性中等，9个可行性较低：①可行性高的管理措施。主要包括：确保生态网络区域对公众开放；新建设施，以鼓励游客使用并提高“自然2000”网的价值；提高基础设施的公共使用。这些措施共同的特点是，通过门票、自愿捐赠以及其他收入(如停车费)，都为生态网建设提供重要的资金来源。同时，可以利用游客回报计划，补贴更多公众进入保护区。旅游业和教育的好处为广泛使用欧盟资金与其他公共预算提供了巨大潜力。另外，加强栖息地管理，为使用新的资金来源提供了大量机会，如减缓和适应气候变化项目、生态服务支付项目、生物多样性抵消项目。②可行性中等的管理措施。如进行试点工程、完善管理计划。这些措施依靠公共部门预算，促进“自然2000”生态网建立并运行其核心部分。在此基础上，企业赞助为生态网建设提供部分资金，特别是在一些管理措施能为群众提供生态服务和好处，如水资源高效利用，往往会进一步吸引私营资金的支持，获得潜在的捐赠。③可行性弱的管理措施。如公共资源信息的准备、管理团队的建立、咨询网的建立。这些措施是建立“自然2000”生态网的核心措施，但公众直接获利的潜力较为局限。因此，这些措施的运行需要公共部门预算支持。

(摘译自：Financing Natura 2000 Guidance Handbook EU Funding Opportunities in 2014 - 2020)

北欧部长理事会：
林业部门纳入2020年后气候治理体制的方案选择

2014年5~6月，由北欧部长理事会提供支持，北欧应对气候变化谈判工作组(the Nordic Working Group for Global Climate Negotiations)参与完成的《2020年后气候体制内的土地利用部门》(*The land-use Sector Within the Post-*

2020 *Climate Regime*)报告以及一系列文章，分析了林业、农业等土地利用部门纳入到2020年后气候协议中的各种可能的方案选择。

这份报告分析了林业部门纳入2020年后气候治理体制的方案选择总思路，即不同土地利用之间存在复杂和重叠的(complex and overlapping)内在关系，2020后的气候体制应当构建一个综合框架(integrated framework)，促进林业等土地利用部门在减缓和适应气候变化、维护粮食安全、保障能源安全和减轻贫困方面，产生协同增效作用。

报告指出，农业、林业和其他土地利用部门约占全球温室气体排放的25%，另一方面，这些部门极易受到气候变化的威胁。林业部门能提供多种具有成本效益的减排措施，如：减少毁林和森林退化、通过经营措施增加碳储存、用林产品替代化石燃料和能源密集型材料、减少采伐损失等。土地利用部门还能发挥许多社会、环境功能，并支持世界约一半人口的生计。但是在全球经济一体化的大背景下，农林土地利用部门需要维持好气候变化、粮食生产和贸易等之间的平衡关系。目前，气候治理体制的主要问题是对农林业部门采取零星分散的(scattered)处理方式，综合效应不佳。现将报告的主要内容摘要编译整理如下。

一、林业部门在2020年后气候体制下的四种可选方案

目前的林业等土地利用部门核算框架比较破碎和复杂(fragmented and complex)，难以激励这些部门雄心勃勃的减排行动。在2020年后的框架下，所有缔约方需对气候变化作出不同的贡献。这种贡献，既可以是绝对的或相对的减排承诺，也可以是具体的政策和活动。这些林业应对气候变化的承诺和行动，可以分为四种：

(1)采取"国家级的减缓气候变化经济目标(national economy-wide targets)"方案的国家。指的是高减排贡献国家(主要包括《京都议定书》附件B国家和其他OECD国家)，应采取经济控制目标减缓气候变化。林业等土地利用部门的具体目标尚不完全清楚，有待于2020年后气候协议整体架构形成后解决。

(2)采取"国家或次国家的部门基线(national or subnational sectoral baselines)"方案的国家。选择不承担经济控制目标，但可以是实施REDD+或NAMAs框架下的部门温室气体减排活动的国家，按照国家或次国家部门基线明示减排目标。

(3)采取"项目水平的部门基线(project-level sectoral baselines)"方案的国家。这类选项适合于目前实施CDM等项目但不能建立部门基线的国家，可以选择参与项目水平的部门方法。目前，这些项目水平的机制很有限，并在发达国家(JI)和发展中国家(CDM)采取不同规则。项目水平的部门基线将扩展

和协调(expand upon and harmonize)目前的项目水平方法学。

(4)采取“政策和措施(policies and measures)”方案的国家。类似于REDD+阶段2中缺乏能力执行基于结果的支付的国家，即没有作出选择或没有能力宣布减排目标的国家，可以承诺采取减少土地利用部门排放的政策和措施。

以上这些制度的可比性和一致性程度如配额(allowances)和根据各种方法颁发的碳信用的可替代性，将是谈判的重点。所有方法都必须考虑到非持久性问题，次国家方法必须提供处理碳泄漏的方法。以上方案中的前两种，由于其实施直接影响到国家粮食安全、减轻贫困等目标，因此许多发展中国家认为难以接受。

二、2020年后气候体制框架下以上四种可选方案的核算、测量、报告、核查等主要问题

这份报告指出，目前的核算、报告规则比较复杂，不具有适用性，为了促进实施上述提出的四种方案，每个方案需要针对核算、报告等每项重点问题设计好可能的对策，以解决目前存在的问题。

(一)2020年后气候体制框架下的土地利用核算

1. 核算规则对国家温室气体目标的贡献

(1)国家级的减缓气候变化经济目标。可采取三种模式：①单目标(single target)，即土地利用部门作为国家整体减排目标中的一部分。由于土地利用部门的减排成本较低，这种方法将为土地利用部门协助国家完成减排提供最大激励。但由于土地利用部门核算的变化和不确定性，必须精细设置减排目标以及健全的MRV规则。②双目标(dual targets)，即国家可以分离土地利用部门和其他部门的减排目标。减排量不能在部门之间替代，即不能在部门之间交换或贸易。这种模式可以允许国家在土地利用部门设置较为雄心勃勃的减排目标，同时并不影响其他部门。减排量可在国家间进行交易，但依赖于东道国MRV的严格性和减排量在国家间的潜在流动。③上限帽(capped)。对土地利用部门的减排量(或清除)设定上限，但为了避免《京都议定书》(以下简称《议定书》)的复杂性问题，该上限帽应当尽量简单、透明和可比。

(2)国家或次国家的部门基线。“国家或次国家的部门基线”方案可能平行或也可能替代“国家级的减缓气候变化经济目标”方案。与国家(减排)目标结合使用的基线与信用体系可适用于测量和报告方面具有不确定性的复杂土地利用活动。“国家或次国家的部门基线”方案产生的碳信用可用于补偿基于目标体系下的(target-based systems)排放。最简单的办法是允许国家使用土地利用碳信用满足任意百分比的国家经济减排目标，但要确保核算规则健全完善，当然也可以对来自土地利用部门的减排量设置使用上限。

(3)项目水平的部门基线。基于项目也能产生碳信用，但目前的《议定书》规则限制 RMUs、tCERs 和 lCERs 有助于国家减排目标的使用程度。未来的核算规则可能采取三种方法：①无限制(unlimited)。根据这种情景，对于"国家级减缓气候变化经济目标方案中"的国家，可以不设置碳补偿信用的上限。这种模式能提高这些国家的减排雄心，但减少了工业和能源部门的减排激励。②上限型(capped)。2020 后的气候规则也可能比目前的《议定书》规则更为简化。上限帽可能按照目前基年排放的 1% 设定，也可能再次谈判确定。③双重目标下不设限制(unlimited under dual target)。最终的选项是允许"双目标方案的"国家无限使用碳信用。这能减轻对持久性的担忧，也能用土地利用减排量替代工业减排量。

2. 基线

根据气候公约规则，附件一和非附件一缔约方建立不同的基准。附件一缔约方利用基准年和参考水平，非附件一缔约方利用 REDD + 参考水平，这些都基于其历史排放但可以根据国情调整。

这份报告认为，2020 年后的气候体制应坚持对所有缔约方和某个缔约方的国家体系的一致性。

(1)"国家级的减缓气候变化经济目标"方案和"国家或次国家的部门基线"方案。可采用以下三种基本方法：①采用基年(base year)测量减排量是最简单的核算基准形式。基年应当在国家间具有透明度和可比性，在不同的活动间具有一致性。利用基年的净排放作为基线，计算上类似于历史参考水平，在具有历史参考水平的国家间具有可比性。而利用基年的总排放作为基线，并没有考虑到基年当年的清除，因此与其他的基准相比具有较小的可比性。②参考水平(reference levels)方法可通过计算方法建立包括历史、调整和预测等。这些参考水平的发展都致力于确保环境完整性和可比性。预测和调整参考水平需要仔细斟酌，尤其当它们适用于生产碳补偿的项目。③排放密度(emissions intensity)相对更复杂。潜在变量的不确定性将导致核算期排放密度的不确定性，基线的选择将影响到核算的可比性程度。基线标准化(standardization)以及基线评估指南将增加国家间的可比性。

(2)项目水平的部门基线。这种方案的基线主要有两种基本方法。基线必须考虑国家或部门政策或情况，也应当考虑到不确定性并采用保守性假设。

3. 合格活动

为确保所有的排放和清除是直接的和人为导致的，目前的 LULUCF 核算规则采用基于活动的(activity-based)方法。

2020 年后的气候体制可以采用基于活动的方法，或基于土地的方法，或这两者的结合。根据两种方法，可建立核算规则要求对所有的活动(或仅仅一些土地利用和活动）进行测量和报告。全覆盖（full coverage）有利于确保一致性和可比性、避免碳泄漏，但缔约方在基于土地或基于活动的全口径核算方面，实施能力有差异，为处理这一问题，2020年后的气候体制可以对活动报告采取灵活指南，并允许某国在数据可获和能力完善后自愿选择加入（opt-in）核算特定的活动。

根据这种制度安排，比较发达的国家应被要求报告全口径活动，而较为不发达的国家可自愿选择需报告的活动。当然，如果采取自愿选择加入的方法，可比性就难有保证。

另外，这份报告还分析2020年后土地利用部门非持久性、注册等核算方面的具体问题。

（二）测量和报告

根据目前的核算框架，附件一和非附件一缔约方承担不同的测量和报告要求：附件一缔约方被要求提供整个土地利用部门的年度温室气体清查报告，非附件一缔约方仅需要每四年通过其国家通讯方式进行报告。双年更新报告和双年报告已经缩减了这种差距，但在双年报告的详细程度方面，仍存在很大差距。参与具体的减缓机制如CDM的国家，承担具体的测量和报告要求。新兴的市场机制和与REDD+、NAMAs有关的机制，预计也采取具体的测量和报告方法。

一般来说，支持减排量从一方转让到另一方的测量和报告制度，应执行更严格的要求。

在2020年后气候体制下，测量和报告框架需考虑到不同国家的能力差距，并要为改进数据质量提供灵活性操作和激励政策。

一般认为，测量和报告应当坚持IPCC概述的国家温室气体清查基本原则，如透明、一致、可比、完整和精确。测量和报告制度可分为三种基本构件：①方法。报告可以基于土地或基于活动，每一种方法都具有其优劣势。②不确定性。③可比性。这份报告针对这三个构件，分析了2020后气候治理体制的走势。

（三）核查

核查方法视两个因素而改变：一是该国是否承担具有法律约束力的减排承诺，或自愿承诺，或没有承诺；二是是否减排量的报告导致国际可转让碳信用单位、基于结果的支付，或并没有国际支持或碳信用单位转让。

针对上述四种可选方案，核查的具体情景可能是：

（1）“国家级的减缓气候变化经济目标”方案。该方案的国家将受到专家评审组（ERT）年度温室气体清查核查。国家通讯按照每四年实施的频率，将受到包括农林和其他土地利用（AFOLU）专家在内的一个专家组的国际评审。

双年报告将受到国际评估和复审（IAR）。从“国家或次国家的部门基线”方案的国家转变为“国家级的减缓气候变化经济目标”方案的国家，应按照上述核查要求转变其核查程序。

（2）“国家或次国家的部门基线”方案。在这种方案下的国家，分为如下三种：①假如未寻求基于结果的支付的国家，在2013年的华沙会议达成一致，满足国际咨询和评估（international consultation and assessment，ICA）要求的技术分析制度安排即可。②假如寻求基于结果的支付的国家，它们可能为国际咨询和评估提交补充性技术附件（technical annex）。③假如某国生产可贸易碳单位以满足国际减排承诺，核查努力和严格性将提高，反映部门减排作为双年更新报告附件并与双年报告格式一致的技术附件，将接受国际咨询和评估或国际评估和复审。

使用部门方法生产可转让碳信用单位的每个国家，如果减排量单位被转让，需要在每个承诺期结束时准备调整期报告（true-up period），向专家评审组和履约委员会报告关于减排量单位的适用、转让和到期的情况。参与基于市场机制的国家将增加一项额外的核查程序。

（3）“项目水平的部门基线”方案。应在国家通讯和双年更新报告中报告减排情况。如果这些活动属于基于市场机制的类型，要接受公认的类似于CDM的指定经营机构的独立第三方核查。

（4）“政策和措施”方案。这种方案的国家，每四年的国家清查和国家通讯要接受专家评审组的评审，其双年更新报告的核查，将采用现有的国际咨询和分析制度。

表1　目前关于林业的气候公约框架

内容	缔约方	对国家温室气体减排目标的贡献	单位	基线	合格的核算活动	基年	贸易机制
京都议定书 LULUCF	附件一	基于LULUCF的核算最大为1990年温室气体排放的3.5%	RMU	总—净	造林、再造林和毁林（强制）；农田管理；草地管理（自愿）	1990	国家温室气体清查
				净—净	湿地排干和复湿；恢复植被（自愿）	1990	
				根据国家情况调整森林管理参考水平	森林管理（强制）	1990	
				采用特殊的方法学和核算限定于3.5%的森林管理帽	采伐木质林产品（强制）	1990	

（续）

内容	缔约方	对国家温室气体减排目标的贡献	单位	基线	合格的核算活动	基年	贸易机制
联合履约	附件一	可在附件一缔约方之间转让	ERU	基于项目的基线；也可利用联合履约监督委员会批准的CDM和JI方法学	包括以上活动（自愿）	项目启动期	京都议定书要求的温室气体排放清查和注册
清洁发展机制	非附件一	可从非附件一国家转让给附件一国家，但不能超过购买国基年排放的1%	tCERs、lCERs	由EB基于项目的基线评估和授信	造林和再造林	1990年前的非森林和项目启动期	清洁发展机制注册
REDD+	非附件一	目前尚不存在贡献	无单位	根据国家情况调整参考水平	减少毁林、森林退化，森林保护，森林可持续经营，增强森林碳储存		
NAMAs	非附件一	目前尚不存在贡献	无单位	尚未界定气候公约指南	国家可选择温室气体减排活动		

表2 2020年后关于林业土地利用部门的四种方案的核算框架

方案选项	对国内减排目标的贡献	对其他经济目标的贡献	单位	核算规则	合格的活动
“国家级的减缓气候变化经济目标”方案	①对国家减排目标的贡献不设限制 ②对国家减排目标的贡献设定限制 ③对土地利用部门和其他排放部门设置双重目标	①实施相同经济控制减排目标的国家之间可交易无限制的配额 ②可以实施上限帽控制措施 ③双目标模式下上述两种也可使用	RMUs	①基年：事前配额要么总—净，要么净—净 ②参考水平：事后配额可用历史、调整或预测的参考水平 ③排放密度目标：以GDP或另一个产出指标为参照	对较高能力和经济目标的国家实施全覆盖
“国家或次国家的部门基线”方案	对国内目标不设限制	①国家间可交易无限制的配额但会有负面效果 ②可实施上限帽限制上述负面效果	视条件可生产CERs或RMUs		根据国家选择加入有限制覆盖
“项目水平的基线”方案	对国内目标不设限制	①国家间可交易无限制的配额但会有负面效果 ②可实施上限帽限制上述负面效果	①视条件可生产CERs或RMUs ②可继续存留tCERs和lCERs	①历史、调整或预测的参考水平 ②参考水平方法学和评估评审程序一致	有限制覆盖：仅覆盖目标部门和核算泄漏
“政策和措施”方案	尽管不可量化，但也不设限制				根据国家按照自身能力选择加入实施有限制覆盖

三、各国对四种方案的选择和立场

1. 各国的立场

这份报告指出，各缔约方的提案表明2020年后的气候治理体制下，不同国家存在不同类型的减排贡献。这些缔约方关于林业等土地利用部门的提案大体可归类为上述分析的四种类型：①实施国家或部门减排目标的类型。如印度、欧盟、日本等。哥本哈根协议中的所有发达国家和一部分发展中国家的承诺，已经采取国家减排目标（national targets）的形式。尽管俄罗斯、白俄罗斯和新西兰强调在其实施国家减排目标中已澄清LULUCF核算，但大多数国家都没有涉及土地利用部门在国家减排目标中的角色。尽管美国强调部门目标，但几乎没有国家确定部门目标的可能性。②实施国家或部门基线的类型。非洲集团、最不发达国家、美国等的提案，明确提出国家基线；而中国和印度各自提出增强减缓行动（enhanced mitigation actions）和NAMAs。假如考虑2020年自愿承诺，这种类型包括国家基线和一些新兴发展中大国的排放强度目标。部门基线已在REDD+中广泛讨论，如哥本哈根协议中两个缔约方提出零毁林的目标承诺。③项目基线的类型。尽管一些缔约方反对扩张基于市场的机制，但很多缔约方支持在CDM中纳入新的土地利用活动，同时，它们对纳入土地利用活动的范围存在分歧。如刚果盆地国家支持纳入很多活动，而最不发达国家仅支持纳入两类活动（改进农田管理、恢复植被），中国则提出应聚焦于造林和再造林。④政策和措施的类型。对于这种类型，美国、欧盟、最不发达国家的提案都涉及并明确提出政策和措施，而一些缔约方指的是NAMAs和增强减缓行动。在哥本哈根协议中，多数欠发达国家的承诺都采取这种类型。

尽管这四种减排贡献类型被广泛认可，但各方仍就两个问题存在分歧：①是否应当采取共同的规则或原则来确定缔约方承担何种类型的减排贡献；②共同的原则是什么。

关于第一个问题，各方在华沙会议上并不同意采取共同原则。几个缔约方提出如下建议：非洲集团认为，建立基于"全球减排努力要求和缔约方历史排放责任、目前能力和发展需求的"基于原则框架（principle-based framework）；而巴西的建议是历史排放责任。美国建议基于国情的灵活方法（flexible approach），而不是基于公式。缔约方可以选择复合方法，即一个部门实施上限帽，另一个实施排放强度目标，其他的部门实施政策措施。

其他缔约方对缔约方需承担减排贡献的具体类型表达了相关想法。主要的发展中国家如中国、印度、非洲集团等认为，附件一缔约方应承担绝对的、国家级的减缓气候变化经济目标。这种观点也是几个发达国家的立场，如欧盟、日本(尽管它倡议的是所有主要经济体)。几乎没有缔约方尤其是发展中国家，支持对发展中国家承担减排贡献实施国际规则。

2. 各国在四种选择方案中的“逐步成长”

许多缔约方认为，缔约国可以从一种减排贡献类型逐步成长(graduate)为另一种类型。如欧盟认为，在市场机制从CDM发展为部门方法再演变为全经济部门的上限和贸易机制的同时，所有缔约方最终都将不可避免地承担起绝对的国家级减缓气候变化经济目标。类似地，最不发达国家认为，发展中国家在最适合的发展水平和发展时期，其减排承诺可以从相对目标过渡到绝对净减排目标。支持“逐步成长”观点的许多缔约方，强调建立体系支持这种转变发生。

3. 履约

各方广泛同意2020年后框架需要包括履约机制；印度建议采取有区别的履约机制，即发达国家强制履约，发展中国家通过激励来履约；而环境完整性集团则建议一视同仁，坚持统一的履约标准。

这份报告最后分析了各缔约方关于核算、清查等方面的立场。报告提出，研究发现，尽管目前的气候协议即《议定书》在应对气候变化中显示出重要性，但其对土地利用部门的处理方式是分散的。如发达国家农业排放核算仅反映其与林业和毁林的关系，而支持农业的相关工业生产过程的排放如肥料的使用，却不被反映。还有发展中国家并没有纳入《议定书》履约范围。

基于项目的方法如清洁发展机制和REDD +，致力于为发展中国家的土地可持续利用建立激励机制。探索类似经验有助于解决其他地区的土地利用挑战。

找到共同的土地利用方法，根据国家能力平衡适应和减缓的需求，有助于增强而不是削弱未来的气候变化谈判议程。艰难的妥协和众多的漏洞，是《议定书》具有的特征，但这一次，情况可能会有所不同，因为很多谈判知识已经构建，数据已收集，并且积累了信心。

最后，这份报告提出了四条建议：①2020年后气候协议需要消除三个断层线(faultlines)，即农业和林业土地利用排放的全覆盖，基于共同但有区别的责任原则覆盖所有国家，以及适应和减缓综合纳入土地利用战略中。②土地利用政策应连贯和统一，而不是在不同的轨道分离处理。③应鼓励透明度：各国应共享信息，而不是隐瞒起来。④金融激励措施应适用于所有的土地利用活动。绿色气候基金应该为土地使用开窗口。

(摘译自：1. The Land-use Sector Within the Post-2020 Climate Regime 2. Land Use After Kyoto：New Report Identifies More Opportunities than Challenges for Coherent Approach)

国际林业研究中心：
林业纳入19个可持续发展目标的关联接口

2014年2月21日，联合国会议(UN General Assembly，UNGA)开放工作小组(Open Working Group，OWG)主席针对可持续发展目标，制定了一份包含19个“重点发展领域”(focus areas)的目标清单，旨在为各成员国确定可持续发展及其相关目标提供参考。该工作组指出，通过对清单列出的19个重点领域采取进一步的发展行动，将会促进国际社会在实现可持续发展的道路上产生质的飞跃。19个重点发展领域分别是：消除贫困；粮食安全与营养；健康和人口变化；教育；性别平等和妇女赋权；水与卫生设施；能源；经济增长；工业化；基础设施；就业和体面工作；促进平等；可持续的城市发展和人居环境；可持续生产与消费；气候变化；海洋资源和海洋环境；生态系统和生物多样性；可持续发展方式；和平、非暴力社会。该工作组强调“消除贫困、成员国内部以及成员国之间的不均衡发展，同保护环境一样，是本世纪人类社会面临的最严峻挑战”。同时，该工作组指出，可持续发展方式的匮乏，是造成该挑战的主要原因。

在19个可持续发展目标中，林业作为一个关键部分，被着重提出。在结束了长达12个月的讨论之后(该讨论围绕社会发展面临的最严峻挑战)，联合国开放工作小组的各成员国代表针对可持续发展目标中的林业、生物多样性和海洋问题，召开了最终会议。国际林业研究中心 Daju Resosudarmo 博士受邀参加此次会议，并就林业在未来发展框架中的地位发表论述。她指出，可持续发展目标中对林业和森林景观价值的认可，将有助于林业在实现多个发展目标的过程中发挥积极的作用，包括消除贫困、保障水和食品安全、应对气候变化等。

林业应该以此为契机，形成更广泛且更具包容性的发展视角。国际林业研究中心应在这一过程中发挥主导作用，对林业进行重新定义，以更好地与全球发展议程接轨，如可持续发展目标和联合国气候变化框架公约，以期在未来的15个月能够制定出接替《京都议定书》的协议。林业作为实现其他发展目标的基础，应该“跳出林业发展林业”。

纵观清单列出的19个可持续发展目标，同时参考国际林业研究中心的研究报告，可以看到，林业高度关联每个发展目标。因此，无需额外制定一个单独的林业发展目标，其对可持续发展的贡献已渗透在其中。据国际林业研究中心分析，林业与19个可持续发展目标的关联接口如附表所示。

附表　林业与19个可持续发展目标的关联接口

可持续发展目标	与林业相关
1. 消除贫困	来自林业和竹子的农民收入
2. 粮食安全与营养	森林提供的粮食
3. 健康和人口变化	森林提供的医药产品
4. 教育	与林学相关的教育
5. 性别平等和妇女赋权	森林管理中涉及的性别、景观、气候变化及女性视角
6. 水与卫生设施	流域管理
7. 能源	生物质能源，木质燃料
8. 经济增长	国内木材市场以及来自森林采伐的收益
9. 工业化	木材贸易
10. 基础设施	木炭的供给
11. 就业和体面工作	林业和其他土地利用方面提供的就业
12. 促进平等	土地所有制和REDD，以及赋予小农的土地使用权
13. 可持续的城市发展和人居环境	林业和土地管理导致的城乡迁移
14. 可持续生产与消费	粮食需求的影响
15. 气候变化	REDD
16. 海洋资源和海洋环境	红树林
17. 生态系统和生物多样性	森林生态系统贡献的生物多样性
18. 可持续发展方式	景观基金
19. 和平、非暴力社会	对REDD的有效管理和投资

（摘译自：1. OWG Co-Chairs Compile 19 ‘Focus Areas’　2. SDG Focus Areas Document Released with Great Opportunities for Forestry）

拉姆塞尔湿地公约分析城市化进程中明智利用湿地

2013年12月12日，湿地保护公约发布题为《迈向城市和城郊湿地的明智利用》(*Towards the Wise Use of Urban and Peri-urban Wetlands*)的报告，这份报告扩展了湿地保护公约缔约方达成的“规划和管理城市和城郊湿地的原则”，旨在帮助城镇和城市的管理者和规划者确保明智利用湿地。这份报告是基于认识到一些地方存在不可持续性的城市化进程将继续导致湿地的损失和退化。此报告强调，努力促使城镇和城市的更加可持续性可以使人们认识到湿地作为重要的自然基础设施能够提供各种好处。报告还对如何实现明智利用湿地和城市可持续发展的双重目标提供了进一步指导。

一、城市化与城市和城郊湿地的明智利用

几千年来，由于人类活动，湿地逐渐丧失和退化，湿地的消失速度比其他任何类型的生态系统都要快，城市扩张的影响是造成湿地丧失的动因。为了后代的繁荣和湿地生物多样性的保护，有必要进行可持续的城市发展规划和管理方式，认识到保护自然资源是维持城市发展的基础。

（一）什么是湿地的明智利用

在湿地的核心理念中，湿地的"明智利用"被定义为"在可持续发展的背景下，通过生态系统方法的实现来维持湿地的生态特征"（湿地公约秘书处，2010）。湿地的明智利用处于"湿地及其资源的保护和可持续利用的中心"（湿地公约秘书处，2008）。明智利用原则特别适用于位于城市和城市化地区的湿地，以及那些支持城市地区必要用水和粮食需求的湿地。

（二）城市可持续发展和湿地的明智利用

通过的关于城市和城郊湿地规划和管理原则的 XI. 11 决议，敦促缔约国继续促进在城市和城郊环境中湿地的保护和明智利用，以及那些在城市边界以外的受城市活动和发展影响的湿地。该决议还要求各缔约国将此活动融入可持续城市发展和保障适当住所中去，作为实现千年发展目标的贡献。此决议的通过为缔约国设定了义务，关于湿地的明智利用的政策制定和实施以及实践管理的原则。

1. 政策原则（policy principles）

湿地保护公约第 11 次缔约方会议（COP11）阐述了五个建议，国家和地方各级政府需在城市规划与管理中贯彻湿地明智利用，为此，需制定政策：①湿地及其提供的服务是支持城市和城郊定居点基础设施建设的基本要素。②湿地明智利用有助于城市和城郊地区的社会和环境可持续发展。③任何由于城市发展或管理造成的湿地进一步的退化或丧失都应该避免，任何影响都应该减轻，任何残余影响都应当得到适当补偿，如湿地恢复。④将土著和当地社区、市政当局和政府部门的全面参与纳入到城市和城郊的空间规划和湿地管理决策中，对创造可持续的城市和城郊定居点来说是至关重要的。⑤自然灾害和人为灾害的威胁及其对城市人口和湿地的影响，要求政府采取优先和关注行动（priority and convergent actions），提高应变灾害能力。

2. 实践原则(practical principles)

该决议进一步阐述了应该在可持续城市发展和湿地的明智利用中定义最佳实践原则。

(1)湿地保护。在任何时候，只要有可能，城市发展应避免破坏湿地。

(2)湿地恢复和创建。①应该将恢复和创建湿地作为城市尤其是水资源管理基础设施的元素，以维持、提高和优化生态系统服务；②在创建新湿地之前，应优先恢复湿地。

(3)湿地价值的认识。①通过可持续利用湿地生态系统服务的优化，结合明智利用原则来减少城市贫困；②需要考虑市场和政府措施涉及的生计选择和经济利益共享；③应在城市环境采取激励机制来保护湿地，如环境服务支付；④城市规划者需在决策中明确阐述湿地的价值，也应在城市发展中明确湿地丧失和退化的成本。

(4)利益相关方参与。①城市发展和湿地管理应采取包容性、赋权和地方社区参与的原则；②所有利益相关方应参与到城市发展和湿地管理的治理中。

(5)综合规划。①专题规划应作为维护城市定居点的湿地生态系统及其服务的重要工具；②在城市规划中，湿地需要充分融入更广泛的空间规划元素；③要确定会导致湿地或其他自然生态系统退化或丧失的城市发展替代策略。

二、应实施城市和城郊湿地规划和管理原则

2012 年湿地保护公约第 11 次缔约方会议通过的第 11 号决议“城市和城郊湿地规划和管理基本原则”，通过的原则为确保城市和城郊环境中湿地的明智利用提供了良好基础。以下列举了关于城市和城郊湿地的明智利用的一些障碍。

(一)城市和城郊湿地丧失和退化的动因

决议的附录列出了城市和城郊湿地丧失和退化的主要问题和动因：①政府部门之间的冲突和缺乏整体规划和协调；②城市的土地利用和土地分配缺乏市场手段；③人们普遍缺乏对湿地的经济和社会价值及其提供的生态系统服务的认识；④领导能力的缺乏和不公正的治理；⑤普遍缺乏保护湿地的政策和法律以及相关监管机制；⑥缺乏湿地规划和管理的基础设施、资金和人力；⑦人们关于“湿地”的定义和认识的淡薄；⑧城市人口和人口密度的增加；⑨气候变化是一个直接动因，也使越来越多的环境难民迁移到城市中心，增加城市人口压力；⑩地方性城市贫困导致湿地的过度开采；⑪非法建筑物和非正规定居点的不可持续发展，特别是在靠近海岸地区，以及非法活动，

如倾倒废物；⑫缺乏城市废水和污水处理直接导致湿地污染并影响到了水生环境。此外，化学品和工业废弃物污染也影响湿地；⑬人类和工业用水的压力会导致城市内外的水资源短缺和安全问题；⑭湿地仍常与疾病，如疟疾有关联，有时可能导致人们对湿地进行排水和填入；⑮湿地管理不当会导致减少城市应对灾害的弹性，并进一步削弱从灾难中恢复的能力；⑯必须认真管理为进行城市建设和发展而从城市边界以外提取地质材料，如沙、盐和矿物质；⑰对湿地资源的过度开发和外来物种的引入经常导致栖息地丧失等。

（二）应对城市和城郊湿地的丧失和退化

2012 年湿地保护公约第 11 次缔约方会议通过的第 11 号决议“城市和城郊湿地规划和管理基本原则”的附件，列举了一系列可能性方案来解决这些问题：一是提高关于湿地广泛实用性，以及它们为社会提供的好处的认知水平，因为湿地没有在规划中得到充分重视；二是从不同层面增强对湿地生态服务的意识，包括大学教学计划，提高公众意识的活动，跨政府部门提供有针对性的信息；三是加强城市规划影响湿地的敏感性政策分析，包括制定保护生态系统服务（特别是湿地的）的框架和空间区划（spatial zonation），在适当规模上解决水资源管理问题；四是增加各国政府对湿地保护的关注度。例如，如果有必要，通过生态系统服务付费制度帮助人们迁居到其他不太敏感的区域；五是在城市规划中明确将湿地设定为自然基础设施，包括在景观规划和水资源管理中的各个方面，如雨水管理、水资源和水处理；六是不仅将湿地看做是进行自然保护的重要区域，也是城市水资源管理基础设施的关键要素和提供水资源的基本要件；七是加强湿地保护的政策和法律框架，并确保它们得到有效执行和监管；八是使用选定的湿地作为自然的污水处理系统，减轻城市污染和沉降，尤其是在由它们提供这些服务的能力范围内改善环境卫生，没有明显影响它们继续提供其他生态系统服务的能力；九是考虑到城市边界内外湿地的明智利用，了解集水区/水域尺度（catchment/watershed-scale）问题的关联性；十是在问题设置和问题解决中，确保利益相关者的适当参与和赋权；十一是开发特定项目，旨在湿地可持续管理中确保社区的受益和参与。

（摘译自：Towards the Wise Use of Urban and Peri-urban Wetlands）

俄罗斯、巴基斯坦、尼加拉瓜请求将16种动植物加入《濒危物种公约》目录

2014年4月2日，俄罗斯、巴基斯坦和尼加拉瓜政府已向《濒危野生动植物种国际贸易公约》秘书处提出请求，希望将包括高价值木材、哺乳动物和鸟类等16种动植物加入《濒危物种公约》目录。

俄罗斯联邦在向《濒危物种公约》秘书处提出的请求中，希望将蒙古栎、水曲柳两种珍贵木材列入《公约》附录三。尼加拉瓜则希望将尤卡坦花梨木列入同一目录。巴基斯坦希望列入该目录的13种动物大多为山地动物，其中包括信德野山羊、西伯利亚北山羊、印度瞪羚等。

三国提出将16种动植物加入《濒危物种公约》附录三意味着：今后这些动植物在跨境贸易中必须拥有可以证明其合法出处的相应文件。

（摘自：联合国新闻中文网）

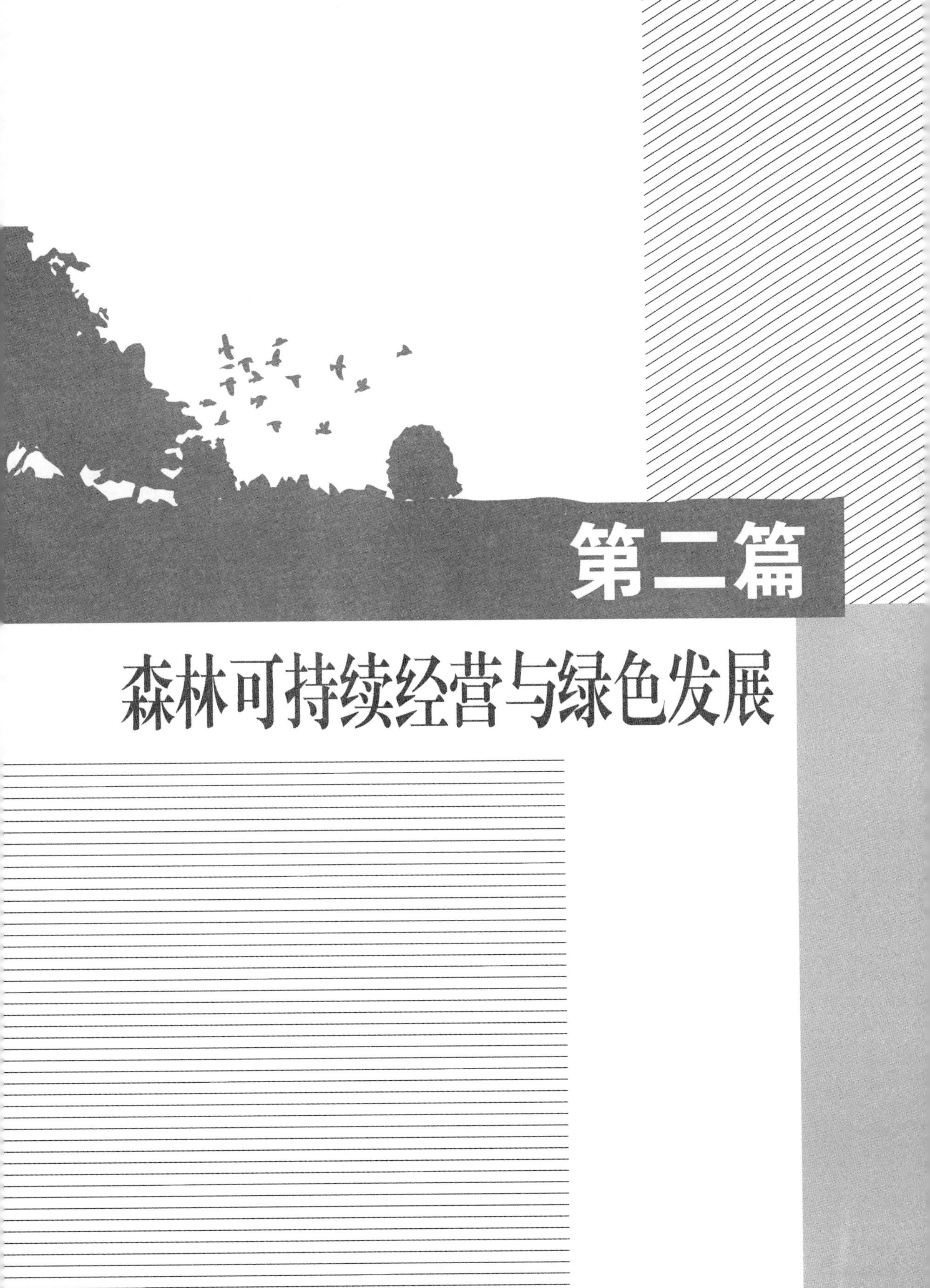

第二篇

森林可持续经营与绿色发展

第一节 森林可持续经营

联合国粮农组织第22届林委会会议以“增加森林的社会经济效益”为主题

2014年6月23~27日，联合国粮农组织第22届林委会会议暨第四届世界林业周在意大利罗马粮农组织总部召开，联合国粮农组织100多个成员国的700多位代表出席会议。本届会议的主题为“增加森林的社会经济效益”，重点议题包括：世界林业状况、森林的社会经济效益、森林对全球进程的贡献、森林与民生、森林产品与生态补偿等。鉴于2015年国际社会将确定联合国可持续发展目标和2015年后联合国发展议程，决定未来国际森林机制安排，本次会议旨在为应对全球林业发展面临的诸多重大挑战确定新愿景和新途径、有效进行未来国际森林机制的安排决定，本次会议的各成员国代表共商可持续、以人为本的解决方案，会议将对未来全球林业发展走向和林业在全球可持续发展进程中的定位产生重大影响。

这次会议重点审议了《2014世界森林状况》，关注森林社会经济惠益及相关问题，包括收入和就业；所有权和经营权；住房方面的木质资源和林产品。为此，会议研究促进各领域工作的森林政策措施，其中包括可持续生产和消费；获得资源、市场和融资；公平分享利益；以及评价森林产品和服务的价值。现将这次会议的重点议题和主要结果整理如下，以供参考。

一、会议概况和主要议题的结果

(一)会议主要内容

这次会议主要有两项内容：一是程序性议程。包括通过有关议程、选举第22届会议的主席和副主席、选举领导成员并任命起草委员会成员。会上选举圭亚那 Bharrat Jagdeo 博士为这次会议的主席，其他六位区域林业委员会的代表为副主席。二是会议的主要议题，包括讨论和审议粮农组织林委会题为《2014 年世界森林状况》的报告，以及森林对全球进程和倡议的贡献、林委会及粮农组织其他管理机构往届会议所提建议的落实情况、其他重要议题等三项重大议题。会议选举巴西、印度尼西亚、新西兰、俄罗斯、美国等17 个成员国组成报告起草委员会，另外，会议还邀请了阿根廷、巴西、欧盟、俄罗斯等8 个国家或地区的代表在开幕式发表演讲。

(二)会议主要议题的结果

1. 关于 2014 年世界森林状况议题

2014 年世界森林状况是这次会议的主题。这次会议有关2014 年世界森林状况的具体议题包括五部分内容：

(1)采取政策措施，保持并增加森林惠益。林委会认为各国在加强森林政策框架建设方面已经取得了重大进展，但是仍需要开展大量工作，促进制定新的森林可持续经营政策，确保建立相关机构、政策和立法框架。林委会建议各国：一要评估森林惠益需求状况和趋势，将其纳入森林相关政策；二要制定机制实现森林的社会经济效益，包括森林生态补偿和其他新机制；三要创造有利条件，促进公共和私营部门加强投资；四要构建治理框架，提升利益相关者对森林规划与管理的参与；五要提高森林主管部门能力，实现惠益可持续性，并为相关投资和创新构建有利环境。林委会建议粮农组织支持各国：一要审查并修订国家森林计划，更加明确森林向人们提供的惠益；二要通过落实《土地、渔业及森林权属负责任治理自愿准则》，强化权属权利和治理进程；三要加强森林公共管理部门的能力，实现森林可持续经营，适应不断变化的新挑战。

(2)鼓励创新，促进使用来自可持续管理森林的木制品。林委会鼓励各国：一要在可持续发展目标中承认来自可持续管理森林的森林产品和生物能源的潜在贡献；二要创造有利环境，加强创新，提高生产率，增大森林可持续经营和包容性森林产品价值链的实施效率；三要加强公私合作，推广新技术，改进木制品性能，促进向生物经济转型；四要推广新木制品，宣传其为生物经济所作贡献。林委会建议粮农组织支持各国：一要建立林产品包容性价值链，造福农村；二要推动源于可持续管理土地的林产品市场准入制；三要促进在生物能源和建筑材料中木制品的可持续消费和生产，并考虑可持续性三大支柱；四要加强林业组织建设；五要促进多种合作，利用比较优势，生产新产品和生物能源。

（3）森林带来的收入、就业和生计。粮农组织收集和报告关于森林收入、就业和生计贡献方面的系统数据，林委会建议下一步要完善这方面数据的定性和定量详细信息，准确衡量森林为改善生活质量所做的贡献，并将社会经济指标纳入国家森林监测和森林信息系统。

（4）森林与家庭农业。林委会建议各国应认识到农林生产组织在可持续农村管理中发挥的重要作用，要通过加强合作、促进资金、信息和服务的有效获取，明确权属和法律框架，为组织化健康发展提供有利环境。

（5）生态补偿和森林融资。林委会希望各国加倍努力推进森林生态补偿计划，并建议粮农组织支持各国：一要提高当前森林生态补偿计划的有效性，包括逐步建立生态系统服务付费市场。二要为引入森林生态补偿创造有利环境，与其他机构和国家开展相关合作；三要加强从事森林生态补偿工作的林业机构进行必要的能力建设，帮助它们制定成功的森林生态补偿举措；四要在已有信息基础上，更好地了解与实施森林生态补偿相关概念；五要分享最佳做法和经验教训，推动必要合作，促进森林生态补偿计划的有效实施；六要提高对森林生态服务价值和补偿潜力的认识；七要对森林在国民经济中所作贡献进行估价，建立国家核算系统，支持森林生态补偿计划的有效实施。

2. 森林对全球进程和倡议的贡献

（1）森林与可持续发展目标。林委会建议各国：一要确保在战略发展目标和2015年后发展议程中充分考虑森林；二要促进可持续发展目标的制定，促进森林多功能性及其对可持续发展三大支柱的贡献，并将由此实现的各种目标和指标纳入其中。

（2）零饥饿挑战。林委会建议各国：一要制定循证和包容性森林政策，考虑森林对实现粮食安全和营养作用的国家粮食安全和营养战略和计划跨部门综合方法，加强应对零饥饿挑战的能力；二要通过应用《国家粮食安全范围内土地、渔业及森林权属负责任治理自愿准则》，加强以依赖森林为生的人们和当地社区对森林资源的获取权和可持续管理；三要可持续地管理森林生态系统、牧场和野生生物栖息地，采取可以抵御不断变化的生态、经济、社会和政治条件的粮食生产系统提高做法；四要促进制定能够提高小农生产率，充分利用森林和森林外树木潜力的政策，从而在森林可持续经营背景下增加农民收入，改善粮食安全和营养。林委会建议粮农组织要加强监测森林以便为解决零饥饿挑战作贡献，并支持各国建立跨部门政策、推动经验分享促进森林保护和管理与农田之间的平衡以及其他方面。

(3)零非法毁林挑战。林委会建议各国制定可持续土地政策，保护、养护、恢复森林，按照有关国际商定文书制定实现零非法毁林的政策，根据国家法律确定其领土内发生的非法毁林状况，以及在国家和国际层面提倡零非法毁林。林委会建议粮农组织帮助各国加强能力建设、加强监测，积极参与联合国 REDD 计划。

(4)国际森林安排有效性审查。林委会建议各国进一步加强森林合作伙伴关系，开展跨政府机构协调等。

(5)《世界森林遗传资源状况》及《森林遗传资源养护、可持续利用和开发全球行动计划》。林委会建议各国酌情采取行动，确保落实《全球行动计划》，加强森林可持续经营，解决森林遗传资源保护和可持续利用，以及投入足够资源。林委会建议粮农组织支持《全球行动计划》有效落实，酌情支持各国解决《全球行动计划》的行动战略优先重点。

(6)性别与林业。林委会建议各国做出努力确保联合国妇女地位委员会在"北京 20"会议审议中，充分考虑林业领域的性别问题，在 2015 年后发展议程中充分考虑性别平等；将性别纳入国家林业政策；促进建立国家林业领域妇女网络等。林委会建议粮农组织为林业部门制定性别政策提供技术支持，以及通过发展企业支持林业价值链中的女性经济地位的赋权等。

3. 林委会及粮农组织其他管理机构往届会议所提建议的落实情况

(1)林委会往届会议建议及《多年工作计划》实施进展报告。包括对世界林业形势定期审查、为成员国提供咨询、加强与区域林业委员会的协调、加强与伙伴的合作等。

(2)森林可持续经营工具箱。包括各国家和机构进行测试、传播和促进森林可持续经营相关工作所使用的工具箱等。

(3)国家森林监测自愿准则。支持制定和推广《国家森林监测自愿准则》。

(4)森林和景观恢复机制。林委会建议粮农组织支持各国通过森林恢复机制并与其他伙伴合作；规划和实施森林景观恢复；建立全球伙伴关系和提供倡议，如全球森林景观恢复伙伴关系；参与更多跨领域和跨部门工作；支持采取全景方法加强粮食安全、减轻贫困、适应和减缓气候变化以及保护和可持续利用自然资源等。

(5)加强森林宣传。林委会建议各国提高宣传能力，加强宣传工作。

(6)加强粮农组织全球技术委员会之间的协调和合作。鼓励各国加强在农业、渔业、林业和其他土地利用部门的合作，推动在整个景观层面采取综合方法。

(7)法定机构和主要伙伴关系方面的进展。包括森林可持续产业咨询委员会、森林知识咨询小组、地中海林业问题委员会、国际杨树委员会、森林和农场基金、山区伙伴关系等机构需要加强各国合作的主要工作。

(8)粮农组织各相关机构作出的与林委会有关的决定和建议。林委会在本次会议充分考虑各相关机构作出的与林委会有关的决定和建议。

4. 其他议题

(1)在经审查战略框架下粮农组织林业工作计划。林委会强调，应在更广泛粮农组织战略框架背景下考虑粮农组织林业工作，包括其对粮食安全、农村生计、生物能源、土地利用以及其他主要跨部门合作领域；鼓励区域林业委员会就林业区域优先重点领域提供指导；支持将林业工作计划纳入战略目标主流并为各目标作出贡献，为林业工作分配足够财政资源；重申若干主体和工作领域的重要性，包括监测和评估、森林生态系统服务等。

(2)减少毁林和森林退化所致排放量以及2014年气候变化峰会。林委会建议各国：一要将REDD+讨论提升到各国、各区域及全球最高政治层面；二要支持将于2014年9月联合国秘书长气候峰会上发起的森林倡议，包括与“波恩挑战”和爱知目标保持一致，进一步承诺减少毁林和森林退化，加强森林恢复；三要在森林部门战略和计划中考虑气候变化减缓和适应之间的协同增效，并在国家气候变化战略和相关林业战略中予以体现；四要加强跨部门间协调和利益相关者磋商机制，改进土地利用政策和计划，同时解决毁林驱动因素，有效实现气候变化适应和减缓；五要简化REDD+计划，对所有利益相关者而言易于理解并有包容性。林委会建议粮农组织：一要帮助各国开展应对气候变化行动，建立和加强国家森林监测系统；二要支持各国将森林和森林外树木纳入国家适应和减缓行动计划；三要与有关伙伴合作，支持在联合国秘书长气候变化峰会上启动森林倡议，并帮助各国落实；四要加大对各国REDD+战略和森林适应活动的支持；五要为理清森林可持续经营与REDD+之间的关系与贡献；六要继续支持采取区域方法，促进区域森林及气候变化适应和减缓合作；七要帮助各国加强农业、林业和渔业之间的联系，促进采取综合方法，实现粮食安全以及气候变化适应和减缓。

(3)加强北方森林工作。林委会建议粮农组织要根据新的战略目标和资源状况，为各国在北方森林工作方面提供更多支持；在粮农组织规范和实地工作中，关注北方森林的特点，特别是与森林保护、森林火灾、野生生物管理和碳监测相关问题。

(4)加强旱地森林工作。林委会建议各国制定能力建设计划，开展系统工作，包括提供预算外供资和借调粮农组织专家。林委会建议粮农组织对旱地森林开展全球评估，开展旱地森林抵御能力战略和做法分析。林委会要求粮农组织与相关旱地、低森林覆盖率国家合作，组织一次特别筹备会，向林委会提交关于成立旱地森林工作组建议。

二、体现了粮农组织对“重视林业、消除贫困、改善民生”包容性增长的关切

在全球大多数地区，森林、农场树木和混农林业提供了就业、能源、营养食物以及一系列其他产品和生态系统服务，对维持农村人口的生计至关重要。在推动实现可持续发展和绿色经济方面具有巨大潜力。但长期以来，由于缺乏明确的证据来证明上述贡献，决策者在有关森林管理和利用方面不能做到知情决策，导致各国的政策轻视森林在消除贫困、改善民生方面的巨大贡献。粮农组织总干事若泽·格拉济阿诺·达席尔瓦指出，“森林在粮食安全方面的作用也经常被忽视，但这种作用却是至关重要的。森林在满足基本需求和促进农村生计方面发挥着令人瞩目的作用。森林也是巨大的碳库及生物多样性的维护者。若要确保粮食安全和可持续发展，就必须以负责任的方式保护和利用森林资源。”

这次会议的主报告《2014 年世界森林状况：提供森林的社会经济效益》，提供了崭新翔实的数据，确保将森林在为环境以及促进解决更广泛社会问题方面带来的效益作为可持续发展目标以及 2015 年后议程的一部分。

这次会议及其主报告，充分体现出国际社会对重视林业、消除贫困、改善民生的关切，主要表现在：

第一，在长期系统监测统计的基础上，建立了森林社会经济效益数据库（表 1）和案例，为进一步提升和加强民生林业政策提供了系统化的决策支持系统。目前，全世界正规林业部门从业人数约为 1320 万，另有至少 4100 万人受雇于非正规部门。估计约有 8.4 亿人收集木质燃料和木炭供自己使用，占世界人口的 12%。一次能源总供应量中的木质能源所占比重，在非洲为 27%，拉丁美洲及加勒比区域为 13%，亚洲和大洋洲为 5%。然而，正在努力减少对化石燃料依赖的发达国家也开始越来越多地使用木质燃料。欧洲和北美约有 9 千万人（占总人口的 8%）将木质能源作为家庭供暖的主要来源，目前，木质能源约占欧洲能源总供应量的 5%。主报告还为森林对粮食安全的贡献提供了新视角，据估计，约有 24 亿人使用木质燃料烹饪，约占非洲、亚洲和大洋洲以及拉丁美洲及加勒比区域人口总数的 40%。此外，其中 7.64 亿人也可能使用木材烧水。林产品为解决占世界人口 18% 的至少 13 亿人口的住房问题作出重要贡献。世界各地广泛使用林产品建造住房。记录数据显示，亚洲和大洋洲有约 10 亿人使用林产品作为住房墙壁、屋顶或地板的主要材料，非洲这一数字为 1.5 亿。

表1 2011年世界森林社会经济效益概况

	非洲	亚洲及大洋洲	欧洲	北美	拉美及加勒比	全球
1. 生产效益						
(1)收入(单位:10亿美元)						
正规部门(附加值)	16.6	260.4	164.1	115.5	49.4	606.0
非正规部门(建筑和燃料用途)	14.4	9.9	—	—	9.0	33.3
药用植物	0.1	0.2	0.4	n. s.	n. s.	0.7
植物类非木质林产品(药用植物除外)	2.1	63.7	5.5	2.6	3.0	76.8
动物类非木质林产品	3.2	3.5	2.1	1.0	0.6	10.5
环境服务费	n. s.	1.2	n. s.	1.0	0.2	2.4
合计	36.3	338.8	172.2	120.1	62.2	729.6
占国内生产总值的百分比	2.0%	1.4%	0.9%	0.7%	1.2%	1.1%
(2)受益人(单位:百万人)						
正规部门的就业量	0.6	6.9	3.2	1.1	1.3	13.2
非正规部门的就业量(建筑和燃料用途)	19.2	11.6	—	—	10.3	41.0
总就业量	19.8	18.5	3.2	1.1	11.7	54.3
占劳动力的百分比	4.8%	0.9%	0.9%	0.6%	4.1%	1.7%
森林所有者(家庭和个人)	8.2	4.7	7.2	3.3	5.7	29.0
受益总人数(包括从业人员)	28.0	23.2	10.4	4.4	17.3	83.3
占人口的百分比	2.7%	0.5%	1.4%	1.3%	2.9%	1.2%
2. 消费效益						
(1)粮食安全:供给(千卡/人/天)						
植物类非木质林产品的粮食供给(千卡/人/天)	2.4	18.8	4.9	6.2	12.4	13.7
动物类非木质林产品的粮食供给(千卡/人/天)	4.7	1.8	4.7	4.6	3.3	2.8
森林粮食供给总量	7.0	20.6	9.6	10.9	15.7	16.5
占粮食总供给量的百分比	0.3%	0.8%	0.3%	0.3%	0.5%	0.6%
(2)粮食安全:利用(百万人)						
使用薪材烹饪的人数	555.1	1571.2	19.0	n. s.	89.6	2234.9
使用木炭烹饪的人数	104.5	59.0	0.2	n. s.	5.4	169.1
合计	659.6	1630.3	19.2	n. s.	95.0	2404.0
占人口的百分比	63.1%	38.4%	2.6%	n. s.	15.9%	34.5%
(3)能源供给(百万吨油当量)						
直接来自森林	165.7	202.2	41.4	11.0	75.6	495.9
来自林业加工	15.6	91.2	86.7	49.8	33.1	276.5
合计	181.2	293.4	128.1	60.8	108.8	772.4
占一次能源总供应量的百分比	26.9%	4.8%	4.9%	2.5%	13.4%	6.1%
(4)住房(使用林产品的人数:百万人)						

（续）

	非洲	亚洲及大洋洲	欧洲	北美	拉美及加勒比	全球
使用林产品搭建房屋墙壁	94.0	831.0	32.7	—	68.5	1026.1
使用林产品铺设房屋地板	20.2	194.0	28.7	—	25.3	268.3
使用林产品建造屋顶	124.6	313.6	—	—	43.6	481.8
林产品在房屋任意部分的使用	148.2	996.6	61.5	—	73.4	1279.6
占人口的百分比	14.2%	23.5%	8.3%	—	12.3%	18.3%
（5）健康（百万人）						
使用木材燃料烧水和净水	81.9	644.5	—	—	38.6	765.0
使用草药/家庭药物治疗儿童腹泻	232.6	630.8	—	—	169.5	1032.9
室内空气污染致死（燃烧木材燃料）	0.5	1.2	n. s	—	n. s	1.7

注：n. s. 表示忽略不计；—表示数据不可知。本分析假设欧洲及北美木材和木材燃料生产创造的收入和就业量全部纳入了官方统计，并记录在正规部门的名目下。

第二，全球许多国家已将重视林业、消除贫困、改善民生付诸实践，并取得较好效果。根据这次会议的主报告，目前，许多国家正处于政策转变中，包括将内涵更为丰富的森林可持续经营理念纳入到国家森林政策，更加注重参与政策进程和森林管理，并以开明的姿态对待基于市场的自愿方法。这些国家在民生林业建设中特别关注四个方面：①在林业政策中充分考虑人口增长和城市化发展因素，确保森林提供更多、可持续的社会经济效益。人口增长和生活方式转变，对于森林社会经济效益的社会需求也在不断增长和变化，许多国家的森林政策和计划对这些需求变化和机遇作出了应对，消除了潜在的负面趋势，促进森林可持续地提供广泛效益。②自 2007 年起，各国逐渐倾向于将森林可持续经营作为一个总体国家目标，并为之制定了大量政策和措施，其中许多都有助于提高社会经济效益。③各国为鼓励森林提供产品和服务采取了多种措施，包括改善森林资源获取和进入相关市场的渠道，通过满足生存需要等方式，有力地提升地方层面的社会经济效益。④各国在衡量或认可森林所服务价值上不断进步，确保了林业决策的合理性。这对保证森林生态系统服务的可持续供应至关重要，这些服务包括确保粮食安全和农业生产力的关键服务（如水土保持和授粉），以及森林为人们提供的娱乐休闲及其他便利服务等。但是，报告指出各国在民生林业发展方面还面临一些瓶颈，如缺乏执行国家森林计划和政策的能力，此外，很少有国家认识到或提及性别问题和体面就业问题。

第三，不论在发达国家还是在发展中国家，加强民生林业建设都是世界林业发展共同的、永恒的主题之一。

《2014 世界森林状况》报告详细统计了 100 多个国家森林的社会经济效

益，报告主要从两方面进行了分析。一方面，分析正规林业部门对国家就业和 GDP 的贡献；另一方面，按照就业、粮食安全、能源、房屋、总附加值等五项指标，分析正规和非正规林业部门的社会经济效益。根据统计结果，不论在发达国家还是在发展中国家，加强民生林业建设都是世界共同的主题。集中表现在以下方面：

从正规林业部门，分析了林业发挥的两大社会经济效益：①在主要的发达和发展中国家，森林都发挥了重要的吸纳就业功能。在表 2 所示的 12 个主要的发达国家和发展中国家中，中国正规林业部门吸纳了 384.1 万人就业，占全国就业劳动力比重的 0.5%，是全球层面林业吸纳就业最大的国家。其次是美国和巴西，正规林业部门分别吸纳了 82.7 万人和 77.2 万人就业。从 12 个主要国家情况来看，马来西亚和新西兰正规林业部门吸纳的就业人口占全国就业劳动力比重的数值最高，分别为 1.7% 和 1.2%。②对 12 个主要的发达和发展中国家分类研究发现：林业正规部门对 6 个主要发达国家的 GDP 平均贡献率为 1.02%，对 6 个主要发展中国家的 GDP 平均贡献率为 1.48%。林业对中国、印度、巴西、印度尼西亚、马来西亚等发展中大国的 GDP 贡献率分别为 1.6%、1.7%、1.1%、1.7% 和 2%。2011 年，全球林业正规部门总产值规模最大的是中国，为 1265.19 亿美元。在美国达到了 956.64 亿美元，占其 GDP 的 0.6%。

表 2　2011 年主要国家正规林业部门对就业和国内生产总值的贡献

国家/地区	就业					总附加值				
	原木生产	木材加工	纸浆和纸	林业部门合计		原木生产	木材加工	纸浆和纸	林业部门合计	
	千人	千人	千人	千人	占总劳动力（%）	百万美元	百万美元	百万美元	百万美元	占 GDP（%）
中国	1021	1304	1516	3841	0.5	32386	41120	53013	126519	1.6
美国	122	327	378	827	0.5	20264	22100	53300	95664	0.6
俄罗斯	228	261	111	600	0.8	2767	5108	5200	13075	0.8
德国	48	134	135	317	0.7	3044	9189	13901	26135	0.8
英国	18	58	58	134	0.4	479	3416	5593	9488	0.4
日本	70	124	181	375	0.6	1995	9247	28757	39999	0.7
澳大利亚	11	40	15	67	0.6	1119	3975	2587	7682	0.9
新西兰	7	16	5	28	1.2	1147	1066	706	2919	2.7
巴西	133	434	205	772	0.7	7036	5802	9676	22513	1.1
印度	246	246	215	707	0.1	28097	352	2509	30958	1.7
印度尼西亚	103	211	131	445	0.4	5904	1805	6860	14570	1.7
马来西亚	43	104	63	210	1.7	3051	1613	1038	5702	2

从正规和非正规林业部门的社会经济效益看，这 12 个国家的主要特征是（表 3）：①正规和非正规林业部门对主要大国的就业吸附能力很强。在巴西，其吸附了 759 万人就业，约占其就业人口总数的 7.4%；在中国，吸附了 609.2 万人就业，占 0.7%；在马来西亚，吸附了 39.5 万人就业，占其就业人口总数的 3.2%。②对 12 个主要国家分类研究发现，林业正规和非正规部门对主要发达国家的 GDP 平均贡献率为 1.07%，对主要发展中国家的 GDP 平均贡献率为 2.08%。2011 年，全球林业正规和非正规部门总产值规模最大的是中国，为 1526.94 亿美元。③对主要发展中大国的粮食安全贡献凸显。用木质燃料烹饪的人口数在印度为 6.26 亿人，中国为 4.43 亿人，6 个主要发展中国家这一人口占其人口数的比重的均值为 22.5%。④在主要发达国家和主要的发展中国家，林业的能源功能都很突出。对 6 个主要发达国家，其木材一次能源供应占一次能源总供应量的 3.33%，在美国达到了 5000 万吨油当量。对 6 个主要的发展中国家，其木材一次能源供应占一次能源总供应量的 9.77%，在中国达到了 5800 万吨油当量，在印度和巴西分别达到了 9600 万吨和 6000 万吨油当量。⑤对主要国家的住房贡献十分重要。在 6 个主要的发展中国家，居住于部分使用林产品建造房屋中的人口占其总人口的 25.6%，在中国这一人口数字为 5.21 亿人，印度和印度尼西亚分别为 1.91 亿人和 9161 万人。

表 3　2011 年主要国家森林社会经济效益指标

国家/地区	就业		总附加值		粮食安全		能源		房屋	
	正规和非正规部门合计		正规和非正规部门合计		用木质燃料烹饪的人口数		木材一次能源供应		居住于部分使用林产品建造房屋中的人口	
	千人	占总劳动力（%）	百万美元	占国内生产总值（%）	千人	占总人口（%）	百万吨油当量	一次能源总供应量（%）	千人	占总人口（%）
中国	6092	0.7	152694	1.9	442853	32.1	58	2.1	521142	37.8
美国	827	0.5	99928	0.6	–	–	50	2.3	–	–
俄罗斯	600	0.8	13649	0.8	4086	2.9	11	1.5	25853	18.1
德国	317	0.7	26772	0.8	–	–	15	4.7	–	–
英国	134	0.4	9711	0.4	–	–	5	2.8	–	–
日本	375	0.6	40540	0.7	–	–	6	1.3	–	–
澳大利亚	67	0.6	8069	1.0	–	–	5	3.7	–	–
新西兰	28	1.2	3077	2.9	–	–	1	5.2	–	–
巴西	7590	7.4	30279	1.4	20558	10.5	60	22.1	37758	19.2
印度	4751	1.0	36511	2.0	625712	50.4	96	12.8	191190	15.4
印度尼西亚	1482	1.2	24154	2.9	93378	38.5	37	17.7	91611	37.8
马来西亚	395	3.2	9955	3.5	183	0.6	2	2.4	7307	25.3

三、体现出粮农组织将森林纳入 2015 年后发展议程和国家气候变化战略的呼声

(一)将森林纳入 2015 年后可持续发展议程框架

2012 年联合国可持续发展大会(里约 +20 会议)发起了制定可持续发展目标的进程。本着着重行动、数目不多、具有雄心、便于传播，平衡地处理可持续发展的所有三个方面(经济、社会、环境方面)，并与 2015 年后联合国发展议程结合一致的原则，成员国决定建立包容和透明的政府间可持续发展目标进程，该进程向所有利益相关者开放，并成立开放性工作组向 2014 年联大第 68 届会议提交关于可持续发展目标的提案。

2014 年 2 月，工作组在第八次会议上首次讨论了森林问题。在会后工作组的进展报告中，指出“森林是木材和其他林产品、水供应、生计、生态系统稳定、碳储存和其他重要服务的主要来源。陆地上的生物多样性大部分在森林中。政府很少在木材采伐和改变林地用途产生的效益，与保护森林产生的多种效益之间进行适当平衡。建议采取行动，让保护森林比砍伐产生更大的价值。”

无论未来可持续发展目标的结构如何，重要的是确定森林对可持续发展做出各种贡献的目标。其中每个目标都应当有一组指标，以明确、可衡量、可实现、具有相关性、有时限为基础，旨在确保衡量进展。

根据有关森林文书和目标，森林合作伙伴关系成员确定了有关森林的 10 个目标供工作组第八次会议审议。虽然这些目标还没有量化，但它们反映出森林对可持续发展的各种贡献。

目标 1：世界所有森林得到可持续管理。该目标重点关注森林资源和景观的长期可持续性。这是一个积极、有雄心、注重行动、具有前瞻性、便于传播的概念，平衡了可持续发展的三个支柱，适用于所有国家。联合国成员国已做出政治承诺要实现《森林文书》所述的森林可持续经营。《生物多样性公约》缔约方也根据《生物多样性战略计划》致力于森林可持续经营职能。

目标 2：改善世界森林和树木资源。森林和森林外树木作为自然资产的价值由数量(面积和体积)及质量(如其组成和健康等)决定。森林和森林外树木的范围和质量概念便于传播。该目标支持生物多样性、气候和森林的所有其他多种效益。

目标 3：增加森林应对气候变化效益。毁林和森林退化是导致全球二氧化碳排放的主要原因，而可持续管理的森林则是重要的碳汇。保护森林，改善森林管理及营造新的林分，都能增加森林应对气候变化效益。同时，要增

加已采伐木材产品储碳。

目标4：增加森林对粮食安全和营养的直接和间接贡献。森林和树木是水果、坚果、叶子、油类、蜂蜜、野生动物肉和昆虫等富含营养的食物的主要来源，有24亿人用薪柴烹饪。森林有助于提高农业生产力，例如通过调节气候、提供淡水、为传粉媒介提供生境。

目标5：增加收入和就业，减少贫困。全世界有数亿人因森林而获得收入和就业，这一点在发展中国家尤为显著。在林业管理中加强对女性的赋权，能给她们带来大量就业和商业机会，给家庭和社区带来粮食安全、健康和教育方面的效益。

目标6：保护和改善生物多样性。陆地所有生物多样性中有80%存在于森林中。生物多样性有助于提高森林生产力、抵御力和适应力，对于保持碳汇、传粉、传播种子、分解作用等生态进程不可或缺。生物多样性也是粮食安全的根本。

目标7：改善淡水供应。森林是自然过滤和储存体系，供应全球75%的可用水。森林有利于雨水过滤进入土壤，然后再过滤进入地下水，在干旱期供水，有助于减少洪峰。

目标8：增强对极端事件的抵御力。森林和树木能增强粮食生产体系的抵御力，从而增强家庭对突变性冲击和缓慢发生的变化的抵御力。森林可持续经营通过重视并提供当地知识的方法增强抵御力，这类方法往往是在监测、评价、学习基础上，让参与者慢慢适应。

目标9：增加对绿色经济的贡献。森林和树木在向绿色经济转型的过程中发挥至关重要的作用，例如提供可持续生物能源和生物材料来源、为食物和药物提供各种遗传材料。

目标10：从所有可能渠道获取更多资金支持森林可持续经营。当前分配给森林可持续经营的资源不足。要在所有层面采取行动，筹集充足资金，促进世界森林可持续经营。

(二)将森林纳入国家气候变化战略

林业在应对气候变化中占据重要地位。林业应对气候变化的最新进展是将“森林减缓气候变化框架”纳入《气候公约》，为2014年9月联合国秘书长高级别气候峰会上将发起的与森林有关的倡议做准备，以及在政府间气候变化专门委员会第五次评估报告(2014年)中发布与森林有关的最新信息。

2014年5月4~5日，在阿布扎比组织了一次高级别会议，为9月的气候峰会奠定了基础。在阿布扎比会议上，政府和其他利益相关者讨论了预期将在联合国秘书长气候峰会上发起的与气候变化有关的九项举措，其中一项事关林业。拟议的这项举措是努力减少毁林和增加森林恢复面积。预期采取的行动是：各国在2020后气候变化协定中设定宏伟的减少毁林或森林恢复指标；发达国家提高在2020后气候协定中对REDD+需求的承诺；私营公司和公共部门对非毁林性商品供应链或活动做出承诺；热带森林国家推行可持续土地利用战略。这项举措将与应对《生物多样性公约》的波恩挑战（即通过恢复森林景观，到2020年恢复1.50亿公顷退化土地）和实现相关的爱知目标15（即到2020年恢复15%退化的生态系统）一致。

森林依然是采取有效务实减缓行动的一个重要手段，且同时具有提供社会经济和环境利益的重大潜力。森林部门的适应行动，例如森林恢复，往往带来减缓效益。气候公约正在讨论REDD+计划的非市场性方式，正考虑减缓与适应之间的联系。国家和国际一级正在制定政策框架和激励措施，促使以森林为基础的适应和减缓活动产生协同作用的同时，开发旨在推动评估协同作用、权衡得失、纪录汇编和分享别国经验的方法和手段，这些都有助于制定、规划和实施森林政策。

跨部门协调①对采取一致的气候减缓和适应方针至关重要。一些国家正在为2015年后气候协定采取以土地为基础的气候变化核算，气候公约的科技咨询机构也正在讨论农业问题。在国际气候变化政策层面、国家政策层面以及实地景观层面处理好跨部门协调（如农林关系），将实施有效的协调机制以包容利益相关者的进程。

加强森林和树木对粮食安全的贡献，同时解决好减缓和适应气候变化问题，被视为气候智能农业战略和计划的重要组成部分。正确认识森林和树木在气候智能农业中的作用，推动制定全面的气候智能农业战略和计划，实现农业和林业部门之间的协同增效、平衡两者之间的发展。

四、表达了粮农组织创新林业政策“以人为本，注重减贫和农村发展”的建议

这次会议及其主报告表明，世界上有很大一部分人依靠林产品来满足对能源、住房和初级卫生保健某些方面的基本需求，并且这种依赖程度很高。报告指出，尽管森林在促进减少贫困、农村发展和绿色经济方面潜力巨大，但各国森林和其他相关政策往往未能对这些社会经济效益予以充分考虑。

粮农组织指出，各国应该对一味保护森林的政策加以调整，发挥森林在促进粮食安全方面的作用。

粮农组织负责森林事务的高级官员拉姆施泰纳（Ewald Rametsteiner）说：“鉴于对森林的开采和开发，加上当今人口大量增加，森林管理机构制定政

---

① 尤其是林业与农业之间的协调，以及林业与能源部门之间的协调。

策，试图对森林资源基地予以保护。但从长远来看，这种政策不能起到良好的作用，因为它阻止人们从森林中获益。这种范例政策正在慢慢地实施，应该加以调整，以让人们从森林资源中迅速获得更多的利益。”

粮农组织认为调整森林政策，为当地社区和家庭提供利用森林和进入市场的机会及加强林权，都是提高森林社会经济福利和减少农村贫困的有效方法。强调有必要提高包括非正规生产者在内的私营部门的生产力，并加强对森林企业赖以生存的资源的可持续管理问责。还必须更加明确地承认森林环境服务和补偿机制所发挥的作用，从而确保这些服务的可持续性。许多国家的政策或许应根据报告中提供的数据和分析进行重新调整。

“无论是数据收集还是决策，各国应该调整其工作重点，从生产到效益转换成从树木到人，”粮农组织林业部助理总干事林爱德华多·罗哈斯·布里亚莱斯说。“林业部门及其他领域的政策和计划必须明确考虑森林在提供食物、能源和住所方面的作用。完整全新的森林概念能够提高它们对捐助者和投资者的吸引力，并确保能够让所有人受益，特别是那些最贫困人口。”

粮农组织建议，为了促进森林产生更多的社会经济效益，各国林业政策需作出以下调整：

第一，加强林权保障，赋予人们管理森林并从中获益的权利。许多国家已朝着这个方向采取了重要举措。这些举措包括赋予人民更多管理和获取特定林产品(尽管经常只用于维持生计)的权利，改善资源获取渠道，为土著人民、地方社区和个体林农提供森林、土地和树木长期安全的权属保障，通过完善法律框架来拓宽市场准入渠道，通过增强小规模森林企业和生产者能力来增加收入和创造就业。

第二，将关注重点从禁用、禁伐转移到可持续生产上。目前已实施了旨在强化森林资源产权和地方控制的多项措施，使地方生产者在确保资源的长期可持续性方面发挥更大作用，并且组织(生产者合作社等)的完善也许能够提供一套让非正规生产者更有效参与的机制。为加强这些活动的可持续性，目前需要通过与私营部门以及非政府和民间社会组织进行合作，并通过学习成功经验，大规模开展技术援助和技术推广工作。

第三，生产和利用效率。随着人口增长，对林产品消费的需求会继续增加。要在资源不大幅减少的情况下满足社会对林产品的需求，支持非正规生产者采用更高效和可持续的生产技术。

第四，欠发达国家要向绿色经济转型。对于很多国家而言，木质能源都颇具发展前景。通常可通过以下方式可持续地增加木质能源供应：采用相对容易引进的先进制炭技术和工艺；进一步探索利用加工业木屑生产能源的可能性。此外，还可通过改进锅灶来提高木质能源的热效率。

第五，以数据为基础，增强政策制定的科学性。目前缺少从事各种森林相关非正规活动人数的统计数据。需要做出更协调一致的努力来获取更多相关信息，帮助更好地决策。

第六，应对不断变化的需求。《2014 年世界森林状况》报告的分析侧重于森林对于满足基本需求的贡献，森林的社会经济效益会随着各国的发展而变化。随着各国致力于建设一个更具可持续性、更绿色的未来，对于森林多种功能的需求将会上升。因此，森林有潜力为将来的社会经济发展作出更大贡献，相应地也需要合理开发利用这种潜力。

根据这次会议形成的成果，我国需要在林业社会经济效益方面加强完善政策框架和相关机制，特别是要完善森林社会经济效益的补助和补贴政策、建立森林生态服务市场并完善生态补偿机制、加强社会多元化投资、推进森林认证、加强新技术创新、加强国际合作、管理林产品价值链等(表 4)。基于本次会议和包容性增长理论提出我国民生林业发展的思路：①改善民生是我国林业发展中的一个永恒主题；②民生林业发展需关注的几个重大问题：就业和收入安全问题(特别是中低收入群体)、粮食和营养安全问题、能源供给安全问题、住房保障问题、生命健康问题；③加强完善民生林业发展的政策内涵。一要明确政策目标，包括就业和收入目标，即创造并扩大中低收入群体就业和经济机会；保障人的基本安全(本次会议主要关注的食、住、病、生四个方面)；通过财政杠杆缩小城乡收入差距，保证公平正义。二要完善几项政策重点，包括完善就业和收入支持政策，如提高生态补偿和林业补贴的公共财政政策吸附面和吸附能力，进一步延伸产业链；消除市场障碍，加强金融和科技，提高社会组织就业吸附能力；发展中小林业企业；完善林权改革、金融政策、科技政策等；④提出民生林业发展路线图框架。

表 4　联合国粮农组织第 22 届林委会会议成果及我国完善趋势

主要议题	子议题	主要结果	我国政策框架和机制完善
A. 2014 年世界森林状况	A1. 采取政策措施，保持并增加森林社会经济效益	林业政策充分考虑森林效益需求状况和趋势； 制定机制包括生态补偿，促进森林社会经济效益公平分享； 创造条件加强合作，鼓励加大投资； 提高主管部门治理能力 ……	对社会经济效益的补助和补贴政策、建立森林生态服务市场并完善生态补偿机制、加强社会多元化投资、其他
	A2. 鼓励创新，促进使用来自可持续管理森林的木制品	在可持续目标中承认可持续管理森林木制品； 提高森林可持续经营和包容性森林产品价值链的实施效率； 鼓励技术创新，改进木制品，为生物经济作贡献 ……	推进森林认证、加强新技术创新、加强国际合作、管理林产品价值链、其他、林权改革

（续）

主要议题	子议题	主要结果	我国政策框架和机制完善
A. 2014 年世界森林状况	A3. 森林带来的收入、就业和生计	将社会经济指标纳入国家森林监测和森林信息系统 ……	建立监测社会经济指标的国家林业系统
	A4. 森林与家庭农业	加强农林组织、制定供资机制和建立法律框架 ……	加强林业组织化、林权改革
	A5. 森林生态补偿和融资	提高森林生态补偿计划有效性，逐步建立补偿市场； 加强林业机构能力建设； 评估森林对国民经济的贡献，建立国家核算系统 ……	建立林业社会经济效益估价标准、方法和核算系统、完善生态服务市场
B. 森林对全球进程和倡议的贡献	B1. 森林与可持续发展目标	确保在战略发展目标和 2015 年后发展议程中充分考虑森林； 促进可持续发展目标制定，促进将承认森林多功能性及其对可持续发展三大支柱的贡献的各种目标和指标纳入其中 ……	制定促进可持续发展目标的林业指标和政策
	B2. 零饥饿挑战	将森林纳入国家粮食安全和营养战略和计划； 实施《国家粮食安全范围内土地、渔业及森林权属负责任治理自愿准则》； 可持续管理森林生态系统、牧场和野生生物栖息地； ……	核算林业对粮食安全和营养的贡献、森林可持续经营政策
	B3. 零非法毁林挑战	制定可持续土地政策保护养护恢复森林； 按照有关国际商定文书制定实现零非法毁林的政策 ……	森林保护和可持续经营土地、财政和法律政策
	B4. 国际森林安排有效性审查	加强森林合作伙伴关系	国际林业政策
	B5.《世界森林遗传资源状况》及《森林遗传资源养护、可持续利用和开发全球行动计划》	确保落实《全球行动计划》 ……	林木育种科技和财政政策、遗传资源保护以及知识产权法律政策
	B6. 性别与林业	在 2015 后发展议程中充分考虑性别平等； 将性别纳入国家林业政策 ……	林业政策纳入性别因素、国家林业领域妇女网络建设

（续）

主要议题	子议题	主要结果	我国政策框架和机制完善
C. 林委会及粮农组织其他管理机构往届会议所提建议的落实情况	C1. 林委会往届会议建议及《多年工作计划》实施进展报告	对世界林业形势定期审查； 为成员国提供咨询 ……	
	C2. 森林可持续经营工具箱	传播工具箱等	
	C3. 国家森林监测自愿准则	制定和推广《国家森林监测自愿准则》	
	C4. 森林和景观恢复机制	粮农组织支持各国通过森林恢复机制并与其他伙伴合作，规划和实施森林景观恢复	林业规划
	C5. 加强森林宣传	提高宣传能力； 加强宣传工作	
	C6. 加强粮农组织全球技术委员会之间的协调和合作	加强在农业、渔业、林业和其他土地利用部门的合作	
	C7. 法定机构和主要伙伴关系方面的进展		
	C8. 粮农组织各相关机构作出的与林委有关的决定和建议		
D. 其他议题	D1. 在经审查战略框架下粮农组织林业工作计划	在更广泛粮农组织战略框架背景下考虑林业工作； 支持将林业工作计划纳入战略目标主流并为各目标作出贡献，为林业工作分配足够财政资源 ……	
	D2. 减少毁林和森林退化所致排放量以及2014年气候变化峰会	将REDD讨论提升到各国、各区域及全球最高政治层面； 支持将于2014年9月联合国秘书长气候峰会上发起的森林倡议； 在森林部门战略和计划中考虑气候变化减缓和适应之间的协同增效 ……	提升REDD+的政治战略地位、加强林业减缓和适应气候变化综合战略设计促进协同增效、林权改革

（续）

主要议题	子议题	主要结果	我国政策框架和机制完善
D. 其他议题	D3a. 加强北方森林工作	为各国在北方森林方面提供更多支持 ……	加强北方森林保护、森林火灾管理、野生生物管理和碳监测
	D3b. 加强粮农组织旱地森林工作	加强能力建设； 开展旱地森林抵御能力战略和分析 ……	加强干旱地区森林适应气候灾害和气候变化战略和财政支持、加强地区能力建设

（摘译自：1.《2014世界森林状况：提高森林的社会经济效益》；2.《森林和树木——千百万人的住所、食物、能源和就业之来源》；3.《森林政策以人为本》；4.《中国代表团出席联合国粮农组织第22届林委会会议》）

联合国粮农组织：
森林和草原退化给亚太区域敲响警钟
亟须增强政治承诺和意愿、生态系统服务付费、改善治理、可持续资源管理等方面的变革驱动力

2014年3月12日，联合国粮农组织亚洲及太平洋区域会议第32届会议在蒙古乌兰巴托市举行，这次会议的第13个议题是“恢复草原和森林，实现气候变化减缓和适应，促进生态系统服务”，粮农组织在会议上警告说，森林丧失和退化仍然是亚太区域面临的主要问题，如果不予解决，留给后代的将是一个受到破坏的生态系统和生物多样性不可挽回的丧失。粮农组织高级林业官员帕特里克·德斯特说，“据估计，亚洲每年有超过200万公顷草原在退化。该区域有大约4亿公顷退化林地急需恢复。”德斯特解释说，森林和草原的恢复能提供一系列由生态系统产生的环境、社会和经济效益。它们包括生物多样性支持、生态系统服务、适应和减缓气候变化、农村发展、创造就业机会和减少贫困。在过去的几年中，森林和草原的恢复引起了国际社会的极大关注，出现了许多促进恢复的新举措和新机构。一些国家还制定了自己的国家恢复计划，尤其是在林业，正在取得显著进展。“来自林业的好消息是，亚太区域在过去的十年中增加了森林覆盖率，这主要归功于中国、印度和越南的大规模努力，”德斯特指出，“但是，整个区域需要开展更加全面的工作。”

这次会议认为，恢复方法的拓展和实施受到若干因素的限制。若要推动

该区域草原和森林的可持续恢复，决策者必须做出更为明确的承诺。变革的主要驱动力和恢复方面的机遇包括加强承诺力度和政治意愿，采取生态系统服务补偿计划，改善治理，提高可持续资源管理和市场准入方面的能力。现将这次会议待审议的文件主要内容摘编整理如下。

一、引言

亚太区域陆地面积的57.5%为森林和草原(共计20.089亿公顷)(粮农组织，2013)，为农业、粮食安全及营养提供着必不可少的生态服务(如：水及气候调节功能)。此外，森林和草原还蕴藏着巨大潜力，能通过长期促进社区恢复能力、生计和扶贫和通过碳固存缓解气候变化的影响等途径，为适应气候变化做出贡献。然而，这一潜力却由于一些导致土地及水系统退化的做法而难以得到发挥，而土地及水系统又是粮食生产的主要基础。例如，亚洲的草原估计正以每年200万公顷以上的速度不断退化，而该地区可恢复的已退化森林面积估计累计超过4亿公顷(世界资源研究所，2013)。本文就如何通过有利于环保、经济上可行和被社会所接受的草原和森林管理措施来恢复和加强草原和森林的生产能力(生产食物、木材、薪柴、非木材林产品和提供生态服务)展开讨论，以促进粮食安全和生计，同时为减缓和适应气候变化做出贡献。

二、亚洲及太平洋区域森林草原恢复情况综述

(一)森林现状和森林恢复

森林在亚洲总陆地面积中占19%(5.925亿公顷)，在太平洋地区则占23%(1.914亿公顷)[①](粮农组织，2010)。亚洲及太平洋区域另有3.8亿公顷土地被归类为“其它林地”，其中包括灌木林和林冠覆盖率为5%~10%的稀树草原型生态系统(粮农组织，2010)。

20世纪，该区域人类发展的一个主要特征就是热带森林面积在快速减少。虽然森林面积减少的速度近年已有所放缓，但亚太区域很多国家仍面临着林地被转作它用的大问题。尽管该区域的森林面积在过去20年实现了净增长(主要归功于中国的大规模植树造林)，但很多国家有大片天然森林仍在遭到砍伐。例如，据亚太区域各国报告，2000~2010年间森林面积累计净损失2190万公顷(粮农组织，2010)。

森林退化和森林健康活力下降也是亚太区域森林面临的大问题。森林面

① 亚洲及太平洋地区的划分以粮农组织统计数据库分类为准(faostat. fao. org/site/371/default. aspx)。

积减少和森林退化造成的不良后果包括生物多样性和生态系统服务的丧失、林产品产量下降以及生计受损和恢复力下降等负面社会影响，特别对那些以森林为生的贫困社区而言。但我们也应该注意到，伐林后开展的农业生产往往会给社区带来积极的福利效果，包括加强其生计手段和粮食安全。一旦要在林地上扩大农业生产，一个关键问题就是要在土地利用过程中保留树木和灌丛，以最大程度确保各项生态系统服务不受影响。

亚太区域森林总面积中约有65%为天然再生林，不到20%为未受到干扰的原生林，其余15%为人工林（粮农组织，2010）。热带森林流失的周期通常从过度伐木开始，其结果是森林退化和天然林商业价值的降低。林地砍伐后被用于农业生产，人们以此来取代由于不可持续的农作生产而丧失了生产力的土地。伐木专用道路的修建使得人们得以进入原本难以进入的林地，从而加快了这一进程。随后，丧失了生产力的农地被抛荒，可能会再生成森林，但人类活动频繁地区的自然恢复过程往往非常缓慢，原因是土壤退化、重复干扰（特别是林火）和与完好森林的隔绝。这些退化的生态系统提供生态系统服务的能力已遭到削弱，能产生的社会经济效益也极为有限。

到目前为止，重新造林时多数是栽种工业人工林，采用为数不多的几个树种，主要用于生产纸浆。虽然工业人工林也能产生经济效益和有限的社会效益，但它所能提供的生态系统服务和其它益处与原生林相比相去甚远。特别值得注意的是，本地的生物多样性往往被外来树种单一栽培所取代。人工造林还受到立地质量、气候、交通是否便利和经济因素等限制。有些地方还在努力采取行动来提高抛荒地的农业生产力，但可用于重新造林的大片退化土地中只有很小一部分才适合用于农业生产。

近来，各地已大力采取措施，开发和推广能在荒地上再造天然林和恢复严重退化森林的相关技术。例如，菲律宾正在努力开发的“辅助自然再生”技术就具有巨大潜力，有助于促进荒地上天然林的再生，特别是在外来入侵物种白茅（*Imperata cylindrica*）泛滥的地区。亚太区域各国的白茅草地面积估计超过5700万公顷。同样，斯里兰卡在20世纪80年代开发的“模拟林业”技术目前已在一些亚太区域国家得以采用，通过在半天然林中复制天然林动态来恢复和重建森林。该区域还开发出多种其它森林恢复和重建方法及模式，如菲律宾的“雨林培育”技术、中国的封山育林制度、清迈大学森林恢复研究中心（FORRU-CMU）采用的热带森林恢复模式等。各种社区森林管理方式，如印度的森林共管、尼泊尔的租赁式林业和菲律宾的社区森林管理等方式，都力求通过让当地社区及人民承担更多森林管理和恢复方面的责任并赋予他们利用林地所产出产品的权利，最终实现完善的森林管理和森林生态恢复。

近年，景观恢复法的势头已不断增强，为我们提供了很多机遇。这一理念认为，树木和森林是农村景观的关键组成部分，而景观层面的多样性和多样化有助于加强生态和社会经济恢复能力。景观恢复工作的关键内容包括：①在土地利用的大格局中，使森林和树木所产生的社会、经济和环境效益之间重新实现平衡；②注重加强某处景观的功能和各种土地利用方式所提供的生态系统服务；③让人成为景观中的核心组成部分，承担起优化土地利用的任务。

（二）草原现状和草原恢复

各类草原占亚太区域陆地总面积约 35%（12.25 亿公顷），其中包括天然草原和伐林及原有森林退化后出现的以草为主的地区。草原和草地的不同之处在于，草原主要由本地（或有时为外来入侵）植被组成，而并非通过人工播种刻意种植。多年生物种对于经济和资源可持续性十分重要，因为它们能在降水不稳定的气候条件下提供耐旱饲草，保护有机土层，在养分循环中发挥重要作用，维持土壤“健康”，在有些地方还能作为燃料，通过燃烧来去除木本杂草。

亚太区域的草原多数位于中国、蒙古及澳大利亚。草原通常过于干旱，或过于脆弱，很难用于作物生产或形成密林。它们还出现在作物和森林因为面临生物物理限制因素而难以生长的地区，如亚高山区和山区。世界各地的人们主要通过放牧来利用草原，这会因放牧强度和频率不同对植物构成产生不同程度的影响，并不同程度减少燃料总量。草原还能提供大量野生水果、蔬菜、菇类，也是很多野生动物物种的栖生地，这些都为居住在此地的人们提供了重要的养分。野火是调节草原植被的一个重要力量，往往会减少木本植物的数量，促进各种禾本及非禾本草类的生长。放牧强度会影响野火周期，继而影响草原的再生能力，使得植被构成出现大幅变化。温度也是一项重要调节因素，很多草原只在较短的生长期内才能生产牧草。要想避免过度放牧和退化，就有必要借助制作干草和其它保护性措施。

虽然各方对草原退化的地理范围和严重性有着不同的估计，但公认的一点是，由于对畜产品的需求加大，畜牧生产给草原带来了更大压力，使得草原退化成为一个严重问题，尤其在亚洲。造成草原退化的原因错综复杂，充满争议。但显而易见的是，多数情况下草原退化是气候因素、食草动物群体数量和社会经济因素共同作用的结果。

草原退化造成的后果包括：①丧失“良好的”（就为家畜提供饲料而言）的多年生草类和灌丛，可能会导致（牧区）生计手段丧失和产品稀缺；②加剧土壤侵蚀（包括风蚀和水蚀）和土壤结构性破坏；③水文干扰；④木本杂草泛滥；⑤沙尘暴频率及强度加大，影响下风处的城市人口；⑥加剧碳排放，减少碳储存；⑦动植物生物多样性流失；⑧当地居民丧失生计手段；⑨给邻近的城市地区带来后果，如有些地方更容易遭受沙尘暴和大风等天气影响。

三、森林和草原恢复产生的效益

森林和草原的恢复能提供一系列由生态系统产生的环境、社会和经济效益，主要如下：

1. 生物多样性

亚太区域拥有世界上一些最具生物多样化的景观，多数陆地生物多样性蕴藏在森林中。因此，森林恢复能为生物多样性带来显而易见的益处。通过植树带来的生物多样性恢复过程能通过附近本地植物物种种子的大量繁殖而不断加快。森林栖生地的恢复有助于吸引本地土生动物回归觅食和栖息。最新研究表明，再生林能有效促进生物多样性保护，特别是在亚太区域原生林范围持续缩小的背景下。虽然草原的多样性比不上森林，但也蕴藏着丰富的生物多样性，包括已适应草原环境长期演化的本地动植物物种。

2. 生态系统服务

《2005年千年生态系统评估》将生态系统服务界定为人类从生态系统中获得的各种好处。该评估共确定和评估了24项具体生态系统服务，其中包括：食物、水、木材及纤维等供应性服务；影响气候、洪灾、疾病、废物、水质量等调节性服务；提供娱乐、美学和精神享受的文化类服务；土壤形成和保护、光合作用、养分循环等支持性服务。虽然人类能够利用文化及技术在一定程度上缓冲环境变化带来的影响，但从根本上却依赖于生态系统服务。森林和草原能提供多项生态系统服务，而一旦遭到破坏或出现退化，就会丧失或削弱这些功能。但其中多项功能可以通过重建或恢复森林或草原生态系统而得以恢复。

3. 气候变化适应

气候变化将通过各种方式影响社会及生态系统，如影响农作物产量，影响人类健康，促使森林及其它生态系统的生产力、健康和生态进程出现变化等。农业对具体气候条件具有极高依赖性。要想预测气候变化对食物供应产生的总体影响是一件难事，包括气温上升、二氧化碳浓度上升、降水量和降水方式的变化、旱灾和洪灾的频率和强度变化、病虫害影响、海平面上升等因素造成的影响。但总体而言，在与过去相比生产方法不变、地点不变的前提下，气候变化预计会加大作物和畜牧生产的难度。自然生态系统也受到气候的巨大影响。气候变化和气候易变都会通过迫使物种迁徙或灭绝导致现有食物链和生态平衡遭到破坏，从而从根本上改变现有的生态系统。海平面上升可能会侵蚀和淹没沿海生态系统，而森林则可能由于林火、暴风雨、洪灾、旱灾、疾病和入侵物种等破坏性因素发生频率和强度的变化而受到影响。在发生严重气候事件和自然灾害时，森林和草原可能成为一张“安全网”，促进粮食安全，并从长远看，它还能提供灵活多样的生计手段，帮助农村社区实现适应性调整。从森林和草原中获得的收入可能成为当地社区多样化收入的一项重要组成部分。社区林业、农业合作社也有助于建立强有力的合作型社会架构，鼓励社区成员互帮互助，让社区有更好的能力应对气候变化带来的各种不利事件。森林和草原的恢复有助于调节小气候，影响水文周期，提高生产力，更好地提供生态系统服务，并加强农业、自然生态系统和社区应对气候变化影响的整体能力。

4. 气候变化减缓

从全球看，森林储存着大量碳(约占全球陆地生态系统碳总存量的38%~39%)(联合国开发计划署等，2000)。森林的可持续管理、植树造林和恢复能起到保护或提高森林的碳储量的作用，而相反，森林砍伐、退化和森林管理不当则会减少碳储量。大规模的森林恢复活动有助于增加森林生物量和土壤中的碳吸收或“固存”量，从而起到缓解气候变化的作用。草原也是一种主要碳汇，碳储量占全球陆地生态系统碳储量的33%(联合国开发计划署等，2000)。与热带森林以地上植被作为主要碳库的方式不同，草原将大多数碳储存在土壤中。有关草原的潜在碳固存量各方有不同的估计数，但人们普遍认为，只要采取一系列多种多样的放牧和草地改良管理措施，草原就具备巨大的碳储存潜力(估计为0.13~1.3吨二氧化碳当量/(公顷·年))。

5. 农村发展、就业和扶贫

随着很多国家过去几十年的经济发展、生计手段增加和城市化进程，亚太区域直接依赖森林或草原为生的人口比例已大幅减少，但森林和草原的退化仍对该区域大部分人口的生活造成了影响，特别是那些依赖农业及其它自然产品为生的贫困农村居民。缺少生产性就业机会是很多农村社区面临的主要问题之一。应该加大力度重视造林、重新造林和草原及退化森林的恢复工作，并进行有针对性的公共投资，从而为农村地区提供有力的经济刺激，增加就业机会，减轻贫困现象。同样，也可通过努力提高畜产品、木材和非木材林产品的生产力来增加农场收入，加强粮食安全，重建受损的自然资源基础。这些刺激措施能产生重要的回报效果，因为它们不仅能够有效恢复森林和草原，还能减少生计压力，避免造成资源进一步退化。增加农村地区的公共投资有助于发挥潜力，改善保护区管理，改良集水区，减少野火的发生。

四、森林和草原恢复过程中面临的困难和机遇

(一)面临的困难

可持续森林和草原恢复方法的开发和实施过程中面临着一些障碍，下文

将就此类障碍进行简要分析与讨论。

1. 技术障碍

森林和草原恢复过程中面临的技术障碍有三个方面。其一是获得有关恢复技术的相关适用、成熟信息与知识；其二是缺少种植材料、设备和基础设施；其三是当地生态条件，包括已退化土壤、火灾等人为事件、气候条件、来自入侵物种的竞争、不利的继承方式、放牧等带来的生物压力等。只要有了政治意愿和资金，技术障碍通常可以通过科研、购置所需设备和培训等相对容易克服。

2. 经济资金障碍

要想开发出能最大程度发挥资金和生计效益并提高生物多样性的森林和草原恢复方法已经被证明是一件颇具挑战性的任务。恢复与其它土地利用方案相比往往缺乏经济吸引力，各方一致认为应尽力降低恢复成本，以提高这项工作的经济可行性。尤其是在土地利用决策中，提供生态系统服务产生的公益价值往往未能得到充分认可。森林和草原恢复活动往往面临资金短缺的问题，特别对贫困的当地社区而言，解决生计问题往往比生态保护更具紧迫性。同样，如果回报率大大低于其他土地利用方式，就很难动员私营部门投资或从资本市场融资。最有前景的办法可能是考虑采取其它融资安排，如由各社区、政府机构、地方政府机构、国际组织、民间社会组织等联合结成伙伴关系。

3. 信息障碍

有关草原在农业生产和提供生态系统服务方面的相关信息及数据目前十分有限，迫切需要在全球、区域层面就草原提供的各项服务更好地开展评估，并就草原破坏和退化可能造成的后果开展分析。应加大力度重视与保持草原生态系统生产力最佳做法相关信息的公布。

4. 政策和监管障碍

各种政策和监管障碍都可能会阻碍森林和草原恢复活动的开展，这些障碍包括：①由于政府政策或法规不确定和/或出现变化带来的风险；②支持恢复活动的政策实施不力；③森林或土地利用相关法规执行不力；④对森林和/或草原恢复不利的政策与法规，原因是它们限制了此项工作的开展，或未能激励社区开展和维持恢复活动的积极性。政府未能起到带头作用和采取行动来推动恢复计划，政府规划和预算编制工作中缺乏对林业部门的支持，也都可能对森林和草原恢复工作造成障碍。在很多国家，土地权属也是可能对森林和草原恢复活动造成极大挑战的一个问题，其中包括：缺乏合理的土地权属法规为权属安全提供支撑；缺乏清晰、有监管的自然资源产权；增加地块被零碎化风险的正式和非正式权属制度。

5. 社会障碍

会对森林和草原恢复产生不利影响的社会条件和土地利用方式包括：人口给土地利用带来的压力；不同利益群体之间的社会冲突；违法和腐败现象普遍；能从事恢复活动的劳动力缺乏；缺乏熟练劳动力和/或经过正规培训的劳动力；当地社区缺乏组织。此外，很多发展中国家农村贫困现象普遍存在也可能限制当地社区开展相关活动，他们可能更愿意开展能在短期内改善自身状况的活动。

(二)机遇

这些也说明森林和草原恢复工作能带来很多机遇，有助于提高森林生态系统、景观和社区的恢复能力，具体驱动力和机遇简要介绍如下：

1. 承诺和政治意愿

亚太区域的一些范例表明，强有力的政治领导力和支持是森林和草原恢复及重建工作的关键推动力量。例如，在中国和韩国，森林恢复工作已成为一项主要优先重点，在明确的政策引导和财力、人力的支持下，已经为恢复工作营造了一个有利环境。亚太区域一些国家已在政府推动的造林计划基础上开发出大片人工林资源。草原恢复工作的重要性也正日益深入人心，特别是在那些由于多数土地不适宜用于作物生产而使草原成为食物生产主要来源的地区。要想吸引必要的资金，一个前提就是要在政治上重视自然资源恢复工作，包括通过国家和国际预算流程吸引资金。

2. 生态系统服务付费

生态系统服务付费的做法能提供经济奖励，让重新造林和退化森林和草原的恢复工作变得更具经济吸引力。在森林和草原提供的一系列生态服务中，有三项目前在全球最能吸引投资和各方兴趣：①碳固存；②集水区服务；③生物多样性保护。这些服务的市场近年已出现小幅扩大，需求预计还会持续上升。但即便在这些市场中，也仍有大量问题需要克服，包括了解森林构成/结构和生态服务产出之间的根本关系。信息不充分是导致这些服务的市场价值不确定的主要原因。此外，多数国家仍未设立必要的市场机制和法律框架来促进此类服务的交易。即便已经具备这些机制，市场也可能备受交易成本高的困扰，特别是在相关景观涉及众多小规模权利人的情况下。自愿性碳市场是这些生态系统服务付费制度中发育最成熟的一种，已具备完善的标准、方法和碳信用登记等，专门用于为造林和重新造林项目融资。

3. 改善治理

要想成功实施草原和森林恢复计划，关键要有良好、高效的自然资源治理和收益分配机制。为了在亚太区域制定合理的自然资源管理政策与监管框架，可优先采用以下治理干预措施：①与各利益相关方磋商，让他们参与森林和草原恢复的规划和实施工作；②森林和草原恢复规划和实施过程中的跨部门协调；③开展政策和法规审核，力求对森林、草原和土地利用相关的政策、法规进行改革并加强实施。特别是对权属和产权相关规定的审核和改革在印度、尼泊尔和越南等国扩大森林覆盖率方面起到了重要作用。这方面，最近颁布的《国家粮食安全范围内土地、渔业及森林权属负责任治理自愿准则》（粮农组织 2012）提供了一个框架，将大大加强一些国家中的社区参与程度，加大各国对森林和草原恢复工作的投资。

4. 可持续资源管理和市场准入方面的能力开发

要想克服以上社会障碍，就有必要提高认识，开发能力，制定具有经济吸引力的恢复计划，以确保在当地社区的参与下，使恢复后的森林和草原具备长期可持续性。教育、推广和培训机制的建立也是促进社区抓住恢复机遇的关键驱动力。社区及其它利益相关方在森林及草原产品及服务市场准入方面的能力建设也将是一个关键因素，有利于展示森林及草原恢复带来的经济效益。

五、支持森林和草原恢复的国际、区域和国家举措

过去几年，森林和草原恢复工作已在国际层面得到极大关注，出现了一系列推动恢复工作的相关举措和机构。例如，“全球森林和草原恢复伙伴关系（GPFLR）”就是一个鼓励各政府、组织、社区和个人团结起来，共同推动能造福于当地社区、造福于自然的森林和退化土地恢复工作，以履行有关森林的国际承诺。根据该伙伴关系所开展的研究，估计全球约有 20 亿公顷退化土地可得以恢复，包括南亚和东亚的 4 亿公顷（世界资源研究所，2013）。

2011 年 9 月，在德国召开的“部长圆桌会议暨恢复活动领导论坛”发表了“波恩挑战”，提出到 2020 年完成 1.5 亿公顷退化、砍伐土地恢复工作的目标，为全球景观恢复相关努力提供了新的动力。

早在 2007 年，亚太经合组织领导人就曾在《关于气候变化、能源安全和清洁发展的宣言》中提出了到 2020 年使亚太经合组织区域的森林覆盖面积新增至少 2000 万公顷这一鼓舞人心的目标，计划通过齐心合力来加速一些经济体中的造林和重建工作，并在另一些经济体中减少对森林的砍伐。

近年来还设立了各种区域性网络来支持恢复和重建工作。例如，建于 2008 年的亚太可持续森林管理和恢复网络（APFNet）就专门致力于促进该区域森林恢复、重建和造林活动，以推动亚太经合组织实行其鼓舞人心的目标。而后，东盟各成员国和韩国合作建立了亚洲森林合作组织（AFoCO），其宗旨是恢复已退化森林，减少森林砍伐，减轻森林退化。

从更大范围看，关于土地退化、生物多样性、气候变化等相关话题的各

种国际公约、协定和进程也就涉及具体的森林和草原恢复活动，其中与各国承诺和行动计划关系最为密切的包括：《生物多样性公约》、《联合国气候变化框架公约》、《联合国防治荒漠化公约》、《拉姆萨尔湿地公约》和《世界遗产公约》。

部分国家已制定了本国的恢复和重建计划。例如，韩国在过去50年里一直在实施一项由政府牵头的重新造林计划，使林地面积翻了一番，目前该国60%以上的国土为森林所覆盖。在20世纪90年代末，中国启动了“六大林业重点工程”，借此推动绿化造林工作，其中包括一项退耕还林还草工程和一项防治荒漠化工程。与此类似，越南于1998年启动了“500万公顷再造林计划”。2011年，菲律宾启动了“全国绿化计划”，目标是用6年时间在全国完成150万公顷森林的恢复工作，这既是一项减缓气候变化的战略，又是一项为边际人群减轻贫困、提供替代性生计活动的手段。

六、粮农组织在该区域的相关举措

粮农组织通过一系列能直接或间接推动恢复目标实现的举措，为亚太区域森林恢复和重建工作提供大力支持。

粮农组织对森林恢复和重建工作直接做出贡献的最近举措和即将启动的举措包括：

(1)和亚太地区社区林业培训中心(RECOFTC)开展合作，通过一系列国家案例研究来探索森林恢复方面的最佳政策与实践。预计此项工作将为本区域森林恢复工作中更加突出重点打下基础，包括建立伙伴关系。

(2)举办了一次有关亚太地区景观层面森林恢复工作的相关研讨会，作为亚太林业委员会第二十五届会议的一次会前预热活动。

(3)即将与国际模范森林网络和亚太可持续森林管理和恢复网络(APF-Net)合作实施一个名为“亚洲景观层面森林恢复：独特的模范森林法”的一个项目。

(4)一个有关在东南亚应用辅助自然再生(ANR)技术来恢复森林生态系统服务的粮农组织技术合作计划区域项目，该项目吸取了一个早些时候在菲律宾实施的、曾荣获爱德华·萨乌马奖的辅助自然再生项目的经验。

(5)还有一些正在执行或刚刚完成的粮农组织的技术合作计划和信托基金项目中也有大量森林恢复和重建内容，其中包括：①柬埔寨的加强社区森林管理项目；②为尼泊尔的租赁式森林和畜牧生产计划提供技术援助；③为尼泊尔租赁式林业项目的审核和推广提供技术援助；④泰国的人工林种植者参与可持续森林管理；⑤蒙古林地参与式自然资源管理和保护过程中的能力建设和机构开发；⑥越南广南省通过以市场为导向的农林经营实现扶贫。此外，全球环境基金(GEF)的几个处于初始筹备阶段或后期设计阶段的项目中也有大量森林恢复相关内容，包括在中国、蒙古、斯里兰卡、缅甸和柬埔寨等国目前正在实施的项目或规划中的项目。

(6)有关恢复旱地森林恢复能力的全球准则正在通过粮农组织及其伙伴最后审定。该准则将提供一个共同全球框架，确保旱地森林景观和退化土地恢复计划和项目能得以成功规划、实施、监测和评价。

(7)计划于2014年启动森林景观恢复机制，为国家层面的森林和景观恢复工作的实施、监测与报告工作提供支持，从而推动“波恩挑战”的实现。

(8)近年来已开展了一系列与森林恢复和重建相关的教育宣传活动并开发了一系列相关信息材料，其中包括：《追求卓越：亚太地区森林管理范例》、《设法提高森林覆盖率》、《种植绿色资产：消除亚太地区林业私人投资面临的障碍》和《草下面的森林》。

粮农组织还在本区域开展了一系列与林业和气候变化相关的活动，这些活动均与森林恢复有着密切关联。特别是联合国REDD(减少毁林和森林退化所致排放量)计划一直在亚太区域十分活跃，共有15个国家参与了该计划。该计划主要为各国的REDD+准备工作提供支持，具体包括为各国的REDD项目的设计和实施提供直接支持，为各国的REDD+行动提供辅助支持。此外，以下两项粮农组织技术合作计划项目也与森林恢复相关。即：①柬埔寨通过微集水区方法开展的气候变化适应和恢复能力项目；②对东喜马拉雅地区气候变化适应区域框架的支持。最近又有一个有关社区与林业自愿碳市场建立联系的技术合作计划项目得以完成。

此外，粮农组织在该区域开展的大量活动也间接地为森林恢复和重建工作营造了有利环境，包括：①亚太林业部门展望研究；②林业战略规划；③政策制定；④扶贫和生计机会创造；⑤参与式森林管理；⑥森林权属改革；⑦森林融资；⑧生态系统服务付费；⑨林业教育和能力建设；⑩森林入侵物种管理；⑪农林兼作；⑫森林和自然灾害；⑬培养恢复能力；⑭生物多样性保护。

2010年，粮农组织以得到广泛支持的自愿性非正式利益相关方承诺为基础，启动了“可持续畜牧业全球议程”，力求通过侧重自然资源保护来改善该部门的运营绩效，同时也纳入了减贫和公共卫生保护等内容。作为该议程三大焦点领域之一的“重新恢复草原的价值”就力求对牧场进行更好的管理，以促进碳固存，保护水资源及生物多样性，同时提高生产力，巩固生计活动。议程各伙伴方将在草原相关服务交付方面寻求资金和机构创新。该项举措已经取得的初步成效包括：①对草原恢复工作产生的非市场成效进行了总结；②对全球草原的碳固存潜力进行了一次评估。

鉴于目前的挑战之一就是找到可靠、经济的方法来衡量与草原相关的农业性缓解项目能够固存多少量的碳，粮农组织已开发出一种经济的方法来可靠估算草原改良管理能够从大气中吸存的温室气体排放量。该方法正在中国青海省进行试点，最终结果是在10年内产生可观的碳抵消。之后，恢复后的草原就能尽最大可能固存碳，从碳交易中获得的收入也将逐步减少。但相关土地将恢复到原有的生产力水平，畜牧生产也将转向可持续模式。

七、供审议的要点

森林和草原恢复相关政策和计划要因地制宜，注重全盘规划，考虑到森林和草原提供的各种生态系统服务和对农村社区生计活动产生的影响。会议可要求粮农组织加大对成员国的支持力度，帮助扩大本区域森林和草原恢复活动的范围，具体侧重以下议题：

(1)加强各社区在恢复和重建森林草原方面的能力，并帮助各社区为森林、草原相关产品及服务与市场建立联系，从而强化社区的恢复能力。

(2)寻求机遇为森林、草原恢复及重建活动提供资金，包括通过各种国际组织、机制、计划和设施。

(3)为森林、草原恢复工作提供倡导、宣传和关键决策者参与等方面的支持，特别要考虑它对粮食安全、扶贫和生计等产生长期裨益的潜力。

(4)为森林、草原恢复和重建工作营造有利环境，包括为合理政策和监管框架的制定提供支持，以便通过景观恢复法加强生物多样性和提高生产力，还包括对权属安排进行审核和修订。

(5)寻求机遇和明确下一步措施，以便适应和实施有关亚太区域旱地森林景观恢复的全球准则。

(6)确立有效机制，动员各部门在景观层面开展合作，共同参与实施有效的森林、草原恢复计划。

(摘自：联合国粮农组织中文网及会议文件)

联合国粮农组织：
亟待采取行动保护世界森林多样性

2014年6月3日，粮农组织敦促各国改进数据收集和研究以促进面临越来越大压力的世界森林遗传资源的养护和可持续管理。

根据粮农组织首份《世界森林遗传资源状况》报告，在各国利用和报告的森林物种中有一半受到来自不同方面的威胁，其中包括森林转变为牧场和农田、树木和森林的过度开采及气候变化的影响。

“森林提供了对人类生存和福祉至关重要的食物、产品和服务。这些好处都依赖于维护丰富的世界森林遗传多样性，而这种多样性面临日益严重的威胁，”粮农组织林业部助理总干事罗哈斯·布里亚莱斯说。“这份报告是在建设信息和知识基础方面迈出的重要一步，而该基础是采取行动，更好地保护和可持续管理地球上宝贵的森林遗传资源所必需的，”他补充说。

粮农组织粮食和农业遗传资源委员会（CGRFA）秘书琳达·科利特说：“来自86个国家的数据表明，对森林遗传资源在改善森林生产和加强生态系统方面的重要性认识不足往往使国家政策不全面、效率低，或者根本不存在。”

科利特说：“只有约3%的世界树种得到积极管理。各国政府需要采取行动实施《全球森林遗传资源行动计划》，粮农组织及其委员会随时准备指导，支持并帮助各国保护和可持续利用森林遗传资源。”

遗传多样性至关重要

在应对当前和未来粮食安全、减少贫困和可持续发展挑战方面，森林和树木的作用取决于树种的丰富多样性。

森林遗传资源的生物多样性对提高森林物种的生产力及其所产食物的营养价值至关重要。这些食物包括绿叶蔬菜、蜂蜜、水果、种子、坚果、块根、块茎、蘑菇等。遗传多样性可使育种者提高植物生产的质量和数量。诸如果实大小、生长速度、含油成分和果肉比例等理想特质的多样性是培育和驯化改良树种的必要先决条件。

与此同时，还需要遗传多样性来确保森林可以适应不断变化的环境，包括因气候变化而改变的环境，同时还能增强森林抵御病虫害的能力。此外，该报告强调将各种树木品种纳入农林系统可以降低农民的生产风险，并为消费者全年提供营养物。

森林物种中有8000个得到利用，1/3获得有效管理

今天发布的报告涵盖了人类利用最多的8000种乔木、灌木、棕榈和竹子。然而，世界上现有树种的数量估计在8万~10万。在这一总数中，约有2400种（或占世界树种的3%）为获得其产品和服务而得到有效管理。通过选育工作有效改良的品种只有约700种，这意味着在针对不同种植条件和/或采用不同选择或育种计划来提高产量和适应性的评估中，仅涉及全部现存树种的1%。

亟待采取行动

由粮农组织粮食和农业遗传资源委员会指导编写的《世界森林遗传资源状

况》呼吁尽快采取行动，改善森林及其遗传资源的管理，确保这些资源能够为农村人口的营养、生计和适应力提供长期保障。通过粮农组织的《全球森林遗传资源行动计划》，各国都致力于加强森林遗传资源信息的传播和获取，并加大合作力度来防治危害森林遗传资源的入侵物种。同样重要的是制定和加强国家种子计划，以确保遗传上适宜树种的可得性。报告指出，应将森林遗传资源的养护和管理纳入更广泛的国家、区域和全球政策和计划。

（摘自：联合国粮农组织中文网）

联合国环境规划署：
保护全球森林的全新动态近实时森林监测系统

2014年2月20日，世界资源研究所、谷歌等超过40家合作机构联合发布了全球森林观测[①]（Global Forest Watch，GFW），一款森林动态监测和预警的在线系统，旨在帮助世界各地的人们更好地管理森林资源。美国国际开发署说，全球森林观测做的事远不止分享经验。这个工具将卫星图像和覆盖地图（overlay map）与最新的开放数据和众包（crowd-sourcing）技术结合起来，为任何有因特网连接的人提供几近实时的关于热带森林状态的信息。世界资源研究所主席和首席执行官安德鲁·斯蒂尔说，“企业、政府、社会团体都迫切地需要了解更加完善的森林信息。现在，他们的愿望实现了。全球森林观测（GFW）是一个近实时的在线监测平台，将从根本上改变人们和企业管理森林资源的方式。从现在起，破坏森林的行为和保护森林的举动都将一览无遗。”

来自马里兰大学和谷歌的研究数据显示，2000～2012年间，全球林木覆盖面积减少了230万平方公里（2.3亿公顷），意味着这12年间每分钟有50个足球场大小的森林消失。其中，林木覆盖面积减少最严重的国家有：俄罗斯、巴西、加拿大、美国和印度尼西亚。热带森林的消失对地球气候是一个极大的问题，造成与气候变化相关的1/5的碳污染。美国国际开发署说，它还对世界上约10亿人口的健康和福祉构成直接的威胁，这些人依靠森林获取食物

---

① 全球森林观测（GFW）是一个动态的在线森林监测和预警系统，旨在帮助世界各地的人们更好地管理森林资源。全球森林观测首次综合应用卫星技术、使用开放数据和采用众包的方式，以保证获得即时可靠的森林信息。政府、商业机构和社会团体，可以通过全球森林观测提供的最新信息，遏制森林破坏行为。

和生计。美国国际开发署说，对于世界超过3.5亿的最贫困人口——即那些基本依靠森林糊口和生存的人，森林持续受到破坏可能甚至意味着死亡。这些人口包括约6000万原住民，其中一小部分身居森林深处，尚未与现代文明有过接触的部落。

Google Earth Outreach 和 Earth Engine 的工程经理 Rebecca Moore 表示，“我们很荣幸地与世界资源研究所合作，利用谷歌云技术、海量数据和强大的科技支持，共同开发 GFW 平台。GFW 是一个规模宏大的项目，有世界资源研究所在环境科学与政策领域的知识经验和与其他机构强大的合作关系，加上谷歌提供的高效能云技术，让我们将这个想法变成现实。”

全球森林观测的特点是：

高分辨率：提供分辨率高达30米的全球林木覆盖面积变化信息，可供分析及下载。

近实时：每月更新分辨率高达500米的湿热带地区林木覆盖减少情况。

运行高速：由谷歌提供的云计算令数据分析速度加倍。

众包模式：借助众包模式，集聚多个卫星系统的高分辨率卫星信息。

免费简便：GFW 免费使用，且简便易用，不需任何专业技术知识。

预警功能：一旦监测到有森林破坏的情况，由合作伙伴与全球公民组成的网络可以立即采取行动。

提供多种分析工具：如多图层显示全球保护区域范围；伐木业、采矿业、棕榈油等特许经营业；由美国航空航天局每日更新的森林火灾预警；农产品；未受侵扰的原始森林和生物多样性热点地区。

2月20日，政府官员、商业机构、民间组织汇聚美国华盛顿特区新闻博物馆，举办 GFW 发布会。“像 GFW 这样的合作项目汇集了政府、企业和民间社会力量，利用创新技术提供了减少森林损失、缓解贫困和促进可持续经济增长解决方案。”美国国际开发署署长拉吉夫·沙阿(Rajiv Shah)说。

GFW 将为多个行业提供广泛深远的参考：金融机构可以更好地评估其投资的企业是否充分估量森林相关的风险；大宗商品采购商在采购如棕榈油、大豆、木材、牛肉时，可以更好地监控其供应商的行为是否符合相关法律、可持续发展承诺和认证标准；供应商可以提供更可信的证据，证明其产品合法生产，没有对森林造成破坏。

“对于依赖森林相关的农作物的商业而言，森林砍伐将产生重大的风险，将有可能破坏商业未来的发展前景，”联合利华首席执行官保罗·波尔曼(Paul Polman)指出，“所以联合利华可持续行动计划设定的目标之一是对农业原材料实行100%可持续采购。我们力求提高我们产品原材料来源地的公开性，而 GFW 的发布恰逢其时，创造性地将为我们提供做出正确决策所急需的信息，有助于增强透明度，加强可问责性，并促进合作关系。”

GFW 还能支持其他使用者，如本土机构可通过上传图像，向公众曝光发生在当地的森林侵占行为；非政府机构可以识别森林砍伐热点地区，采取行动、收集证据，促使相关政府、公司负起应有的责任。与此同时，GFW 的发布也受到了印度尼西亚、刚果民主共和国等政府的欢迎，因其可以帮助政府制定更有前瞻性的政策，促进森林保护法律的执行，及时发现非法破坏森林行为，实行更可持续的森林管理，达成保护森林和减缓气候变化的目标。

“印度尼西亚承诺减少其 26% 的温室气体排放，或者在国际援助的情况下减少 41% 的温室气体排放。印度尼西亚如何实现承诺，很大程度上取决于我们如何管理森林资源。”联合国减少毁林和森林退化所致排放(REDD +)印度尼西亚负责人 Heru Prasetyo 说，“拥有更先进的森林监测能力和最及时更新的信息对于制定决策至关重要。我大力推荐并会一直支持 GFW，期待它对于地球上每个国家而言，都将是一个有效工具，让我们告别过去的忽视和无知。”

全球森林观测是由世界资源研究所和全球超过 40 家机构合作共同开发，包括谷歌、美国环境系统研究所公司(ESRI)、马里兰大学、联合国环境规划署(UNEP)、亚马孙人类环境研究所(Imazon)、全球发展中心(CGD)、Observatoire Satellital des Forêtsd' Afrique Centrale (OSFAC)、Global Forest Watch Canada、ScanEx、Transparent World、珍·古道尔研究会、Vizzuality。包括联合利华、雀巢、热带森林联盟 2020 等公司为该项目提供了前期投入。主要赞助方包括挪威国际气候和森林倡议(NICFI)、美国国际开发署(USAID)、全球环境基金(GEF)、英国国际发展部(DIFID)、Tilia 基金会。

（摘自：联合国环境署中文网）

联合国环境规划署：
每年投资 300 亿美元保护热带森林，支持绿色和可持续经济增长

2014 年 3 月 21 日，一份最新研究报告称，每年投资 300 亿美元(约为全球每年化石燃料补贴 4800 亿美元的 7%)用于 REDD + 森林资源保护计划，可以加速全球向绿色和可持续增长的转型，并确保发展中国家数千万人口的长期福祉。

由国际资源专家委员会(International Resource Panel, IPR)和联合国REDD项目联合撰写的研究报告《构建自然资本：REDD+如何支持绿色经济》概述了如何把REDD+项目纳入绿色经济范畴，以保持甚至提高森林资源为人类社会带来的经济和社会效益。

《构建自然资本：REDD+如何支持绿色经济》研究报告提出了新整合的REDD+项目和绿色经济方法的建议，包括更好的协调、更强大的私营部门参与、改变财政激励框架、更加专注于协助决策者理解森林资源在支持经济发展和共享公平福利中的作用。报告特别强调了以权利为本的方法需求，确保这些效益能够流向农村贫困地区。

森林为全球16亿人口提供生计，热带地区森林的生态系统服务价值约为每年每公顷6120美元。虽然森林能够产生如此高的经济效益，但是据联合国粮食与农业组织(FAO)，2000~2010年期间，平均每年损失1300万公顷的森林。市场和政策的错误将会破坏支持很多经济体的自然资本，从而损害可持续发展。

报告指出，将REDD+项目纳入经济规划之中至关重要，因为几乎所有经济部门的消费模式推动了森林砍伐和森林退化。将REDD+纳入绿色经济将会提高这些经济部门的资源效率。

截至目前，REDD+项目的总投资62.7亿美元。但是预计从2020年起每年需要300亿美元的投资。报告旨在通过展示REDD+项目支持经济发展和提高投资的长期回报，鼓励更多的资金投入。

报告显示了REDD+项目支持的活动可以通过提高耕地的产出增加收入、开发新的绿色产业、鼓励以森林为基础的生态旅游业和增加商品的可持续生产满足不断增长的产品需求。例如，可持续森林管理的经济刺激方案能够为全球带来1600万个额外的工作机会。与此同时，恢复15%的退化森林能够帮助发展中国家农村地区的家庭收入翻一番(报告中引用的坦桑尼亚案例)。报告还指出，越来越多国家的绿色经济发展规划明确定义了保护森林和其他自然资本的作用。

(摘自：联合国环境署中文网)

美国林务局局长：2015年林务局工作聚焦三个核心领域

2014年4月2日，美国林务局局长Tom Tidwell在向众议院拨款委员会(House Appropriations Committee)提交的证词中，指出奥巴马总统建议2015年分配给林务局的预算为47.7亿美元，林务局将聚焦三项核心工作领域：恢复弹性景观(restoring resilient landscapes)、建设繁荣社区(building thriving communities)，以及森林火灾管理(managing wildland fires)。“该预算要根本改变森林火灾管理的资金提供方式。它为森林火灾管理提供了一个新的、负责任的财政资金战略，有利于长期经济增长，可在最大程度上为纳税人谋取利益。”Tom Tidwell提到。“该预算可以使我们更有效地降低火灾风险，更全面地进行景观管理，并可提高森林和社区的弹性。”林务局2015年三项核心工作领域的主要内容如下。

一、恢复弹性景观①

林务局启动了一项加快恢复景观弹性的计划。该计划基于综合资源恢复(integrated resource restoration，IRR)、合作恢复森林景观计划(collaborative forest landscape restoration program，CFLRP)、2012工作计划，以及其他与景观恢复相关的行动和计划，旨在加快生态恢复的同时，在农村地区创造更多的就业机会。

2015年分配给综合资源恢复项目的财政预算计划实现以下成果：改善270万英亩(折合109.3万公顷)的流域环境得到改善，新增31亿板英尺(折合731万立方米)的木材资源，恢复或加强3262英里(折合5251.8公里)河流栖息地的生态弹性，改变约2000英里(折合3220公里)的公路用途。据估计，2015年将有26条流域环境恢复到更佳的生态水平，目前合作恢复森林景观计划的所

---

① 弹性指的是生态系统在承受变化压力的过程中吸收干扰、进行结构重组，以保持系统的基本结构、功能、关键识别特征以及反馈机制不发生根本性变化的一种能力。

弹性景观是恢复生态学和风景园林学中发展出的一个概念，它关注比生态系统尺度更大的时空上的生态恢复问题，强调结构、格局、过程、动态与可持续性，如关注“以生态系统尺度基础强调景观尺度及交错带的生态恢复、景观中的廊道和连接性问题在生态恢复中的作用”等问题。从风景园林角度看，弹性景观对生态的理解超越了自然环境范畴，还包括了社会、政治和文化层面，反映了城市化进程中人工和自然景观在反应方面以及在从突变或渐变中恢复能力方面具有灵活性，同时还能保持或试图维护传统价值和自然和谐。

有项目都在有条不紊地向着其10年发展目标前进。迄今为止，改善了58.85万英亩(折合23.83万公顷)的野生动植物栖息地，新增8.14亿板英尺(折合192万立方米)的木材资源和190万吨绿色生物质能源，用于能源生产和其他。

二、建设繁荣社区

林务局致力于建设繁荣的社区环境，以使城市居民能够更好地进行户外活动，其通过加强农村和城市居民从户外活动中获得的益处，以及为社区提供更多的经济效益，该效益来自国家对森林和草地的可持续多效益经营。

林务局致力于每年接待数以万计的游客。农村地区的旅游业主要依赖于其景观环境提供的狩猎、垂钓等活动。保持这些景观原有的风貌和结构，可以为游客提供预期的感觉，如广受欢迎的小道走廊。

目前，超过83%的美国公民生活在城市。对大多数美国人来说，进行户外活动的场所主要是当地的绿荫街道、公园、甚至是自家的后院。庆幸的是，美国城市森林的面积逾1亿英亩(折合4049万公顷)，相当于加利福尼亚州的面积。林务局通过城市和社区森林计划，已使7000多个社区、1.96亿美国人从中受益，包括节能、洪水防范、污染控制、减缓气候变化，以及为提高生活质量提供更多的开放空间。

三、管理森林火灾

2015年财政预算在森林火灾管理方面提出了一个新的资金战略。该战略认为，灾难性野火应视为灾难，其部分资金应通过预算上限帽调节(budget cap adjustment)提供新增的财政授权(additional budget authority)予以资助。这份预算建议，2015年给予抑火预算一份“酌情资金”(discretionary funding)，规模相当于过去10年平均抑火成本的70%。该战略为日益增长的抑火需求提供了保障，避免抑火活动挤占其他项目资金，以实现更高效率地进行景观恢复、应对气候变化、防御未来火灾等。

林务局开展的危险可燃物管理计划，通过消除不断积累的枯死植物、对高密度森林进行间伐，控制森林火灾。2001~2013年，林务局抚育的森林面积约3300万英亩(折合1336万公顷)，大于整个密西西比的总面积。

“我们可以通过合作和协作来实现这些重点目标。我们的预算重点突出了对强化服务的需求，可以通过合作、协作以及公私伙伴关系，充分利用政府投资以实现共同的目标。”Tom Tidwell 提到。“通过战略合作伙伴关系，我们可以完成更多的工作，同时为所有美国人谋取更多福利。”

(摘译自：Forest Service Chief Cites Successes, Challenges in Testimony on FY15 Budget)

美国林务局：
2014～2018 年战略目标及衡量指标

2014 年 3 月，美国农业部发布《农业部 2014～2018 年战略计划》(*USDA 2014～2018 Strategic Plan*)文件，提出了该部各二级局在 2014～2018 年的具体战略行动、战略目标和衡量指标。林务局的总目标是保护和修复国家公有林和私有林，增强森林应对气候变化的弹性，提高水质和保护水资源。

为了完成这一总目标，林务局提出了四个具体的战略目标及相关衡量指标(附图)：

战略目标 1

经营管理自然资源促进林地、草地及耕地生态健康。农业部对国家森林和草原的工作重心是流域修复和森林健康。为此，将制定一系列国家林地管理规划并进行项目实施，以此来恢复和保持森林生态功能，这其中包括加强适应森林火灾、控制森林病虫害扩展、恢复野生动物栖息地、修建扩建林区道路或废弃部分老旧林区道路、新建或改造集水管路、改善流域径流和湿地。

对农区和牧区土地，农业部实施一系列保护项目帮助私人土地所有者和经营者实现可持续经营。对土地所有者提供技术和财政支持，帮助制定土地保护计划并有效实施行动，包括促进植被恢复、提高侵蚀土地上农业可持续生产、通过土壤健康管理提高土地生产力。还将通过保护地役权和战略性征购来遏制林地转变为城市用地；除了国家林业和农业用地，农业部还将投资城市和社区林业建设项目，改善城市森林和绿地。

战略目标 1 的具体行动

促进生态服务市场化，激励生产者提供生态效益。开发一系列工具来量化生态服务价值，监测并评估保护行动有效性，为生产创造并提供市场机会。

战略目标 2

林业努力减缓和适应气候变化。农业部通过自然资源保护和能源项目减少温室气体排放和增加固碳，达到适应气候变化的效果，同时将对政府任务目标给予显著支持，该目标计划到 2020 年将温室气体排放量在 2005 年的水平上进一步减少 17%。农业部鼓励减少温室气体排放的自愿行动，包括植树造林、减少森林砍伐、农业和农村发展提高能源利用、开发可再生能源。森林恢复、保护地役权和土地征购(land acquisition)也有助于维持森林净碳汇。

政府将帮助农村地区、生产者、资源管理者和社区规划者设计和实施气

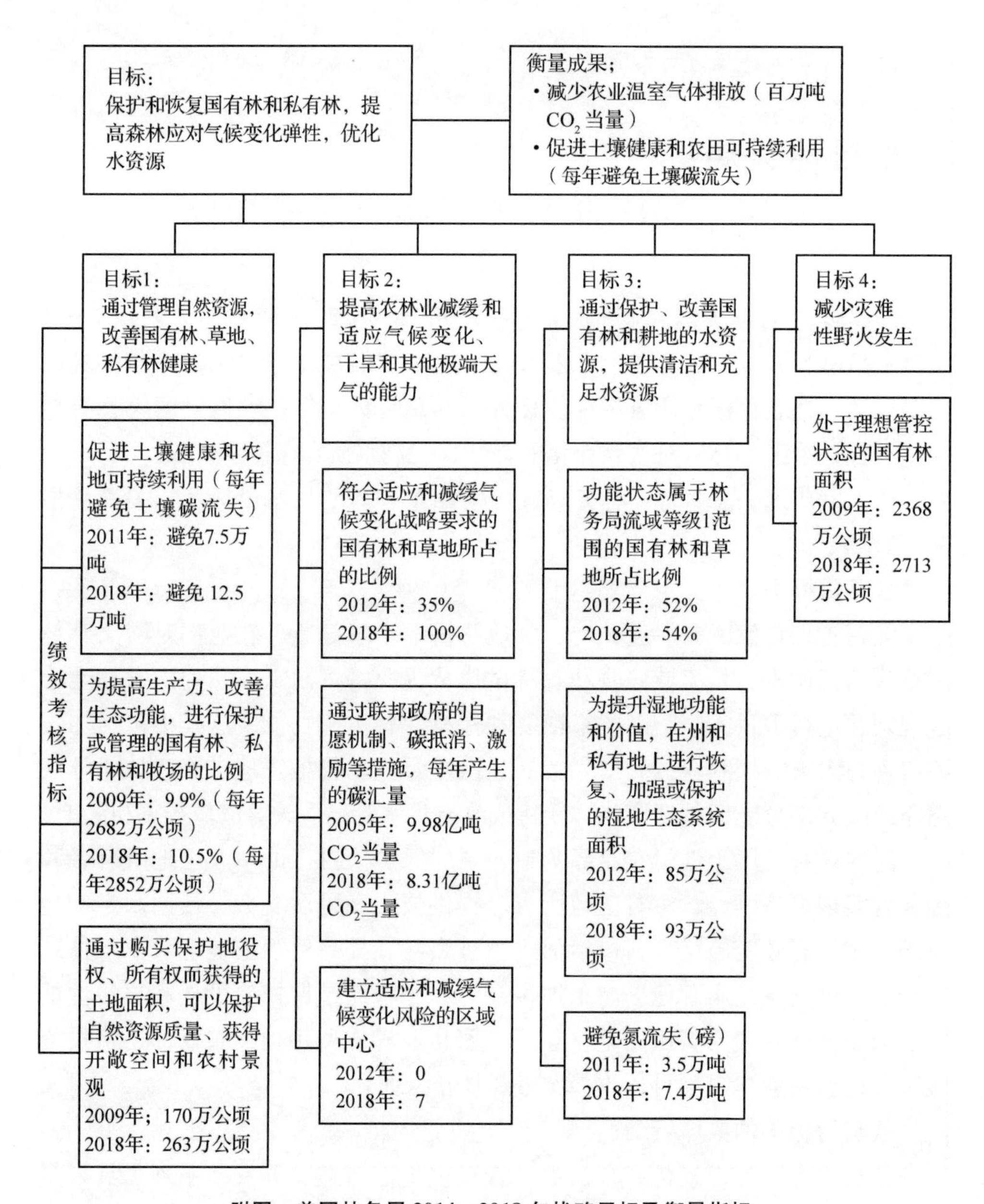

附图　美国林务局 2014～2018 年战略目标及衡量指标

候战略。农业部将监测气候变化产生的影响，帮助实现适应行动，如测量径流变化，建立保护流域的生态缓冲区。

农业部将对气候研究给予指导和投资，包括战略、工具和技术。评估保护行动对减少温室气体排放的影响，确定有效的、经济的方法。还支持植物的物种多样性和动物品种开发，实现最大程度固碳和适应气候变化。积极发展各种方法和技术，来监测和模拟气候变化对生态系统服务的影响，加强城市森林吸收温室气体。

战略行动2的具体行动

农业部正在建立七个“区域气候中心”，为农民、牧场主和林主提供科学知识和实用信息，辅助其在应对气候变化方面做出决策。中心将提供技术支持、评估和预测，并承担推广和教育工作。每个区域气候中心在其区域内是连接农业部活动和服务（农业研究服务、森林服务、自然资源保护服务）的运营中心。

战略目标3

保护国家森林和土地上的水资源，提供丰富的清洁水。美国的饮用水有87%来自国家森林、农场和草原，其中，仅森林生态系统就为超过6000万人提供了淡水资源。

农业部着力保护并提高水质，加强国家林业、草原行动，向私有土地所有者和社区提供支持。加强全国水资源脆弱性评估，对高影响力的流域修复项目进行投资，实现农业部对水资源的战略性利用。为提高流域管理水平，还将加强与州政府、社区、土地所有者和其他利益相关方的合作。

为修复并保护国家森林和草原中的上流水域及湿地，农业部将启动综合流域修复计划，该计划基于国家范围的流域条件评估，并需要建立流域现状框架（condition framework）。

农业部为实施保护行动和实现管理目标的土地所有者提供资金和技术援助。还将联合土地所有者共同保护湿地，并建立土壤健康管理系统，以减轻极端天气对土地的影响。通过与联邦政府和州政府的合作，采取水质保护行动的私人土地所有者将获得监管肯定。

战略行动3的具体行动

农业部正迈向综合性、以结果为目标评估水质管理绩效的模式。作为机构的优先目标，农业部在印第安纳州的圣约瑟河流域和亚利桑那州的Cienega Creek流域试行新的流域管理指南。优先目标行动的结果表明，水质情况记录需要一个结合水质和流域条件的监控和模拟方法，该方法的应用将使农业部优先实施水质改善措施，有效进行提高保护及管理效率。目前，农业部正根据从优先目标行动获得的经验教训，调整水质行动方案。

战略目标4

减少灾难性野火。森林、牧场和草地的生态健康依赖于火的存在，不幸的是，由于气候变化、易燃区的开发活动和其他因素，目前的火灾过于剧烈、规模也日益扩大，为了减少灾难性火灾风险，农业部联合内政部及部落、州政府、当地执法机关和应急准备人员，积极预防、准备和应对。

农业部及其合作伙伴与社区合作，评估火灾风险并制定和实施社区计划，提高应对当地森林大火的能力。还将与公有林、私有林及牧场所有者合作，制定和实施减少危险可燃物行动和生态系统恢复项目的计划。针对国家森林和草地，土地管理计划旨在恢复退化的生态系统，并允许火在火依赖生态系统(fire-dependent ecosystems)中发挥积极作用，这将减少可燃物负荷量，改善野生动物的栖息地，维持健康的生态系统。

战略行动 4 的具体行动

美国近 7 万个社区有野火风险，农业部与社区一起评估风险，研究、实施、升级社区火灾保护计划，改善当地野火救助能力和协调能力。在应急反应方面，促进社区提高初始灭火成功率。通过执法机关，农业部及其合作伙伴保证群众人身、财产和资源安全。改善火灾决策支持工具，减少对消防员造成的伤害。

（摘译自：USDA 2014 ~ 2018 Strategic Plan）

美国发布 2014 年森林防火新战略

2014 年 4 月 9 日，在 2014 年森林防火期来临之际，美国农业部长汤姆·维尔萨克(Tom Vilsack)、内政部长萨莉·朱厄尔(Sally Jewell)和环境质量理事会代理主席(Council on Environmental Quality Acting Chair)迈克·布茨(Mike Boots)联合发布了《凝聚国家荒地火灾管理战略》(*National Cohesive Wildland Fire Management Strategy*)。这项战略由联邦、各州、各民族、当地社区群众和公共利益相关者共同参与，战略概述了通过全面协调和整合各机构的力量来恢复、保持健康景观的新方法，为即将到来的防火季做准备，并更好地应对荒地火灾的威胁。

农业部长维尔萨克指出，通过与当地社区战略上更多的协调合作，凝聚国家战略(National Cohesive Strategy)将会更好地保护 7 万个社区 4600 万个家庭免于灾难性火灾。政府新提出的荒地火灾管理资金的策略，允许美国农业部和其他机构共同合作，更加有效地恢复森林景观，抚育和经营森林，增强应对气候变化的能力，避免火灾发生。

内政部长朱厄尔认为，凝聚国家荒地野火管理战略将为联邦、部落、州、当地政府和非政府组织提出持续、积极的合作路线，促进更加有效的景观管理。同时也提出了公民和社会期望的科学方法来管理风险，战略框架还有助于进行科学的决策，恢复和维持资源。

环境质量理事会代理主席布茨指出，气候变化加剧了干旱和防火期限，全国防火计划将会帮助我们保护森林和牧场，并且减少社会关于灾难性火灾的批评。这项战略与奥巴马的总统气候行动计划（President Obama's Climate Action Plan）一起使政府致力于促进明智的政策和战略合作伙伴关系，支持国家、社区、企业、农民、牧民和其他利益相关者共同保护自己免受更频繁、强烈的火灾，干旱和洪水，以及气候变化的影响。

该战略包括两部分，一是国家战略规划和特殊区域评估，二是应对气候变化、增加的社区蔓延（community sprawl）和从景观层面（而不论森林所有权如何）对危及森林健康的病虫害影响进行的风险分析。具体方法有四条：一是采取预防措施，如减少森林可燃物、控制燃烧；二是促进地区、县和州建立有效的法规和条例；三是确保流域、运输和公共设施走廊成为未来管理计划的一部分；四是各组织找到最佳合作工作方法，减少和控制人为火源。

该战略已在一些地区成功实施，战略鼓励各地区之间知识分享和经验推广应用。国家州林务官协会主席（National Association of State Foresters' President）、阿拉斯加州林务局局长（Alaska State Forester）克里斯·迈施（Chris Maisch）说："当我们实施时，合作、协调是非常重要的，并且比前期的工作要有更加的广泛性、包容性。这项战略是全国性的，包含了所有的土地，进行了科学风险分析，并且强调实地应对作用"。

除战略制定外，2015年总统财务预算支出在3月公布，概述了一个新的火灾扑救基金框架，这个框架补充了火灾扑救、处理极端火灾和其他自然灾害的成本预算。这一变化将稳定美国森林服务部门和机构的内部预算，为灭火防灾提供稳定的支持，并允许机构投资燃料管理、储备、修复和其他土地管理活动，成为凝聚国家荒地野火管理战略成功的关键。

总之，这些行动支持奥巴马政府"气候行动计划"中的减少野火风险。气候变化的影响在荒地火灾风险管理的持续干旱期间是可以观察到的，更长的防火期，就意味着森林更容易受到病虫害的影响、更高的死亡率和更高火灾蔓延率，进而发生更大、更复杂、成本更高的灾害。火灾的影响要求每年都要加快覆盖和反应的能力，在火灾变成大规模和复杂的管理事件之前，保持较高的灭火成功率。提高景观的恢复能力使自然区域和社区不易发生灾难性的火灾。

（摘译自：Obama Administration Outlines New Strategy to Better Protect Communities, Businesses and Public and Private Lands from the Threat of Wildland Fire Ahead of 2014 Fire Season）

美国林务局和土管局 2014 年放牧费标准实施林牧相互促进经营的生态健康战略

美国从 1850 年以来，就有计划实施林间放牧，执行林牧相互促进的经营战略。1977 年约有 138 万头牛与 128 万头羊，实施林牧综合经营。林地载牧力由专家核定，每头牛每年收取租金 1.6 美元。表明畜产收入与林业经营是不冲突且有相辅相成的效益。林区放牧有几项好处：避免林下植被过分繁茂，有利于幼树生长；有利于抑制啃齿类动物，防止其损害树木种子；可避免林下有机物积累过多，有利于防火；树龄 9 年以上的林地，适度放牧，9 年树龄以下的幼树，给以特别保护，如树干围以塑料网，或轻度放牧；有利于保持林道畅通。林区放牧对畜牧业又有四大好处：避风及避寒、避酷热、增加生长率以及增加幼畜存活率。

征收放牧费，是国家管理和优化控制林牧协调平衡相互促进的重要政策手段。2014 年 1 月 31 日，美国林务局和土地管理局公布 2014 年放牧费标准，其中土地管理局管理的公共土地上的标准是每个月畜单位(AUM)为 1.35 美元，林务局管理的公共土地上的标准是每头每月(HM)1.35 美元。这一标准与 2013 年相同。这里，AUM 和 HM 指的是一头牛、一匹马或五只绵羊一个月的食草量的征费标准。这一标准于 3 月 1 日正式生效。到时，土地管理局将发放大约 1.8 万个放牧许可证，林务局将发放大约 0.8 万个许可证。放牧费计算公式由国会于 1978 年决定，最低不低于 1.35 美元，增长幅度不高于上一年度的 25%。

（摘译自：US Forest Service and BLM announce 2014 grazing fee）

美国林务局 2015 年预算表森林消防新增“抑火成本上限帽调节基金”改革措施

美国林务局管理国家 1.93 亿英亩(折合 7814 万公顷)的国有林，以及部分国有草地。根据 2014 年 3 月 4 日美国农业部公布的预算文件，美国林务局 2015 年联邦财政预算约为 47.71 亿美元(不含规模为 9.54 亿美元的灾难资金上限帽调节基金)。现将该份预算的重点预算项目和改革新举措编译整理如下。

第一，林火管理活动(wildland fire activities)。2015 年的预算是 22.65 亿美元。2015 年林火抑制活动的财政预算将有根本性转变，以降低火灾风险、更全面地管理森林景观，并增强国有林和牧场以及毗邻社区的弹性。抑火成本从 10 年前占林务局预算的 13% 提高到 2014 年的 40%，很显然，抑火成本占据林务局过多的预算，并影响其执行完整任务的能力。近几年，林火数量和严重程度显著增加，重大灾难性火灾的频率不断增长，城镇森林交界域(wildland-urban interface, WUI)火灾也不断增多，抑火成本已经超过了林务局获得的年度拨款金额，因此林务局须从其他项目转移资金来弥补。由于每年转移 5 亿美元，导致关键的国家森林恢复项目失去了动力，反过来会加重未来林火的频率和严重程度。

这份预算建议采取新型和负责任的财政(new and fiscally responsible)资金战略，该战略认为，灾难性野火应视为灾难，其部分资金应通过抑火上限帽调节(wildfire suppression cap adjustment)提供新增的财政授权(additional budget authority)予以资助。这份预算建议，2015 年给予抑火预算一份“酌情资金”(discretionary funding)，规模相当于过去 10 年平均抑火成本的 70%。另外，这份预算包括一份高达 9.54 亿美元灾难资金上限帽调节基金(表 1)，以满足超过基本拨款(base appropriation)的抑火需求。这样做，能更好地应对不断增加的城镇森林交界域火灾，避免抑火活动挤占其他项目资金，进而减少未来林火的破坏。

表 1 美国林务局 2015 年预算表 百万美元

	2013	2014	2015	增减趋势
一、森林和牧场研究	280	293	275	减
二、州有和私有林	240	230	229	减
三、国有林系统(national forest system)	1455	1496	1640	增
1. 综合性资源恢复(integrated resource restoration)	0	0	820	新增
2. 合作恢复森林景观基金(collaborative forest landscape restoration fund)	38	40	60	增
3. 娱乐、文化和荒野(recreation, heritage and wilderness)	262	262	259	减
4. 其他的国家森林系统活动	1155	1194	501	减
四、野火管理	2555	3077	2265	
1. 预备活动	949	1058	1081	增
2. 灭火活动	809	995	(1662)	增
(1)灭火活动	510	680	708	增
(2)联邦土地援助、管理和增强基金(FLAME fund)	299	315	0	减
(3)紧急灾难帽下的灭火资源	0	0	954	新增

（续）

	2013	2014	2015	增减趋势
3. 减少危险可燃物	301	307	359	增
4. 其他抑火运行事务	109	117	117	不变
5. 防火转移再支付	387	600	0	减
五、资产改善和维护	354	350	306	减
六、资产改善维护和飓风补充	4	0	0	不变
七、土地征用	51	45	52	增
八、其他	5	6	2	减
合计	4943	5496	4771	（不计抑火上限帽调节基金的话）减

第二，国有林系统(national forest system)。林务局管理公有土地上1.93亿英亩的森林，称之为国有林系统。2015年的预算是16.4亿美元。防火资金预算新战略对国有林系统产生重大积极影响，一方面解决防火资金挤占(fire borrowing)问题，它已在过去10年中的7年导致国有林系统资金的不确定和不稳定，另一方面，转移资金资源投向有效恢复森林景观和减少火灾。

预算将新增对综合性资源恢复(integrated resource restoration)的支持，在全国范围内增强综合恢复方法的步伐和规模。它通过联合植被和流域管理(vegetation & watershed management)、野生动物和鱼类栖息地管理(wildlife & fisheries habitat management)、林产品、林道遗产、危险可燃物非城镇森林交界域(non-wildland urban interface，WUI)预算部分，以及撤除林道等预算，为国有林系统优先事项和增强流域提供更高效的行政管理。向综合性资源恢复投资，预计将在2015年把木材销售提高为31亿板英尺，较2014年增长3亿板英尺。合作恢复森林景观基金(collaborative forest landscape restoration fund)作为综合资源管理的补充项目，支持10个新的跨年恢复项目。

第三，州有和私有林业(state and private forestry)。这一项目将有助于解决联邦、州和私人土地上的森林健康问题。2015年预算为2.29亿美元。主要包括国家大尺度的景观恢复，以及跨州的景观恢复项目。还有森林遗产项目(forest legacy program)，以及土地和水保护项目(land and water conservation fund)。

第四，森林和牧场研究(forest and rangeland research)。2015年预算为2.75亿美元。研究将继续为提升国有林的经济和环境价值提供科学技术支撑。其他研究领域包括清查和分析，森林干扰预测和响应，流域管理和恢复，以及城市自然资源管理。2015年的研究还将特别关注一些紧迫性问题，如国内能源安全。其他优先领域包括在林产品实验室开展纳米技术研究。林产品实验室开发的纤维素纳米材料(cellulosic nanomaterials)可作为可再生能源材料，其有潜力替代基于石油的汽车、生物医学设备、航空航天材料、塑料等。

另外，2015 年预算重点还包括：资产改善和维护(capital improvement and maintenance)，土地征用(land acquisition)，以及机遇、增长和安全倡议(opportunity, growth, and security initiative)等三项内容。

(摘译自：USDA FY 2015 Budget Summary and Annual Performance Plan)

美国抽取油气资源租赁费建立土地和水保护基金奖励经营优良区的森林保护活动

8 月 6 日，美国农业部长汤姆·维尔萨克宣布用土地和水保护基金(the Land and Water Conservation Fund)对七个森林遗产项目奖励(award)1400 万美元，以保护超过 2.8 万英亩(约 11336 公顷)的经营性森林(working forests)。汤姆·维尔萨克说："这项投资活动增强了农村社区的经济和生态基础。保护了关键景观(critical landscapes)，通过森林遗产项目保护的经营性森林，将美国人更好地与户外活动联系起来，并促进森林提供了更好的生态服务，如清洁空气、清洁水、野生动物栖息地，同时增加了休闲效益，也提高了经济获利机会"。

森林遗产计划保护了超过 230 万英亩有助于减缓气候变化、提高水质和保护栖息地的林地。土地和水保护基金创建于 1964 年，它并非来自纳税者的税收，而是来自于海上石油和天然气租赁。森林遗产计划是利用土地和水保护基金在州层面建立项目，对州和私人提供匹配资金，基于自愿参与原则保护私有林。

接受奖励的 7 个项目的基本情况分别是：①佛蒙特州的 Groton 森林遗产倡议，奖励金额为 189.5 万美元。保护超过 3249 英亩的经营性林地、珍稀物种、15 英里长的溪流和毗邻佛蒙特州第二大保护区的 4.5 万平方英尺湖面和池塘。②佛蒙特州 Windham 地区的经营性森林，奖励金额为 218.5 万美元。保护超过 6000 英亩的经营性林地、关键栖息地、水资源、并保护绿山国家森林(Green Mountain National Forest)中 39.58 万英亩森林的连通度。③科罗拉多州 Sawtooth 山牧场，奖励金额为 300 万美元。该项 2448 英亩的项目将保持优美的景观和林地生产力，保护受威胁的加拿大猞猁的栖息地，并保护 11 英里的安肯帕格里河支流，它为超过 7.6 万人提供饮用水。④蒙大拿州的 Clear Creek 保护区，奖励金额为 59.5 万美元。该项目保护 760 英亩的林地，为联邦政府保护的受威胁灰熊提供栖息地，提供木材产品和娱乐机会以支持当地经济发展，并连接到更大的 Blackfoot 社区项目。⑤德克萨斯州的 Bobcat Ridge 项目，奖励金额为 237 万美元。保护 7000 英亩的经营性森林，是联邦、州、地方三级政府共同努力保护 Neches 河流走廊区野生动物避难所的一个子项目，整个 Neches 河流走廊连接约 61.8 万英亩的联邦、州和私有土地。⑥田纳西州 Carter 山经营性森林保护地役权，奖励金额为 187.5 万美元。该项目将保护 4800 英亩的可开发林地。包括多样化和高生产力的森林，超过 10 英里风景区，2 种联邦政府规定的濒危物种，10 个间隙塘，以及 10 英里的溪流。⑦南科罗拉多自由山一期，奖励金额为 216.5 万美元。面积为 3452 英亩的项目，保护沿卡托巴河和 Wateree 湖北端的沿线走廊带。

（摘译自：U. S. Forest Service Will Award ＄14 Million for Working Forests）

亚太政策研究杂志：中国森林可持续发展及其对世界的启示

2013 年 12 月 19 日，《亚洲和太平洋政策研究》（*Asia & the Pacific Policy Studies*）杂志发表题为《中国森林可持续发展及其对世界的启示》（*Forest Sustainability in China and Implications for a Telecoupled World*）的文章指出，了解森林恢复机制及其影响，对于中国及其他地区森林可持续发展非常必要。

过去 30 年，中国森林覆盖率一直增加，但仍低于世界平均水平。有研究表明，进口森林产品对于中国森林覆盖率的增加具有重要作用，降低了出口国的森林覆盖率。我们的研究表明，中国森林覆盖率增加的过程是多重机制挂钩作用的过程，社会经济和环境相互作用的过程，不仅仅影响中国和森林产品输出国。当中国大幅增加森林产品和其他生态系统服务（如食品和水），多重机制挂钩作用对于全球未来森林可持续发展、粮食安全、水安全以及人类福祉和环境可持续发展作出重要贡献，为此需要新的和更加有效的政策，以尽可能减少消极影响，而释放中国和世界其他国家相互挂钩机制的积极影响。

中国国内供给与森林产品和食品需求之间存在的巨大差异，到 2030 年中国对于食品和森林产品的需求将快速增加。主要原因是人口将增加到 14.5 亿人，家庭数量将增加到 6.45 亿个，并且由于离婚率增加，家庭数量增加的速度高于人口增加的速度。这些表明，对进口依赖将增加。为了促进中国森林可持续发展，要继续加强中国森林的恢复机制，为全球生态、粮食和水安全作更大贡献，为此，需加强与贸易国的“挂钩”。以下是文章提出的五条政策建议：

一是一方面加强与木材贸易净出口国协议合作(incorporate spillover countries)，如与印度尼西亚签署的打击非法采伐和相关贸易的双边协议。另一方面，还要加强中国已签署国际生态协议合作，如拉姆塞尔湿地公约、CITES公约，以及联合国应对气候变化框架公约等。此外，还要加强多边合作，如ITTO。重要的是，要实施国际协议有关指导规则，尽可能减少对净出口国的负面影响。还要建立国际公众评估机制(类似于美国公共政策公众咨询)，让公众识别和评价国际协议对净出口国的有利影响。

二是培育森林产品出口国(nurture sending countries)。目前，中国的森林产品出口国相对集中。如1998～2008年间，进口木材的80%来源于五个国家(俄罗斯、马来西亚、巴布亚新几内亚、新西兰和加蓬)。由于进口材过度来源于内部生态环境管理较差的国家，引起了人们对森林过度利用的担忧。许多国家(如印度尼西亚、泰国、老挝、越南和柬埔寨)已经经过了森林产品收获的峰值期。因此，中国从长期利益打算，应培育森林产品出口国，并确保全球森林可持续。为确保公益林和商品林可持续，中国继续提供森林生态系统服务付费。还有就是在环境影响较小的区域实施择伐。此外，还要多样化进口国，并增加来自环境管理较好地区(如欧盟)的进口。

三是采取新型的多重挂钩机制减少负面影响(anticipate multiple telecouplings)。我们的研究表明，贸易是影响中国、出口国和净出口国的机制之一。其他的机制，如食品贸易、外来资本投资，也是重要的机制。技术转移和知识传播也能增加资源效率减少森林产品消费。当然，这些机制之间也相互作用。如果单位面积产量不能高到足够支撑国内需求，将会减少土地不断去满足农业和矿业，这将导致更多的食品和矿产资源的进口，这会直接或间接地减少其他地区的森林。

四是实施反馈监督机制(embrace feedbacks)，如森林认证。在中国实施森林认证具有很大的潜力，可以通过加快提高公众意识并降低认证成本来实现。

五是缩短有关多因素相互作用知识差距。研究多重机制挂钩作用仍然处于起步阶段，还有许多问题仍没有解决，应加强对它们的研究。

(摘译自：Forest Sustainability in China and Implications for a Telecoupled World)

欧洲森林研究所：
生物多样性保护纳入到森林管理中的建议

2014 年 2 月 27 日，欧洲森林研究所发布了最新的"思考的森林"(Think Forest)政策简报——《将生物多样性保护纳入到森林管理中》(*Integrating Biodiversity Conservation in Forest Management*)。这份简报基于 2011～2013 年森林研究所开展的综合保护项目，研究如何将生物多样性保护活动纳入到森林管理中，及其与其他的森林功能和服务的联系。该简报为人们提供了机会，讨论欧洲森林研究所的整合项目(EFI's INTEGRATE project)，以及考虑到关于生物多样性和可持续森林管理的政治关注背景下，更好地了解不同的生物多样性保护方法之间的权衡(trade-offs)问题。现将简报内容编译整理如下。

一、欧洲森林在阻止生物多样性损失中发挥重大作用

生物多样性对全社会福祉至关重要。它作为自然资本的一部分，提供生态系统服务，如固碳、净化水和保护土壤，维持经济增长并确保生态系统弹性。欧洲森林是最重要的绿色基础设施，其覆盖面积超过了欧洲陆地的 1/3，是陆地生物多样性最集中的体现。欧盟森林的 20% 是保护区，剩余的被管理的森林，也在支撑生物多样性、生态系统进程和连接栖息地的过程中，扮演重要角色。然而，土地利用变化、栖息地破碎、气候变化、自然灾害频率的增加、外来物种的侵入，正在不断破坏生物多样性。只有被欧盟立法保护的 17% 的栖息地和物种，以及 11% 的关键生态系统处于有利的被保护状态。

在全球、区域和欧盟层面，阻止生物多样性的进一步损失已提上议程：《生物多样性公约》(*Convention on Biological Diversity*)、《泛欧森林欧洲进程》(*Pan-European FOREST EUROPE Process*)、《欧洲生物多样性战略 2020》(*EU Biodiversity Strategy* 2020)、《2013 欧洲森林战略》(2013 *EU Forest Strategy*)。

二、加强欧洲森林管理保护生物多样性

欧盟成员国在指定的保护区内，已较好地保护森林生物多样性(确保遵守栖息地和鸟类指令)。而在其他森林区，为了确保在快速变化的环境中保护好森林生物多样性，有必要采取有效的生物多样性管理措施。从 2011～2013 年，欧洲森林研究所组织项目将生物多样性保护整合到森林管理中。该项目得出结论，将生物多样性保护整合到森林管理中的方法，应关注四方面：

(1)利用一个概念性的框架。在设计新的森林管理概念时，应考虑纳入生物多样性保护措施，这一点至关重要。随着森林提供大量的服务，有效的森林生物多样性保护，取决于适当和互补地(appropriate and complementary)利用综合和独立的(integrative and segregative)保护工具。独立的保护工具指的是，在一片高度经营的人工林中嵌入一片严格保护区。综合的森林保护工具旨在促进不同森林管理目标之间的最大化交融，即以较高的森林管理标准同时实现生产、保存、保护。随着协同效应逐渐有限，需要建设专用性森林(exclusive forest area)以满足不同生态系统服务的需求。

(2)保留好主要的生物多样性要素。森林生物多样性保护的问题是，在森林的自然生长周期中保留特定的要素。这些要素包括：老龄森林、不同阶段的腐烂木材、大小保护区和栖息地的树木结构等。需在时间和空间上保持该类要素的连续性和连通性。

(3)利用指示种种群(indicator species groups)示范成功。森林生态系统的结构、过程和功能直接或间接的依赖于它们所包含的物种结构。因此，确定适当的指示种种群至关重要。到目前为止，被监测的物种(包括蝴蝶、鸟类和植物)和处于风险的森林物种(例如木栖生物)之间，已表现出差异。

(4)找到需要应对的主要挑战。气候变化、物种入侵和确保遗传多样性给森林生物多样性管理带来挑战。这些挑战对物种的影响后果可能是严重的，且往往难以预测。

三、政策建议

该报告提出的将生物多样性保护纳入森林管理的政策建议如下：

一是利用指标来监测生物多样性政策的影响。生物多样性指标可以作为监测工具，评估森林生物多样性保护政策的效果。当评估以生物多样性为导向的管理措施的有效性时，结合物种、森林结构和栖息地的监测，显得很重要。

二是采用综合和独立保护工具实现生物多样性保护。有效保护和恢复栖息地依赖于良好的工具，如指定受保护的森林区，在更大尺度上纳入生物多样性保护的森林管理实践。制定全面大尺度战略空间规划(欧洲、国家和区域)，结合综合和独立保护工具，保护主要森林物种。应确保将森林生物多样性的战略空间规划纳入其他政策，如欧盟绿色基础设施战略和水框架指令。

三是重视枯枝在森林生态系统中的作用。枯枝是森林生态系统中一个重要因素。它在固碳、提供养分和保持水分方面起着重要作用。枯枝量的生态阈值(ecological threshold)应该基于景观尺度的森林网络计算确定。

四是调整保护政策和管理方法。气候变化影响不同类型森林栖息地的适宜性。更为重要的是，为确保栖息地聚合效应(habitat cohesion)，应更好地理解需要新增多少森林面积，以及结构和连通性要素。因此，应当思考当前的保护政策和保护管理，以便更好地适应和应对这些挑战。

五是森林生物多样性估值。森林生物多样性的全部价值需要得到更多的体现。迫切需要统一评估框架和设计适当的经济激励措施，将生物多样性保护整合到森林管理中。我们相信，可以用更有效的方式来实现欧盟生物多样性战略的目标。为支持森林生物多样性保护，可以尽可能地通过农村发展项目中的具体措施，或者通过在成员国的自然保护政策以及通过其他创新手段包括为环境服务付费。

（摘译自：Integrating Biodiversity Conservation in Forest Management）

欧盟共同农业政策改革新取向：农业建立至少5%生态重点区促进农林业综合发展

欧盟共同农业政策(CAP)自1962年开始实施至今52年，它是欧洲一体化的基石，也是政府干预的有力手段，长期维持着成员国之间的利益均衡；同时，它隐含着一系列难解的矛盾。随着内外局势的变迁，改革也一直相依相伴。在新一轮欧盟共同农业政策改革取向上，十分重视在农业农村发展中加强生态环境保护，促进农林业综合发展。

2014年6月10日，在英国环境、食品与农村事务部(DEFRA)的官方消息中，发布了《共同农业政策宣布新的环保标准》(*Common Agricultural Policy Greening Criteria Have Been Announced*)的标题新闻。据报道，在欧盟新的共同农业政策改革中，其直接支付改革的重要内容之一，是强制要求各成员至少将其中30%与鼓励生产者实施有利于应对气候变化和环境保护的生产实践相挂钩。“绿色”建议措施包括：保持农地上至少有5%的“生态重点区”(Ecological Focus Area)，用于保留绿篱、树木、缓冲带、休耕地及自然景观特征等。另一个重要变化是设定了直接支付最高限额，任何单一农场每年接受的最高支付限额为30万欧元。为消除法律上的漏洞，排除没有从事农业活动的直接支付申请者，欧委会还严格界定“消极”农民，如土地位于适合种植区域，而土地所有者却未进行最基本的生产活动。

（摘译自：Common Agricultural Policy Greening Criteria Have Been Announced）

欧盟理事会就欧洲森林新战略形成结论

2014 年 5 月份，欧盟理事会就欧盟委员会于 2013 年 9 月提出的欧盟新森林战略文件形成了 29 条结论。这份结论文件强调，林业部门对于欧洲具有重要性，并且森林在欧洲转型到生物经济①(bio-based economies)社会中起到至关重要作用。参与形成这份结论文件的部长们一致强调，尽管欧盟出台了一些林业政策，但是欧盟运行条约中缺乏针对各成员国的共同林业政策和各成员国对森林负有的责任(responsibility)。另一方面，欧洲林业部门越来越多地受到一些欧盟政策倡议的影响，需要增强林业对这些政策倡议的贡献，如能源和气候政策。部长们同时强调，应加强协调、促进林业政策连贯并增强有关部门的协同。

这份文件强调了林业在生态保护、应对气候变化、农村发展、产业发展等方面的重要地位。文件指出，保护区森林覆盖了自然 2000 生态网的 50%，这部分森林的生态服务功能尤其重要，呼吁成员国按照理事会关于欧盟 2020 生物多样性战略形成的结论，鼓励通过和实施森林管理计划。部长们同意，应将重点进一步放在预防生物和非生物威胁产生的负面影响、对缓解和恢复森林破坏的潜在负面影响、对覆盖率较低或受极端天气事件、森林火灾和荒漠化(并受气候变化加剧)影响的国家提高森林面积的负面影响，同时强调了监测的作用和重要性，并加强“以维持和增强森林生态系统服务为目的”的森

---

① 生命科学与生物技术的发展推动了“生物经济”概念的形成与发展。人类利用生物技术有着久远历史，因而与生物经济相关的研究开发及其产业发展由来已久，但是作为与农业经济、工业经济、信息经济相对应的经济形态(economic formation)，生物经济仍是一个比较新的概念。基于生物科技的发展和对生物能源及可持续工业原料的需求，1999 年美国提出“以生物为基础的经济”(biobased economy)和生物基产品(biobased products)概念。2000 年 4 月上海的《经济展望》杂志提出了“生物经济”新的名词。关于“生物经济”的正式定义较早出现的有：a. 生物经济是以生命科学与生物技术研究开发与应用为基础的、建立在生物技术产品和产业之上的经济，是一个与农业经济、工业经济、信息经济相对应的新的经济形态。b. 生物经济是建立在生物资源、生物技术基础之上，以生物技术产品的生产、分配、使用为基础的经济。c. 2006 年 OECD 将生物经济定义为：经济运行的聚合体(the aggregate set of economic operations)，用以描述在这样一个社会，通过生物产品和生物制造的潜在价值使命来为公民和国家赢得新的增长和福利效益。d. 2005 年欧洲将生物经济概括为“以知识为基础的生物经济”(the knowledge-based bio-economy, KBBE)，具体理解为：生物经济是一个浓缩性的术语，它能够描述在能源和工业原料方面不再完全依赖于化石能源的未来社会；有的理解为“将生命科学知识转化为新的、可持续、生态高效并具竞争力的产品”。

林可持续经营。

结论文件强调，评估和估价森林生态系统服务并将其纳入公共和私营部门决策中的战略重要性。

结论文件还强调了增强欧洲林业的弹性和适应能力、欧盟与成员国加强林业合作、森林战略和生物多样性战略协同实施、促进 FLEGT 行动计划等方面的内容。

（摘译自：EU Forest Strategy：Conclusions Adopted by the Council）

第二节 林业与绿色发展

国际林业研究中心：森林对粮食和营养安全四支柱作出最基本的贡献

2014 年 7 月，国际林业研究中心在其发布的一份期刊中分析了森林对于粮食安全的贡献。指出，世界人口预计在 2050 年将达到 90 亿，随之则产生更大的粮食刚需，需要制定新的粮食政策和计划。可持续的集约化发展旨在提高粮食单产来应对世界森林的快速缩减。但是，专家却认为农业的持续扩张是以自然资源的损失为代价，其中包括森林。

森林可以提供生物多样性，对于粮食安全作出最基本的贡献(essential contribution)。森林产出的野生食物可以满足数百万人的营养需求，同时森林生态系统服务及其生物多样性对于农业也非常重要。尽管最近数据表明森林提供的食物仅能满足全球粮食需求的 0.6%，但是粮食安全的重要性要远远高于粮食需求。粮食安全是一个针对所有人且一直存在的问题，其通过为人类提供充分安全且营养的食物，来满足健康生活的饮食需求和食品偏好。

根据联合国粮农组织的粮食安全理论，粮食安全包括四大支柱，其中森林的贡献贯穿于这四个支柱中，发挥根本性的支持和保障作用。它们分别是：粮食的充足供应(availability)，不论是野生食物还是种植食物，都依赖于土壤质量和传粉者，这两者均得益于森林的支持；粮食的可获得性(accessibility)，森林对于世界上的大部分贫困人群来说，相当于一个超市，其作为一个增加粮食获得机会的关键资源，可以为数百万人提供谋生方式；粮食的稳定性(stability)，对于气候变化和市场波动，森林比农业系统具有更强的适应性和弹性；粮食的安全消费利用(utilization)，森林药用植物和野生食物中的营养有助于维持人类健康，同时森林提供的薪材可以用于烹饪。

森林与粮食安全的关系主要体现在以下六方面：

一是森林可以提供人体所需的微量元素。来自森林的叶片、种子、坚果、水果、蘑菇、蜂蜜、昆虫和野生动物中，均富含各种微量元素。在全球范围内，森林对满足粮食需求的贡献非常有限，但对饮食多样性和营养却作出了重要贡献。如，在坦桑尼亚的农村地区，野生食物只能满足2%的粮食需求，却提供了19%～30%的维生素A、维生素C和铁。在发展中国家，数十亿人群缺乏微量元素，森林提供的食品有助于缓解这种所谓的“隐性饥饿”(hidden hunger)。

二是粮食的获得对收入比较敏感。现金收入可以促进家庭获得更多的营养，并可作为粮食歉收时的保护伞。森林可为全世界1320万人提供正式就业，并创造了4100万的非正式收入。据估计，薪材和木炭生产所获收入占据了非洲总收入的20%。

三是森林提供的木质能源拓宽了粮食结构。在发展中国家，40%的人口利用薪材做饭，其中7.84亿的人利用薪材煮水。烹饪扩展了食物功能，可以促进营养的获得。但是过度采伐导致了薪材资源的减少，在发展中国家的农村地区，由于没有其他替代能源，食品质量和营养将有所下降。

四是森林通过自身弹性和作为粮食稀缺时期的食物来源，确保粮食的稳定供应。在大多数情况下，森林提供的食品都不是家庭生活的唯一热量来源。但当其他食物不够充足时，人们会更多地选择野生食物。对一些家庭来说，森林可在粮食稀缺时期提供安全保障。野生食物可以提高家庭食品结构的多元化，进而加强应对气候变化和外界冲击的能力。森林承载全球80%的生物多样性，同时还是基因资源的储备库，对于适应气候变化至关重要。

五是森林生态系统服务可以支撑粮食生产。森林可以保持土壤，涵蓄水源，调节气候，为传粉者和农业害虫的捕食者提供生存空间，并可提供生物多样性，这些生态服务对于维持农业的稳定非常重要。

六是对妇女赋权可以加强社区的粮食安全。男性和女性在收集、生产和使用森林资源中的角色和地位往往是不同的，通常女性对家庭食品和营养更为专注，更有利于度过粮食危机。但是森林食物的获取和利益分配对于妇女来说却受限颇多，专家认为，在林业部门对妇女进行赋权、在决策中实现性别平等，可以提高森林对于粮食安全的贡献。

(摘译自：Forest, Food Security and Nutrition)

美国林务局：
绿色木材替代钢材混凝土等建筑材料产生巨大的经济和环境效益

木材既是最古老又是最先进的建筑材料之一。木材替代钢材、混凝土等建筑材料，既能产生可观的经济效益，又能发挥显著的环境效益，因此绿色木材替代战略受到美国政府部门、专家学者的重视。在 2014 年 3 月举行的美国白宫农村委员会会议上，美国农业部部长汤姆·维尔萨克宣布建立新的伙伴关系，一方面培训工程师和建筑师，让他们掌握先进的新型木质建筑材料知识，另一方面计划建立奖金，奖励设计和建造高层木建筑示范项目。木质材料创新利用已开始改变美国建筑业的面貌，农业部抓紧促进这类活动。同时，这类活动也有力地支持了奥巴马总统 2013 年提出的气候行动计划。2014 年 5 月，耶鲁大学林业和环境研究院发表专题文章，分析木质替代其他建筑材料所产生的碳储存、减少化石燃料消耗、保护生物多样性的多方面效益。美国林务局局长 Tom Tidwell 在 2014 年 6 月份的评论中指出："仅在落基山脉，我们有成千上万的病死木，它们可以通过各种渠道进入建筑业供应链，以便供应各种类型的建筑物。通过采取严格实施方式，作为绿色建筑材料的木材可以减少未来的火灾损失，维持整个森林健康，还能提供急需的就业机会。"

现将美国林务局和耶鲁大学关于绿色木材替代战略的内容摘要编译如下，供参考。

一、绿色木材替代其他建筑材料产生巨大的经济和环境效益

在美国，木材用作建筑材料已具有上百年的历史，它主要用于家庭住宅、商业建筑和交通设施，如桥梁的结构材料。木材在商业建筑（如学校和商业街）中的使用份额，相比其他建筑材料较小。今天，人们在生态和环境可持续发展方面的意识日益增强，并且消费者对建筑材料的品质有更高的追求，这都将提高建筑市场对木制品的需求。

美国现有林产品利用行业支持超过 100 万个直接就业机会，对美国国内生产总值的贡献超过 1000 亿美元。利用木材作为建筑材料可以为美国提供巨大的经济和环境效益。2009 年，实木产品生产带来的经济效益支持了超过 35 万个直接就业机会和 120 亿美元的工资。而 2008 年这两个数字分别达到 46

万个和156亿美元。这些就业机会和工资收入对农村地区经济发展尤为重要。

除了经济利益，利用木材作为建筑材料还可以产生巨大的环境效益。用小径材或病死木制作建筑用材，可以减少抚育成本、支持森林保护管理和生态修复。增加木材建筑材料使用，可以帮助林地所有者提高收入，激励他们保持森林覆盖，从而保护森林生态系统和生态系统服务，包括水净化、水土保持、河岸稳定、碳吸收、生物多样性保护、发挥娱乐和文化遗产功能；更为重要的是，还能通过替代化石燃料和高能源密度材料，减少国家碳排放。

美国农业部长汤姆·维尔萨克指出，林务局支持的研究报告(2011)《支持木材和木产品在绿色建筑中利用的经济和环境效益的科学证据》(*Science Supporting the Economic and Environmental Benefits of Using Wood and Wood Products in Green Building Construction*)证实了环境科学家们多年来的认识，木材将成为美国建筑业和能源业战略设计中的重要部分。在2014年6月，林务局气候变化咨询专家 David Cleaves 对这份报告的评论中指出，根据研究，非木质材料建筑比木建筑具有更佳碳效益的论点是站不住脚的。以对环境负责任的方式采伐树木，一方面可以让森林更好地固碳，另一方面木建筑也能更好地固碳。

林务局的研究报告指出，已有许多研究成功表明，利用木材作为建筑材料可产生巨大的环境效益：①生产以木材为主的房屋所需的能源，比生产热量功能约为相当的以钢材或混凝土为主的房屋低15%。过去100多年来，以木材为主的房屋产生的相关温室气体净排放，比热量功能约为相当的以钢材或混凝土为主的建筑系统低20%~50%(Upton et al，2008)。②用木质材料更换所有非木结构房屋中的所有部分，如雪松壁板、木窗户、木质纤维绝缘层，可产生净碳储存(Salazar et al，2009)。③在明尼阿波利斯和亚特兰大的案例分析表明，用木质材料建筑的家庭房屋在整个生命周期对环境的排放，比钢材、混凝土结构的房屋产生的排放要低(Lippke et al，2004)。

二、使用绿色木材替代其他建筑材料的一些典型案例

无独有偶，2014年5月耶鲁大学林业和环境研究院发布的研究文章《木材和森林减缓碳、化石燃料和生物多样性》(*Carbon, Fossil Fuel, and Biodiversity Mitigation With Wood and Forests*)，分析了大型建筑工程中利用木质材料替代钢材、混凝土产生的环境效益，分析了增加木结构材料利用如何减少二氧化碳污染和化石燃料的需求。文章指出，通过使用更多的木材，降低对混凝土和钢材的需求，从而降低了其生产过程中所产生的排放污染。文章结果是，可以通过利用木材替代钢材和混凝土，使全球CO_2的污染降低14% ~31%(这一评估结果的重要假设条件是木材可持续采伐供给的充足性和木材替代应用

图 1　全球木材替代其他建筑材料的典型案例

的广泛性)。如果木材废料用于取暖、做饭或用于生物质发电厂的电力生产，可以消除 12% ~19% 的化石燃料的使用。

文章还通过四个典型案例佐证了以上结论(图 1)：①A 案例。它是位于加拿大魁北克的高载荷木桥(high-load wood bridge)。②B 案例。伦敦木质公寓 Stadthaus。相较传统的钢筋混凝土结构，这座建筑的地面、天花板、电梯井乃至楼梯井完全是木质结构，建筑没有梁柱，采用正交胶合木作为承重墙和地板。Stadthaus 是一座 9 层的木结构建筑，这也是当时世界上最高的木结构居住建筑。坐落于的 Murray Grove 的这座建筑，主体建造只花费了 4 个工人 27 天时间。③C 案例。加拿大蒙特利尔的飞机厂木质吊架(aircraft hanger)。④D 案例。加拿大不列颠哥伦比亚省设计的 20 层木建筑。

三、绿色木材替代战略：美国的进展和面临的四个障碍

美国林务局在绿色木材替代战略的技术转移、法规建设、项目示范等方面，已取得一定的进展。如在推进示范方面，林务局与美国和加拿大的一些公司已开始行动，完成了一个三年期的示范项目——木产品示范项目(woodworks program)。该项目用 4 亿板英尺的木质材料替换 450 多栋建筑的其他材料，这些木材里储存了大约 220 万吨 CO_2 当量，从而避免和减少了温室气体的排放。第二个示范期(5 年)，该项目预计使用木材 55 亿板英尺，能节约相当于 3000 万吨 CO_2 当量(等同于清除 600 万辆轿车在道路上一年的排放)的碳释放。又如在法规方面，美国绿色建筑委员会领先能源与环境设计(LEED)已涉及绿色建筑。

但是，林务局的报告认为，尽管木材具有明显的可持续性优势，但它通常不被设计专业人士和普通大众认为是一种“绿色”建材。而且他们对可再生

材料（木材）与可循环材料（钢材）的认识存在混淆，不清楚每种材料的优点及其对环境的真实影响。要真正地实现木材替代战略，就需要消除公众的误解、提高其认识，要使其真正意识到木材是一种环保绿色建筑材料。为此，务必要克服目前存在的四个障碍：

（1）信息不完全。目前公众对木材和其他建筑材料（钢材、混凝土等）整个生命周期对环境影响的信息不完全、认识不足。完善木材材料和其他建材的生命周期信息并进行简单的比较，有助于建筑行业专业人士和消费者选择环境友好型建筑材料。

（2）对研究和开发的公共资金支持远远不足。针对木质材料及其建筑技术、制度的研究和开发支持力度不够，远远落后于其他建筑材料。公共部门对其他建筑材料的产品和技术开发的资金支持力度很大，相比之下，对木质材料的开发和研究资金支持很小。

（3）缺乏相关的规范和标准。相关的绿色建筑规范和标准并没有适当的规定，以引导公众认识到建材生命周期的环境效益，并引导他们选择建材。因为，要使公众认识到木材材料相较于其他材料的绿色环保效益，离不开生命周期分析。

（4）教育、技术转移和示范不足。尽管已有大量的研究，但大多数建筑专业人士和一般公众并不认可木材的可持续性，也没有认识到木材利用在减缓气候变化和维护森林健康和生产力方面的作用。

四、绿色木材替代战略：林务局当前亟待开展的三项工作

林务局认为，目前工作重点主要是提升建筑行业专业人士和公众的意识，同时要加强生命周期科学评估，并积极创新木材产品和技术。另外，要加强第三方认证如可持续林业倡议（sustainable forestry initiative），提高对林产品可持续性的认识。总之，在短期内应着力开展以下三方面工作：

第一，对木质材料和其他建筑材料生命周期环境效益进行评估、比较的研究和开发，并向社会公布这方面的完整信息。政府、大学和企业建立合作关系，开展必要的研究，以支持对木质材料碳效益的广泛认可，并确保在新兴的绿色建筑规范、标准和评价方案中得到承认。由行业组织——绿色建筑战略集团（Green Building Strategy Group），以及相关的 NGOs 带领，推动绿色建筑，该项目包括：①向木材工业、建筑行业和公众提供更多的透明信息；②填补木材产品在美国生命周期清单数据库（the U. S. Life Cycle Inventory Database）中的主要差距；③通过利用完整和通行的生命周期评估数据和工具，增加木质材料作为绿色建材的认可和规范；④提高建筑和设计行业专业人士对木质材料的专业技术知识，并培养使用偏好。

第二，要加强示范和法规建设工作。进一步推进木产品示范项目，促进在非住宅建筑中的木材利用和技术转移。要提高建筑行业专业人士对木材绿色环保功能的认识，并要通过5年期试点项目实施。一方面增加绿色木材利用。另一方面增加农业部林务局的就业增长目标。同时要将木质材料绿色环保建筑功能纳入到有关绿色建筑标准中，用法规规范促进和规范绿色建筑行为。

第三，加强教育和合作，通过典型木建筑展示碳储存和绿色建筑效益，提高公众意识。根据林务局与林产品实验室(FPL)和工程木材协会(The Engineered Wood Association)签订的谅解备忘录，政府与研究组织建立合作伙伴关系，向公众展示在典型的住宅用和非住宅用建筑中，林产品的碳储存功能。该合作伙伴关系还将推进研究和技术转移，如佛罗里达碳挑战(Florida Carbon Challenge)项目，教育建筑专业人士认识到气候、碳和日常建筑之间的关系。举办设计竞争竞赛(约100万美元奖励)，教育研讨会，以及三、四个示范家庭建设。也将进一步开发和使用新的或改进的木质复合材料，如交错层压木材(CLT)，以改善建筑物通过生命周期工具测量的环保重要性。

(摘译自：1. Science Supporting the Economic and Environmental Benefits of Using Wood and Wood Products in Green Building Construction；2. Building From Wood Could Help Fight Climate Change；3. Carbon, Fossil Fuel, and Biodiversity Mitigation With Wood and Forests；4. Forest Service Report：Wood Is a Green Building Material)

美国林业产业就业监测指数值得借鉴

美国劳动就业统计主要由劳工部统计局[①]负责。最早的劳动就业统计是1915年开展的当前就业调查(CES)，2001年启动商业就业动态(BES)。

到2014年，美国劳工部统计局建立了三个层次涉及几十个部门的“产业

① 美国劳工统计局(USBLS)是美国的统计机构，隶属于美国劳工部，自1884年起便开始为美国人民提供关键的经济信息，以利公家或民间机关根据经济数据做出重要决策。该机构主要任务在于负责搜集、汇整、分析并发布重要的、能够反映出美国经济状况的统计资料，包括消费者物价指数(CPI)、消费支出、失业率、生产者物价指数(PPI)、就业资料、福利待遇、产出率等。

就业监测指数”，第一个层次是两大类别①，第二个层次包含两大类别又分为十大行业，第三个层次包含十大行业再细分为几十个部门。这些指标体系基本上实现对所有经济部门就业状况的“全覆盖”监测。

美国林业产业的三大支柱——造纸业、家具业、木制品粗加工业，归属于其中商品生产行业类别下的制造业。对这三个林业部门，劳工部统计局建立了就业状况监测指标体系。

一、美国建立林业产业就业监测指数的战略意义

政府根据监测指数，分析产业就业结构变化情况，明确朝阳产业和支柱产业，确定产业结构调整战略方向。投资者根据指数，可以选择就业景气的行业进行投资，确保得到回报。

美国建立林业产业就业监测指数的重大意义主要表现在以下三方面：

一是预测就业趋势，研判就业形势的“风向标”。就业问题是美国社会关注的焦点问题。建立各行业就业监测指数，有利于适应严峻多变的就业形势，优化就业结构。林业产业就业监测指数不仅能系统反映林业行业劳动力变化情况，还能在连续编制的基础上揭示变化的趋势，成为观察和分析经济的“风向标”，为国家宏观调控，确保国民经济稳定、协调、可持续发展，发挥建设性作用。根据美国劳工部统计局的数据，2014 年 6 ~ 9 月，美国林业产业②就业人数分别为 111.06 万人、111.19 万人、111.45 万人和 111.46 万人，表明林业产业现阶段较为景气，没有出现严重恶化情况。

二是落实政府就业政策，检验政策有效性的“度量衡”。为确保就业安全，美国政府会适时出台相关政策刺激就业，如减税免税政策、加大对公共物品的投资力度、扶持新型产业加速结构调整、加强信贷金融支持等。检验这些政策是否有效的唯一手段是就业人数是否增加。

三是制定政策和政府绩效考核指标的重要依据。制定政策主要表现在收入分配政策、所得税政策和就业安置政策，如美国劳工部统计局对林业产业就业的监测指标包括平均每小时工资和平均周工资，起到较好的决策支撑作用。政府绩效考核指标主要指的是，监测指数通过劳动力工时、收入、工伤、疾病等指标，全面反映从业人员的“幸福指数”和体面就业，有利于将人力资本账户纳入国民账户，有利于将国民幸福指数纳入政府绩效指标体系，推进

---

① 这两大类别是商品生产行业和服务提供行业，其中，商品生产行业包括自然资源和采矿、建筑、制造业；服务提供行业包括贸易、运输和公共事业、信息、金融、专业服务、教育和医疗、休闲、其他服务。

② 本文中的美国林业产业，指的是劳工部统计局统计的美国林业产业三大支柱——造纸业、家具业、木制品粗加工。

政府与公众和谐发展。

二、美国林业产业就业监测指数的主要内容

根据美国劳工部统计局网站 2014 年 9 月份的消息，美国林业产业就业监测内容指标不多但针对性强，注重统计数据的时效性，能够及时对统计数据进行更新。

以木制品粗加工行业为例，美国林业产业就业监测指标（表 1）分为以下五个方面：

（1）劳动力资源统计（workforce statistics）。包括该行业的就业总人数、失业率，还包括按工种分类的就业人数，如木匠、一线管理者、木材机械的生产商、运营商和招标商等。

（2）收入和工时（earnings and hours）。包括所有从业人员的平均每小时工资和平均周工资、生产和非管理人员的平均每小时工资和平均周工资等指标。

（3）疾病和工伤情况。（work-related fatalities, injuries, and illnesses）。包括死亡人数、每 100 个全职工人中报告的工伤和疾病的数量。

（4）价格（prices）。包括生产者价格指数、进口价格指数和出口价格指数。

（5）劳动力市场趋势（workplace trends）。包括新建的私营企业数量、劳动生产率指数（每小时产出量）等指标。

表 1　美国林业产业就业监测指标体系（木制品粗加工行业）

一级指标	二级指标	发布周期
劳动力资源	劳动力数量	月度
	失业率	月度
	按工种分类的就业人数（如木匠、一线管理者、木材机械的生产商、运营商和招标商等）	年度
	劳动力资源趋势预测	
收入和工时	所有从业人员的平均每小时工资和平均周工资	月度
	生产和非管理人员的平均每小时工资和平均周工资	月度
	按工种分类的收入指标	年度
与工作有关的死亡、工伤和疾病	死亡人数	年度
	每 100 个全职工人中报告的工伤和疾病的数量	年度
价格	生产者价格指数	月度
	进口价格指数	月度
	出口价格指数	月度

（续）

一级指标	二级指标	发布周期
劳动力趋势	新建的私营企业数量	季度
	劳动生产率指数(每小时产出量)	年度
	劳动力指数	年度
	产出指数	年度
	单位劳动力成本指数	年度

三、美国林业产业就业监测指数的应用案例

1. 案例一：家具业——转型调整势在必行①

根据美国劳工统计局监测数据，2000 年前后，美国大量的家具公司宣布破产，停止营业或者搬迁到其他国家，1997 ~ 2000 年间，木制品业中有 19800 人员失去工作。这种状况在北卡罗来纳州最为严重，1995 ~ 2003 年期间，该州家具业中有超过 10600 名工人失业，73 家从事深加工的木制品企业和 25 家从事初加工的木制品企业倒闭。

倒闭的主因是由于来自亚洲的竞争，中国是该地区出口最强劲的国家。当时，在 WTO 全球化背景下，美国家具业劳动力成本占整个制造成本的 20% ~40%，而中国的劳动力成本只及美国的 1/20，约每小时 0. 51 美元，美国转型调整势在必行。一些美国公司，只做能在美国有利可图的部分，把其余部分转移海外，如伊森・爱伦公司(Ethan Allen)。

2. 案例二：伐木工人——你意想不到的最“要命”工种②

美国劳工统计局 2013 年发布的《职业伤害致死情况全国普查》显示，根据初步统计，2012 年共有 4383 人因工伤致死，与 2011 年最终数字 4693 相比略有下降。2012 年，平均每 10 万名美国全职工人中工伤致死的人数从 2011 年的 3. 5 降到了 3. 2。美国劳工统计局统计数字显示，美国最危险的职业首当其冲的是伐木工人，每 10 万名全职工人中就会有 127. 8 人在工作中丢掉性命。2012 年，共有 62 名伐木工人因公殉职。这些主要从事采伐与运输的工人常常在恶劣的环境中艰苦劳动，而且工作时断时续，收入还很低。美国有 34050 名伐木工人，包括砍伐工，伐木设备操作工、平地工和攀爬工等等——他们的年均收入为 35149 美元。

---

① 本案例根据相关文献整理。

② 本案例摘自《美国十大最“要命”工种》，http：//www. forbeschina. com/review/201308/0027905. shtml。

3. 案例三：造纸业的命运——消失的“纸张”①

我们生活在一个纸张的世界。全球纸张使用量在20世纪下半叶增长了6倍多。仅1997年一年，全球消耗了3亿吨办公纸张，足以填满383座纽约帝国大厦，摞起来可以往返月球8次。

但是，纸业在移动智能出现后快速下滑。如，商用打印机的销量从2000年到2010年下降了11%还多。因为电子邮件以及社交网络的出现，在2005年邮寄圣诞卡的人中，有1/5到2011年已经不再寄了。对纸业真正致命的打击是电子书。

阿比蒂比－宝华特有限公司副总裁塞思·库尔斯曼在2009年谈及公司申请破产保护时说道：“我无法预知未来，但我们会尽全力重组公司并提升业务。”阿比蒂比－宝华特有限公司可不是一家普通的公司，它是一个商业巨擘——北美最大的新闻纸生产商，占美国和加拿大43%的市场份额。2010年12月重组完成之后，它的董事长强调多元化经营计划。

大家都没在意，美国劳工部统计局的数据已经量化了纸业的命运。根据统计局的监测指数，美国造纸业1990年就业人数为70.18万人，2014年9月份下降为37.15万人。预测报告显示，2008～2018年，纸业雇员人数将从44.58万个减少到33.75个，锐减1/4。

地球将从中受益，因为造纸厂污染环境。紧随化工和炼钢行业，造纸业在发达国家是第三大矿物燃料的使用者。每年美国生产书报所产生的碳排放量超过4000万吨，相当于730万辆车的碳排放量，而且造纸厂还向空气和江河排放有毒的化合物。尽管大家都很关注绿色环保，但是纸浆厂为了造纸，在美国每年要砍伐5000平方英里的森林。

四、对我国的借鉴

美国注重解决林业的就业质量问题。从立法和政策上、经济发展战略上以及就业方式上，为美国人创造了条件，有效地促进了林业就业，促进了经济社会发展。学习美国经验，我国在推动林业产业就业监测指数建设方面有以下三点可供借鉴：

一是推动实现更高质量的就业。

美国林业产业就业监测指数将林业从业人员的工资和福利、工时和工伤等反映就业质量的指标作为监测重点和对象，是落实政府推进高质量就业的一项有力行动。

党的十八大提出，要推动实现更高质量的就业。我国林业系统从业人员

---

① 摘自迈克尔—塞勒的《移动浪潮：移动智能如何改变世界》，中信出版社。

约156万人，加快建立和完善针对该群体就业的统计和监测体系，对于推进实现充分的就业机会、公平的就业环境、良好的就业能力、和谐的劳动关系，对于促进林业治理能力和治理体系现代化具有重大意义。

二是加强林业产业就业监测能力建设。

从美国实践来看，产业就业监测指数的建立和运行，既需要立法的支持，更需要大量的资金投入加强能力建设，并且这种投入呈增加趋势。

我国应逐步加强对包括林业在内的各产业就业状况监测的投入，构建政府带动，其他主体参与的多元机制。加强和完善企业、林业工人、政府、社会公众、NGOs参与就业监测的能力。政府应建立监测机构并落实职责、加强工作人员的能力建设、完善机构间的沟通协调。同时，逐步探索完善产业就业监测产品的市场付费机制，采用社会服务方式向使用者提供监测产品。

三是逐步完善监测指标和健全信息收集发布机制。

美国经验表明，产业就业监测是社会和谐的调琴师，完备的林业劳动力市场监测指标体系，是全面勾画劳动力市场状况的一个基础，是国家宏观调控、就业决策的重要依据。

我国林业应在现有监测指标基础上，完善林业劳动力市场调查方法和制度，及时把握民生状况，依据形势需要，增设反映"公平、公正、和谐"的新指标，增加针对特殊群体的公共服务指标。同时，健全信息发布机制，选择适当的信息发布载体，大力发展互联网发布载体，提高信息更新频率。

（来源：根据美国劳工部统计局9月份数据库及有关中文报告汇编）

美国农业部发布《2013财年技术转移报告》建议林务局加强六方面工作

近期，美国农业部发布《2013财年技术转移报告》（*U. S. Department of Agriculture Annual Report on Technology Transfer* FY2013）。该部将为公民提供解决方法的行为称为技术转移（technology transfer），并认为技术转移的定义在今天更为广泛，简言之为对研究成果的应用。公众可以通过多种机制从中获益，包括农业部发布的信息、工具和解决方案，联邦技术法案（1986）授权的正式合作研究和开发协议（CRADA），联邦政府、州政府或当地政府提供的技术援助，以及为非营利部门、营利私企提供的生物材料许可和知识产权保护。

这份报告由美国农业部农业研究局（Agricultural Research Service，ARS）、

林务局等十几个部门提供技术转移活动和指标。其中，林务局可以采用多种技术转移方式，包括展会营销、专利、网络研讨会、专题会、教育、公众宣传、电子和纸质出版物等。同时，林务局也在积极创新尝试其他新指标，如社会媒介、网站、引文索引(citation index)等。目前林务局研究开发部门做得较为成功的是每3年进行一次顾客满意度调查，该调查利用经济模型并将自有产品和服务纳入其中，调查结果为基于美国消费者满意指数方法得出的一个分数，用户可以利用该分数对比联邦其他研究开发机构。

报告认为，美国林务局主要从以下6个方面推进技术转移活动：①建立对科学家和工程师的问责制，加强技术成果转移；②建立一套新的用于衡量林务局提供林业服务水平的统一指标；③建立关于知识产权的新指标；④探索新方式，促进林务局和农业研究局在知识产权及相关事项方面合作；⑤强化教育并扩展外联工作；⑥加强林务局的创业活动。

(摘译自：U. S. Department of Agriculture Annual Report on Technology Transfer FY2013)

欧盟“地平线2020”科技规划提出 2014～2015年欧洲林业科技六大主题

欧盟于1984年开始实施“欧盟科研框架计划”，以研究国际前沿和竞争性科技难点为主要内容，是欧盟成员国共同参与的中期重大科研计划。其第七个科研框架计划于2007年1月1日正式启动，持续到2013年，总预算超过530亿欧元。欧盟2013年后的科研框架计划全新命名为“地平线2020”(Horizon，2020)，于2011年正式该计划提案，实施时间为2014～2020年，预计耗资约800亿欧元。“地平线2020”并不叫“第八个科研框架计划”，原因一是规划囊括了包括框架计划在内的所有欧盟层次重大科研项目，二是时间上到2020年结束。

2013年12月13日，欧委会公布《地平线2020工作规划(2014～2015)》(*Horizon* 2020 *Work Programme* (2014～2015))，分析该规划关于农业、渔业和林业在未来两年的研究主题，指出未来科技支撑要着力推进林业，构建一个“创新、可持续和包容性的生物经济”(innovative，sustainable and inclusive bioeconomy)，规划提出了林业未来科技计划的研究主题。同时，规划中提出未来两年将向农业、渔业和林业领域投入150亿欧元支持科技创新。现将该规划支持林业科技发展和创新的6个主题整理汇编如下：

一、主题一：促进欧盟林业提供公共物品——从概念到实践

对于每一个主题，欧盟从目前主要挑战、科技创新领域和预期科技效果三个方面(以下同)进行了分析，其主要内容如下：

(1)目前主要挑战。欧盟认为，林业提供了包括生态系统服务在内的多重公共物品，由于其主要生产功能以及集约高强度生产模式的发展，林业提供公共物品的能力受到威胁。它们提供的服务更多地被认为非排他性和非竞争性，因此无市场价值。尽管经济学已经创造了“公共物品”这一概念，但是，目前仍然缺乏核心概念，即缺乏关于林业社会和非市场价值方面的运行框架(operational framework)和共识(common understanding)。

(2)科技创新领域。建议开发设计系统化运行框架，以制图、描述和量化由林业提供的各种类型的公共物品。这需要识别区分：主要生产部门的经济活动、公共物品提供以及损害公共物品提供能力活动三者之间存在的关系。在政策、激励和公共服务方面建立有效支持措施，促进林业提供符合社会预期的公共物品。

(3)预期科技效果。①增强对影响林业提供各种类型公共物品的自然管理过程的理解，如通过高质量清查(solid inventory)；②设计有力的机制和工具，一方面测度和界定林业公共物品，另一方面提出林业对可持续提供公共物品的贡献；③制定适合的政策、激励和公共服务模式，有效缓解林业支持生产部门和生态系统提供公共物品之间的矛盾；④减少林业为支持生产部门而产生的负面影响，增强林业提供公共物品的积极贡献。

二、主题二：缩短各国之间研究和创新的差距——创新支持服务和知识交换系统的关键角色(建立创新驱动网络)

(1)目前主要挑战。农业知识和创新系统(agricultural knowledge and innovation systems)在各国、区域和部门之间存在差异，并不完全满足同时实现生产率和可持续性双目标。尽管很多科学研究项目持续创新知识，但研究成果没有在实践中得到充分利用和吸收，并且没有从实践中获取和传播科技创新的想法。农业知识和创新系统的农业研究常设委员会合作工作组(Collaborative Working Group of the Standing Committee of Agricultural Research)提出，要认识到科学驱动研究和创新驱动研究之间的差异，并对两者采取不同的激励方法。欧洲创新伙伴关系(European Innovation Partnership)应着力推动农户和供应链上其他角色之间的研究和推广服务，因其对创新驱动的研究至关重要。因此，应按照优化资源利用和增强创新驱动转变的思路，建立能激发互动和

知识交流的机制和网络。基于信息建立可获的科学知识和实践指南，是构建欧洲创新伙伴关系运作小组的重要条件。

（2）科技创新领域。预期建立两种形式的合作网：①建立创新支持服务网络，它的活动包括设计围绕新的创新经纪（innovation brokering）和咨询活动模式；②整合创新网，着力推进创新实践，如着力推广传播欧洲创新伙伴关系的农业生产率和可持续性项目，将科技实践更多地传授给农民。

（3）预期科技效果。①改进学术界和实践者之间的信息交流质量，将林业生产实践和创新推广；②增强欧洲国家间创新模式交流，资助创新驱动的研究，更有效地支持创新支撑服务；③改善农户创新技能等。

三、主题三：改进森林数据和管理模式支持可持续林业

（1）目前主要挑战。过去几十年重要的社会变化以及新政策的出台，如生物多样性、生物能源和气候变化，要求我们须增强欧洲多用途林业的可持续性。森林生命周期很长，不断变化的环境对其有敏感影响。为维持森林经济、社会和环境功能，有必要改进森林数据、监测系统和管理模式。目前的挑战是，欧盟国家和次国家层面的森林清查、制图、监测和规划是按照地方或区域层面进行的，使全面评估森林管理和政策较为困难。除协调各国森林数据库的差异，以及具体的适应性森林管理之间的差异（如育种、采伐和森林管理）之外，还需要缩短各国森林数据参数方面的差距，提供森林数据估计和改进森林数据系统的方法学并开发“有利于提高木材生产，同时满足增长的社会需求和生物经济目标”的标准化技术和管理模式。

（2）科技创新领域。主要解决两大问题：①2014 年改进森林数据。需通过国家森林清查和可持续森林管理监测，改进和协调各种向共享环境信息系统（如欧洲森林数据中心）汇集的森林数据。森林数据工作要基于成员国关于森林清查、监测系统和管理规划，也要利用以前的项目经验和欧洲科技领域研究合作组织[①]（COST）相关行动，如改进木材资源供给潜力的数据和信息（FP1001 USEWOOD）、预测的气候变化和欧洲森林经营的选项（FP0703 ECHOES）、森林管理决策支持系统（FP0804 FORSYS）、生物炼制分析技术（FP0901）、协调欧洲各国国家森林清查——关于共同报告的技术措施（E43），还要充分创新利用实地采集数据（field-collected data）和地球观测和卫星定位系统（如哥白尼、伽利略）。优先考虑支持多功能森林管理的技术参数，如以

---

① 欧洲科技领域研究合作组织是根据 1971 年欧洲有关国家关于建立政府间研究合作框架的部长级会议所做的决定而建立的，是欧洲科技研究领域跨国性质的、历史最悠久、规模最庞大的网络框架组织。目前，其关于森林的专项研究行动大约有 25 项，包括从 FP0702 行动到 FP1202 行动在内的具体科研计划。

前并没有系统采集分析的参数——干扰。具体的方法和产品应方便终端用户使用，如森林管理和规划实体。项目获得的数据必须符合欧盟空间信息基础设施(INSPIRE)标准。②2015年改进森林管理模式。着眼于森林管理模式和与林分相关的技术的改进，包括但不限于物种构成(包括气候适应性遗传学或育种，以及辅助迁移)、林龄分布、采伐周期、可持续产量、养畜模式和自然干扰的风险管理。森林管理模式应该依靠连贯一致的森林数据，并提供高质量木材和更高的可持续产量，还要提供可持续非木质林产品，增强应对气候变化能力，并按照不断变化的社会需求、市场条件和地区差异持续提供一揽子生态系统服务。新开发的程序、方法和技术应方便终端用户利用，也要被政策制定者认为是可接受的。

(3)预期科技效果。①增强信息方法学框架(methodological framework)，让更为精确和协调的各国森林清查数据录入欧洲信息系统；②欧洲森林政策以及欧洲国际森林政策如气候变化，依赖于一直连贯的森林数据，并将对全球地球观测系统(GEOSS)和相关全球森林观测倡议(GFOI)的进一步发展作出贡献；③森林管理模式既满足木材和能源供应，也支持生物经济发展；④在不断变化的环境下(包括气候变化)林分的应变力增强，同时保持可持续提供非木质林产品和重要生态系统服务的能力，如碳汇、生物多样性、水调节、土壤和养分调控以及娱乐、休闲。

主题四：研究本土和外来病虫害的实用解决方案

(1)目前主要挑战。外来病害虫对本土物种产生危害，影响食物链，改变生物多样性模式并破坏陆地生态系统和景观，进一步影响到经济和旅游。气候变化预计有利于某些害虫长期扎根，改变了害虫目前的分布模式。欧盟2000年29号指令(Directive 2000/29/EC)是阻止害虫进入和传播的法规，欧盟2009年128号指令(Directive 2009/128/EC)对控制害虫采取了环境友好的办法。由于控制外来病虫害高昂的成本，亟须开发综合性机制，包括其入侵管理和综合性害虫管理办法(integrated pest management)。

(2)科技创新领域。充分利用借鉴生物学和综合性方法的最新植物健康措施和技术，制定害虫(包括野草)和入侵有害物种的前沿方案。虽然创新的重点是技术和研发，但是不能忽视防治措施的技术和经济可行性，也不能忽视示范活动带动产业发展的相关性。要促进产业(如中小企业)将研究发现转化为市场化产品或服务。并向终端用户积极传播防治方法。

(3)预期科技效果。①害虫和外来有害入侵物种预防和管理的有效实施方案；②欧盟相关政策的科技支撑；③提高产品质量和降低对环境的影响(如降低化学品水平，减少新害虫)；④为设计不断变化环境条件下林业高生产力和应变力相关战略，设计科学工具。

主题五：确保粮食安全、森林生产力和应变力的遗传资源研究

（1）目前主要挑战。物种内和物种间的遗传多样性被认为是确保森林植物应对气候变化威胁、提供粮食安全的重要条件。因此，拓宽森林树木遗传多样性至关重要。这就需要增强遗传资源的保护、获取和利用。本地的森林植物被认为是遗传变异的重要来源，它们具有很多特长，如耐久性（robustness）、适应性以及健康特征。它们也为消费者喜好的原产地产品提供了基础。尽管有这些优势，但这些本地植物的使用已经减少，部分原因是它们较现代高产和更均一的品种和种类来说，其生产率较低。

（2）科技创新领域。加强遗传资源的管理和可持续利用。实施综合行动改进异地和就地（ex-situ and in-situ）基因采集的现状和利用。更具体地说，应支持采集、保存、鉴定、评估，特别是在林业活动中使用特定的遗传资源。特别要采取行动，一是传播，二是增强保护遗传资源意识。在采取这些行动的时候，应与有关正在进行的举措密切配合，如协调、理顺和完善现有馆藏和数据库管理。

（3）预期科技效果。①增强适应气候变化的驯化农林树种的采用；②增强遗传资源管理、保护、鉴定和评估的方法学；③增强基因资源转化为育种计划或林业实践，如采集中识别有用特征；④增强终端用户遗传资源保护意识以及参与国际事务积极性；⑤推动遗传资源在林业更广泛的利用；⑥支持育种创新保障粮食安全。

主题六：打造创新和负责任的生物经济和关键技术——生物技术

（1）目前主要挑战。“生物经济”是指一种经济模式，它充分利用地球上的生物质资源以及废弃物，作为食品、饲料以及工业和能源生产的原料。2012 年 2 月，欧盟委员会发布一份名为《“创新可持续发展：欧洲生物经济”战略》（*Strategy for “Innovating for Sustainable Growth：A Bioeconomy for Europe”*）的文件，指出为了应对人口持续增长、多种资源快速耗竭、不断增加的环境压力和气候变化问题，欧盟需要根本性扭转生物资源的生产、消费、加工、回收和配置模式。目前，欧盟生物经济年产值接近两万亿欧元，包括农业、林业、渔业、食品、纸浆和纸张生产，以及部分化学、生物技术和能源产业等部门，其中，林业和木材产业每年产值为 2690 亿欧元，雇佣 300 万人，分别占欧洲生物产业年度产值的 12.95% 和欧洲生物经济产业工人总数的 13.63%；纸和纸浆产业每年产值为 3750 亿欧元，雇佣 180 万人，分别占欧洲生物产业年度产值的 18.05% 和欧洲生物经济产业工人总数的 8.18%。生

物经济横跨许多部门，一方面要确保负责任和参与式的治理，另一方面要加强协同研究努力。

(2)科技创新领域。加强研究、创新和技能投资，概要列举可持续林业活动主要的研究和创新的概念和优先领域。加强自然资源(如功能性生物多样性)管理和利用，如推动土壤保护主题战略(thematic strategy)研究。增强植物资源效率(plant resource efficiency)，如指导森林所有者采用更好地适应气候胁迫压力的植物。加强植物保护，如推进杀虫剂可持续利用主题战略(EU Thematic Strategy on the Sustainable Use of Pesticides)。加强林业生产和服务研究，欧洲林业提供欧洲能源总消费的12%(2010年)，还提供木材，此外还有重要的环境功能，为此，需要在多方面加强研究和技术开发，需要多样化和技术创新，确保欧洲森林部门保持活力和竞争力。要加强国家联络点(national contact points)建设，突破生物技术等关键技术(key enabling technology)。

(3)预期科技效果。①增强公众对生物经济及其效果的理解；②增多市场化产品的数量。

此外，报告还提出了加强欧洲研究领域网络(ERA-NETs)、加强基于生物产品的绿色采购以及加强政府间机构科研协作等科技政策建议。

(摘译自：Horizon 2020 Work Procramme 2014 – 2015；Horizon 2020：Experts wanted for Societal Challenge 2 “Food security, sustainable agriculture and forestry, marine and maritime and inland water research and the bioeconomy”；http：//ec. europa. eu/research/bioeconomy/agriculture/research/plants/index_ en. htm)

欧盟改革共同农业政策加强林业支持四大农村发展领域

欧委会网站2013年12月20日消息，欧盟共同农业政策将有新的改革动作，包括农村发展、基金控制、直接支付与市场措施等内容的4个新共同农业政策基础法规发布。与以往相比，这些法规明显地简化。未来七年(2014～2020年)，共同农业政策将获得4083亿欧元预算，约占欧盟同期总预算的38%。其中，直接收入支持及市场措施等约为3127亿欧元，农村发展等第二支柱约为956亿欧元。2014～2020年期间，有机农场及小规模农场将获得比以往更多的支持，各成员及地区间的差距也相应得到缩小，以实现更加绿色与更加公平的目标。

同一天，欧委会发布的解释文件《共同农业政策改革(2014～2020)概览》(*Overview of CAP Reform* 2014～2020)分析了共同农业政策支持林业的重点以及政策改革的方向等内容。

共同农业政策未来将着重支持六大农村发展领域，通过增强林业支持其中的四大农村发展领域：一是支持林业技术转移和创新；二是支持森林可持续管理；三是恢复、保护和增强森林生态系统；四是促进林业资源效率转向低碳和适应气候变化的经济模式。

共同农业政策未来7年改革方向是减少生产挂钩补贴，减少生态破坏，建立更加瞄准性和公平的(targeted and equitable)直接支付，着力推进绿色有机农业和家庭农场，为此，林业要加强包括但不限于以下工作：农场生物多样性(farm biodiversity)，特别是缓冲带建设(strip buffers)；农地造林(afforestation of agricultural land)；灾后森林重建(restoration of forests damaged by fire)；创新林业加工技术(forestry technologies and processing)；对自然2000保护区直接支付；林业气候和环境友好型服务和投资(climate and environment-related)。

(摘译自：Overview of CAP Reform 2014～2020)

英国林委会发布林业科学和创新战略

2014年3月14日，英格兰林业委员会发布题为《大不列颠林业科学和创新战略》(*Science and Innovation Strategy for Forestry in Great Britain*)的报告。报告指出，林业是英国农村非常重要的部门，它提供了具有全球竞争力的木材和木材加工业，保护了提供生物多样性的生态系统，并为人们提供游憩和工作的场所。报告认为，林业经营管理需从长计议，但是为应对病虫害威胁以及气候变化，决策者和经营者必须采取创新的政策工具。这份科技战略为英国林业应对不断变化的环境条件，提供可靠和高质量的科学支撑，确保林业在保持弹性的同时，提供经济、环境和社会效益。经过一年多的深入研究以及公众咨询阶段，这份战略报告提炼出四个方面的科学和创新战略领域，即保护健康和富有弹性的森林生态系统、加强林地管理纳入可持续土地利用、确保林业为可持续经济增长提供产品和服务支撑、纳入利益相关者制定有效政策。现将这份报告的背景及其主要内容整理如下。

一、发布林业科学和创新战略的背景

报告指出，发布林业科学和创新战略有两个背景：①要采取综合管理方法。林委会指出，英国林业迫切需要采取综合方法(joined-up approach)，在不同尺度上将森林可持续经营措施与城市和农村其他土地利用活动结合起来。这份战略有助于推动实现政府在林业和其他环境战略的许多优先领域，有助于解决许多跨界的挑战性问题：生物多样性、植物健康和气候变化。也能促进实施欧盟层面的许多重大制度安排：欧盟自然与环境指令、地平线 2020 和欧盟植物健康制度(EU plant health regime)。它还能充实完成欧洲森林技术平台下的英国国家研究议程提出的重要事项。它支持在长期正式项目下开展自主创新和创业式的研究。②应对不断变化环境下的不确定性。这份战略采取的基于结果方法(outcome-based approach)，通过跨学科思维(interdisciplinary thinking)和解决方案，将不确定性纳入复杂环境来考虑，即充分考虑金融危机、气候变化下的极端天气事件，为长期育林营林提供科学决策。不断升高的能源成本以及迈向低碳社会，正在影响森林覆盖、土地利用和景观。这是在传统经营概念上的新变化，新变化需要决策者在森林各种用途权衡的尺度和价值观上，有更深入的理解，确保政策不产生负面效果。这些威胁和挑战，需要在树种选择、林地管理和恢复、土地利用、病虫害流行病学和控制等方面，提供新的科学知识。

二、新战略提出的科技创新领域

(1)*保护健康和富有弹性的森林生态系统*。不论是私有林还是公有林的经营者，都在森林生长期内，面临社会和环境变化的影响，关键要在越来越频繁的极端天气事件和严重的森林病虫害条件下，确保森林恢复能力，使生态系统保持可持续发展。为此，主要领域聚焦四方面：①在生态系统水平了解入侵害虫的影响，通过以下方法找到经济、有效的方法进行预测，快速检测和鉴别，提高反应水平，加强生物安全控制(biosecurity control)：加强水平扫描(horizon scanning)，提前预知病虫害威胁；根据国家森林清查(national forest inventory)掌握森林类型和物种的性质、状况和分布，包括其营林、生态、生长和产量的情况，分析未来的机遇和威胁；加强森林管理确保森林远离威胁，通过森林经营实践和林木育种方法，确定未来抗病害(future proofed)树种，掌握它们的育林技术、生长周期和木材质量。②评估林地在景观和生态系统两个尺度的生态服务价值时，需更多地考虑生态系统提供的“一揽子”服务，如消洪和减缓气候变化，以及树木景观效果。③评估林地适应气候变化和增强弹性的科技方法时，应聚焦有效应对气候变化的林分组成(种类、起源、多样性和生态群落稳定性)和经营系统(营林和更新系统)。④保持或提高林地的生物多样性，尽可能阻止物种减少，同时重视长期干预的可持续性。考虑新的本土树种及物种的价值，确保林分组成和森林经营管理，帮助原生森林生态系统在现在和未来都具有更强的弹性。

(2)加强林地管理，提高林地面积，促进土地可持续利用。在欧洲，其他国家森林覆盖率为37%，英国是13%。英国大部分的林地按照林业标准(UK forestry standard)进行管理。这份战略将为经营者保护和改进林地管理提供科学支撑，也为通过增加林地获得更多的效益提供科学依据。本部分加强研究的主要领域有七点：①找到方法如营林、更新技术、土地所有者行为，将英国森林纳入相关已认证森林经营计划。②加强对森林管理影响的认识，如森林文化、社区林地所有权的归属和治理，以及人类与野生动物共存。③从林地的地点、尺度、物理效应定量评价生态系统的服务功能(如改善水质、保持水土、涵养水源)，并对现有林地类型与其他土地利用类型进行比较。④开发跨学科工具，帮助林业经营者建设"能实现最佳的'一揽子'生态系统服务的"新林地。⑤为解决森林破碎化和土地利用连通性问题提供建议。⑥农村和环境部门开展综合性和跨学科的社会研究，分析土地所有者和经营者在长期的经营活动中改变土地利用方式的驱动因素。⑦从人口统计的角度研究林业劳动力，确保有足够的人员支撑不断扩大的木材生产和林业产业。

(3)确保林业为可持续经济增长提供产品和服务支撑。林业应支持繁荣且可持续的农村经济，促进实现低碳经济。为实现林业可持续发展并推动经济增长，科技创新需在4个方面发挥作用：①支持优化木材生长、恢复和利用的相关研究。建立永久性样地网络(network of permanent sample plots)，采用可产生多种环境和经济效益的森林经营方法，调查树木更新和培育新树种的潜力。②找到提高木材价值链的方法。尤其是聚焦树木遗传育种技术，改良木材产品属性。③建设森林生态系统服务市场，支持经济增长，并防止生态系统退化。聚焦于了解农村和城市生态系统服务价值(文化、社会、环境和经济)，并设计评估和付费机制，以及自然资本核算系统。④用发展的各学科交叉工具和模型，在森林、生态系统和土地管理的可持续利用上辅助决策。通过国家森林清查数据，预测并评估碳和木材，为低碳经济发展作贡献，可以对不同的经营管理选择包括新能源政策的发展远景规划。

(4)纳入利益相关者制定有效政策。采取的主要措施如：鼓励改革，通过林业研究者与其他领域(如经济、动物、基因等方面)的专家一起交流知识和技能。

(编译自：Science and Innovation Strategy for Forestry in Great Britain)

英国国家森林公司发布
国家森林经济效益和经济潜力报告

英国国家森林公司(The National Forest Company)是英国环境、食品和农村事务部下属的执行性非部委公共机构(Executive NDPB),负责管理国家森林,它依据法律设立,履行行政、监管、商业等方面的职能,且拥有独立的人事与预算,并接受外部审计。其雇员一般都不是公务员,其管理层一般由主管部委部长任命或女王提名任命。

英国国家森林1990年正式形成,包含英格兰东部和中部地区约200平方英里(518平方公里)的面积。国家森林不仅吸引大量游客,还可促进经济结构向生产和服务为导向的多元化发展。近期,国家森林公司发布《国家森林:经济影响和未来经济潜力》(*The National Forest-Economic Impact and Future Economic Potential*)报告,报告从以下五方面分析了国家森林的经济效益和经济潜力:

1. 新兴的国家旅游胜地

目前,国家森林是英格兰新兴的旅游胜地。尽管经济环境总体低迷,但游客数量持续增长。2003~2012年,游客数量增长16%,新增4460个全职工作岗位。游客数量、旅游停留时间和工作岗位还有增长空间,2012年每个游客带来的旅游收入约为1460英镑,到2024年有望增长到2470英镑。保守估计,到2024年游客数量会超过1000万游客人日数(除人数外尚需考虑游客在目的地平均停留天数,两者相乘之积),带来的收入超过6亿英镑(2012年的2倍),到2025年将新增2800个全职岗位。

2. 人口增长水平超过区域发展水平

1991年国家森林及周边地区的人口数约为19.6万,过去的20年增长了11.7%,并没有减缓的迹象,到2030年,人口有望超过25万。人口的增长促进了房屋的建设,2004~2011年,超过2650个家庭在这里建房,超出政府预期。

3. 持续上升的经济地位

近几年,国家森林的商业地位提高,吸引着国内重大投资,如圣乔治公园(St George's Park)获得英国足球协会1.05亿英镑的投资,建设为国家足球中心。全球许多跨国公司都在这里设置了分部或分销机构。从2001起,超过30个重大的国内投资决定将10多亿英镑投向国家森林,同时,国家森林也支持中小企业发展，以促进当地经济多元化。预计到2030年，国家森林地区的总增加值(GVA)将从2011年的33亿英镑增加到56亿英镑。

4. 房地产市场的快速发展

随着投资增长，促进了房地产市场的发展，从2000年开始，国家森林地区的住房、工业地、办公地的售价分别提高了40%、30%和25%。就住宅价格而言，20世纪90年代国家森林地区的房价低于该区域的平均价格，中等住宅的价格在过去15年间翻了3倍，现在已经高于该区域的平均价格。为了适应人口的增长，还需新建1.86万套住宅。国家森林四个最大的居住点预计到2030年将提供9000套住宅。

5. 低碳经济和林地经济的典范

国家森林是农村经济可持续发展典范，对就业、旅游、农村企业、总增加值、能源安全、低碳经济发展有重大作用。同时木质燃料也成为新增长点，估计到2030年能补给2.69万个家庭的电力供应。国家森林基础设施的发展能有效利用林地资源，提供低碳设施和森林产品。商业发展会改善客户服务及旅游设施建设，这些具有地域性和代表性产品会活跃市场，使旅游更加兴旺。

报告还分析了国家森林的生态效益。自1995年国家森林区种植了800万棵树，通过新造6780公顷针叶林和阔叶林，森林覆盖率从6%提高到19.5%。并建立了2500公顷的重要栖息地。

(摘译自：The National Forest-Economic Impact and Future Economic Potential)

英国林委会发布2013年英国林业统计数据

2014年5月15日至6月初，英国林业委员会陆续发布英国2013年林业统计数据，主要包括林地面积、木材进出口和森林碳储量三个方面：

(1)林地和种植面积统计公告。依照英国统计当局的批准，英国林业委员会发布了最新的林地面积统计数据。主要成果：①截至2014年3月31日森林总面积314万公顷，占英国陆地总面积的13%，森林面积分别占英格兰、威尔士、苏格兰和北爱尔兰土地总面积的10%、15%、18%和8%。②英国森林中有87万公顷属于林业委员会(英格兰和苏格兰)、威尔士自然署和北爱尔兰农业厅管理。②截至2014年3月31日，英国所有独立认证的林地面积是 138 万公顷，包括林业委员会、威尔士自然署和北爱尔兰农业厅所有的林地。英国所有林地中有 44% 林地是独立认证的。④英国 2013 ~ 2014 年新造林 1.3 万公顷，大部分是阔叶树。英国 2013 ~ 2014 年更新林地 1.4 万公顷，大部分为针叶树。

（2）2013 年英国木材产量和进出口数据。最新发布的 2013 年要点包括：①原木生产量。软材 1107.44 万吨，比 2012 年上涨 8%；硬材 50.8 万吨，比 2012 年下降 1%。②用于加工或其他用途的原木数量。原木（硬材和软材）总量为 1117.6 万吨，比 2012 年上涨 6%。③木制品生产量。锯材 360 万立方米，比 2012 年长涨 5%；人造板 300 万立方米，比 2012 年长涨 1%；纸和纸板 467.36 万吨；木质颗粒 30.48 万吨。④进口。锯材 550 万立方米，比 2012 年上涨 6%；人造板 30 万立方米，比 2012 年上涨 12%；木质颗粒 500 万立方米，比 2012 年上涨 128%；纸和纸浆：731.52 万吨，比 2012 年下降 1%。木制品进口总值 67 亿英镑（比 2012 年上涨 5%），其中纸和纸浆 42 亿英镑（比 2012 年下降 2%）。⑤出口。木制品出口总值 17 亿英镑（比 2012 年下降 5%），其中纸和纸浆 15 亿英镑（比 2012 年下降 4%）。

（3）英国林地林木碳储量。全国森林资源调查（the national forest inventory）提供了英国林地和森林的分布、面积数据和森林重要属性的信息。调查报告中林业委员会和私营森林管理部门通过各类主要树种估算了英国林地（包括英格兰、苏格兰和威尔士）活立木（living trees）的碳储量。①英国所有森林和林地的碳储量约为 2.13 亿吨（7.8 亿吨二氧化碳当量），其中英格兰 1.05 亿吨，苏格兰 8500 万吨，威尔士 2200 万吨；②林业委员会的碳储量为 4800 万吨；私营部门的碳储量为 1.65 亿吨；③所有针叶树碳储量为 1.09 亿吨；所有阔叶树碳储量为 1.04 亿吨。

（摘译自：Woodland Area，Planting and Restocking，UK Wood Production and Trade 2013 Provisional Figures，Biomass in Live Woodland Trees in Britain）

澳大利亚农林部：2013 澳大利亚森林现状报告

2014 年 3 月 21 日，澳大利亚农林部发布《2013 澳大利亚森林现状报告》（*Australia's State of the Forests Report* 2013），这份报告自 1998 年开始每 5 年发布 1 期，至今共发布 4 期。根据这份报告的摘要，报告主要框架为 18 个方面，包括森林面积变化、森林保护区、土壤和水管理、森林和森林管理的碳汇功能、林业产业资源基础、木质和非木质林产品、林业就业等内容。现将这份报告的部分信息编译如下。

澳大利亚的森林主要是桉树林和金合欢林，其中绝大多数是用材林(woodland forests)。森林面积为1.25亿公顷，占国土面积的16%(2011)，占世界森林面积的3%，位列全球第七。澳大利亚森林包括1.23亿公顷的原生林(占其森林面积的98%)，202万公顷的人工林和15万公顷的其他森林。澳大利亚的原生林主要是桉树林(9200万公顷，占75%)和刺槐林(980万公顷，占8%)。热带雨林的面积为360万公顷(占3%)。原生林的2/3(8170万公顷，占66.7%)是树冠覆盖为20%～50%的用材林。约8190万公顷(66.8%)的森林是私有林地或租赁林地(leasehold)，包括由土著拥有的森林。2008年版本的森林现状报告表明，当时的森林面积是1.49亿公顷，2013年的报告指出，现在报告的森林面积1.25亿公顷较2008年报告的减少，并不意味着森林真的在减少，而是在于采用了质量更高的数据。

2005～2010年间，澳大利亚森林面积净损失140万公顷，主要原因是城市化和农业的土地利用变化，加之短期因素如干旱和火灾。2010年～2011年共采伐了2660万立方米的原木，较2006～2007年的2720万立方米有所下降。原生硬木林采伐减少，但是软木和人工硬木林采伐增加。2010～2011年，采伐的原木价值18.5亿澳元，木材及木制品行业贡献了83亿澳元的产值，占澳大利亚国内生产总值的0.59%，木材及木制品行业的营业额为240亿澳元。

森林是全球碳循环的重要组成部分，它们存储大量的碳，在生长过程中吸收碳，又在火灾和衰变过程中释放碳。森林碳储量随时间而按照森林生长、干扰和再生而发生变化，并且也受森林管理活动的影响。2005～2010年，澳大利亚森林碳储量略有增加(从128.31亿吨碳增加到128.41亿吨碳)，主要是由于森林从前五年的火灾中逐步恢复。2010年，人工林碳储量约为1.71亿吨。

澳大利亚的森林作业实施规则和其他工具坚持保护土壤、防止或减轻水土流失保护水供给和水质，约2980万公顷的公有林(占森林总面积的24%)以保护目的进行管理，主要是保护包括土壤和水的价值，比前一个报告期同比增长2%。很多国家层面的项目鼓励基于保护目的重新营造、恢复和维护原生植被。报告期内，原生林发生的火灾导致了水质的短期下降。

报告期内，澳大利亚许多森林均受到干旱和林火的影响，目前正在从这些事件中恢复。从发生数量和面积看，林火主要发生在澳大利亚北部。2009年黑色星期六在维多利亚发生的森林大火，产生非常严重的影响。桃金娘锈病(Myrtle rust)疫情侵入了澳大利亚，有破坏原生林和人工林的潜力。

近年来，澳大利亚林业就业人数呈下降趋势。2011 年，林业就业人数 7.3 万人，与 2006 年比，减少了 1.2 万人。在塔斯马尼亚州，林业就业人数甚至减少了一半。此外，林业院校在校和毕业的学生人数也在逐年减少，林业技术工人也呈短缺态势。在澳大利亚，公众普遍认可木材是一种环境友好型材料这种观念，采伐迹地需要及时更新这种观念也已经深入人心。近年来，公众对森林碳汇的认识也逐渐深入。澳大利亚已经建立起比较完备的支持森林可持续经营的法律体系。目前，2600 万公顷（21%）森林有可持续经营方案，1500 万公顷（约占国家保护森林面积的 56%）纳入国家保护范围的森林有自己的经营方案，1070 万公顷的森林通过森林认证。

（摘译自：Australia's State of the Forests Report 2013 Executive Summary）

第三篇

气候变化与碳排放权交易

第一节 林业应对气候变化

美国环境质量委员会：加强美国自然资源应对气候变化能力的优先行动领域

2014 年 10 月 8 日，美国总统咨询机构环境质量委员会发布题为《增强美国自然资源应对气候变化回弹力：优先议程》的报告，分析美国自然资源部门应对气候变化提高自然资源回弹力，面临的挑战、取得的进展和未来的优先行动。这份报告分为五章，主要内容如下：

第一章：加强美国自然资源应对气候变化能力的背景

1. 丰富的自然资源提供了可观的效益

从墨西哥湾沿岸的海湾到东海岸海滩，从西部山艾树草原到西北太平洋的热带雨林，从切萨皮克湾到普吉特海湾以及海岸丰富的生态系统，美国的自然资源已经孕育了美国独特的历史、传统和生活方式。当生态系统健康的时候，可以提供有价值的商品和服务，提供食物、工作、建筑材料、机器、干净水、户外娱乐、野生动物栖息地，同时保护社会免受极端事件的影响，如洪水、风暴潮、干旱、热浪以及野火。

这些功能产生了巨大的价值，如美国的森林、农场、牧场提供饮用水供应面的 87%，户外娱乐的经济价值巨大，预计消费达 6460 亿美元。2011 年在美国，单独花费在与野生动物相关事务的费用就高达1450亿。2012年，农业、森林及一些相关工业对美国国内生产总值的贡献达7758亿美元，提供1650万的全职、兼职工作，占美国就业人数的9.2%。

在沿海和海洋地区，商业和休闲的国内捕捞活动提供接近170万的就业岗位，1990亿的销售额，690亿的年收入。此外，海岸栖息地会减少暴风影响，保持水质，为旅游和娱乐提供帮助，提高沿海滩涂社区和企业的应变能力。

2. 处于危险中的自然资源

气候变化已经影响了生态系统的功能和结构，改变了植物和动物的分布和数量，在很多情况下限制了土地和水向社会提供服务的能力。2014年国家气候评价中描述，干旱造成许多溪流的低流量，更广泛和更密集的野火，以及东西部很多湖泊的干旱。加勒比海的珊瑚覆盖对于钓鱼和旅游都非常重要，可是在30年间下降了80%。北极永久冻土的下降和海冰的逐渐消失已经导致快速的海岸腐蚀，使海岸设施和传统谋生手段受到扰乱。很多商业和娱乐捕鱼资源表现的分布变化与海洋温度变化有关。初步统计，8100万亩的国家森林由于升温和/或降水变化导致的害虫、病原体、干旱压力而受到威胁。湿地和沙丘缓冲区的群落在下降的同时，上升的海平面威胁了海岸群落、生态系统和港口。并且气候变化的影响被很多因素放大，如污染和土地利用变化。在大气中碳污染使这些影响继续增加，上升的温度和酸化的海洋，对自然和人类系统造成严重影响。然而，支撑我们经济和提供广泛服务的生态系统也可以有效降低大气中的碳排放水平。自然系统像森林、湿地、草地、海藻利用空气中的碳生长，因此，将空气中有害物质转换成固态碳存在于土壤、树叶、海藻和草地中。从本质上讲，这些生态系统完成双重职责，即提供给我们必要的服务和减少碳污染。由于这些原因，需要缓解气候变化对生态系统的影响。强调气候变化对自然资源和依赖于此的社区的影响，应创新国家承诺，不仅仅要限制空气中的碳污染，而且也要使国家自然资源管理议程现代化。

这个现代化的议程反映了适应这些变化和加强自然资源应对能力的要求，同时促进生态系统减少空气碳水平。我们需要在每个尺度上努力，从私人土地到部落土地、从地方政府到联邦政府。应该强调的是，整个国家感受到前瞻性的思维和包容性的管理方法。

3. 灵活应对气候变化的回弹力战略

增加弹性，即预测、准备和适应不断变化的条件的能力，以及承受、应对、迅速的恢复破碎，是一项复杂的工作。很多城市、州、部落和土地所有者都已经开始迎接面对气候变化的应对能力这个挑战。联邦机构已经在数据、信息、工具、策略、激励机制和专业知识方面支持了这些努力。

经历几年积累，联邦机构已经拥有先进的、全面的战略，以解决重要的自然资源恢复的问题。

国家海洋政策在2010年鼓励以协调的、包容的方式来满足许多社区和参与人依赖海洋的需求。2013年国家海洋政策发布的实施计划，联邦机构正在采取具体行动，以解决关键的海洋挑战。

联邦机构协同州、部落、地方代表在2013年发布了国家鱼类、野生动物、植物气候适应方案，描述了目标和方法去适应影响。在2013年末，为促进、追踪、发布实施该战略，成立了一个联合实施工作组。2014年9月，一个初期实施报告公开发布。

2011年发布了在气候变化中管理淡水资源的优先权方案，描述了随着气候变化，联邦机构帮助管理淡水资源以保证足够的水供给以及水质量、公共健康。实现了在气候变化中，水资源管理带来的挑战，政府还成立了国家抗旱合作(NDRP)，由7个联邦机构在2013年组成，帮助社区更好地应对干旱，减少干旱事件对家庭和商业的影响。

这些对于协调和落实美国自然资源对于加强应对气候变化的优先议程非常重要。除此之外，对于这些跨机构战略，每个联邦机构已经形成了应对气候变化方案，在国家气候评估之后每4年更新一次。气候适应方案应该协同三个跨机构战略和这个优先议程实施。

成功的回弹力战略依赖于可用的科学信息。通过美国全球变化研究方案(USGCRP)，13个联邦机构协作帮助美国更好地理解全球变化及其影响。USGCRP推动了对于气候系统整合自然和人类组成部分的科学知识，将知识转化为信息并且可以及时决策，持续评估，比如四年一度国家气候评估，以及加强交流和教育区拓展对全球变化的理解。第三次国家气候评估重点强调了气候变化在美国生物多样性和生态系统服务上的影响。

2013年11月，奥巴马总统签署行政命令为美国的气候变化影响做准备。这条命令建立了正在气候应对和适应方面实施工作的州、地方、部落领导小组以及联邦机构间委员会，这些小组由很多工作组组成，有气候资料和工具工作组，基础设施应对气候变化工作组，机构适应工作组。为应对气候，执行命令的第三部分是管理土地和水资源，旨在要求联邦机构："完成清查，提出并完成与土地和水资源相关必要的政策、项目、规章的评估使国家水域、自然资源、生态系统以及依赖于此的社区在应对气候变化面前更有回弹力。此外，认识到国民自然基础设施提供的好处，机构应该关注项目和政策调整方面以便促进更大的气候回弹力和碳汇能力。

这些机构努力指定优先议程：提高美国自然资源的气候回弹力。优先议程包含四个领域(即以下第二章至第五章)。

第二章：涵养具有气候回弹力的土地和具有水资源保护功能的景观，开展科学研究、规划与实践，提高自然资源对气候变化的回弹力

1. 面临的挑战

美国有丰富的生态资源，2014 年国家气候评估指出，与气候相关的生态系统功能和结构已经限制了为社区居民和经济提供水和土地的能力。为了保证水和土地的健康，我们必须采取措施构建应对措施。为了实现有效应对气候变化，自然资源管理者应该联合各级组织和部门研判如何构建应对战略、在什么地方需要保护以及需要在决策方面考虑什么。

2. 取得的进展

提高景观尺度上的手段：通过现有提议如美国大户外运动，联邦机构已经偕同各级政府加速了自然保护和管理进程，合作者能更有效地协作以达成目标。

针对农场、牧场、森林中的保护措施：2014 年的农场条款里，总统已经在保护方面投资高达 10 亿美元用来维持美国农场、牧场、森林的高产和调节能力。

实施景观尺度方法以减轻个人在应对气候恢复方面的投资：该方法会在栖息地保护和重建方面提高私人投资的有效性，以及使公共投资在居民赖以生存的景观恢复方面得以提高。

开发工具以追踪和评估气候在景观和栖息地方面的影响：政府的工具已经可以应用到小尺度决策方面。开发这些不同类型的工具是优先考虑的关键行动。

3. 未来的展望

尽管我们已经描述了这些成就，但在景观尺度的管理还不完善，决策者不是每次都有决策信息和政策工具应对气候变化。以下行动将会建立在现有努力和重要能力以及主要努力方向上：

(1) 涉及生态系统恢复的索引：在 2015 年，联邦政府已经涉及了决策支持工具的框架，这个工具可以提供恢复数据的基准线、衡量恢复的进程以及其他可以提高恢复的手段。

(2) 为小气候自然资源管理开发和提供决策辅助工具：联邦机构应该开发和提供机构和土地所有者的支持工具以恢复自然资源。

(3) 确定优先保护景观：第一个目标是构建及维持土地、海岸、海洋保护生态网。

(4) 防止入侵物种的引进和扩散。

(5) 在未来行动中评价和学习现在对于恢复的努力：DOI 等上述机构在 6

个月内发布的议程将会对气候恢复价值做出评估。

第三章：管理和加强美国的碳库

1. 面临的挑战

美国的森林、草原、湿地和沿海地区，每年能够抵消超过全美 14% 的温室气体排放，在减缓碳污染的过程中发挥着关键作用。然而有 3400 万英亩的私有林地受到城市面积扩张的影响，正处于风险之中；有 8200 万英亩的国家森林受到气候变化的影响而十分脆弱；沿海湿地（蓝碳）是碳储存的重要贡献者，每年有大约 8 万英亩的沿海湿地因受到沿海风暴及海平面变化的影响而减少。目前的火灾季节是 60～80 天，而在过去的三年里，森林火灾的次数几乎增加了一倍。

这些趋势都表明，这些地区继续增汇的能力正受到威胁。风险主要是由于开发活动和土地利用变化，也受制于气候变化干扰的频率和严重程度在不断增加，如灾难性的大火、昆虫和疾病的爆发、干旱、严重的风暴、洪水和海平面上升。

2. 取得的进展

（1）测量温室气体排放和储存的方法并开发用户友好型的工具：农业部已经开发出了一些用户友好型的工具，如 COMET-Farm 和 I-Tree 来评估森林和农业活动对温室气体的影响。USACE 正在展开对固碳干扰的研究。USGS LandCarbon 的评估推进了对碳处理过程的理解。

（2）森林服务规划准则以及对气候变化的路线图和计分卡：所有的国家森林管理机构正在努力制定不同的战略，以调整并为应对由气候变化引起的新情况和碳的储存及排放做好充分的管理准备。如 2012 年的规划准则以及气候变化路线图和记分卡。

（3）自愿碳减排合作的试点：高质量、可量化和可核查的补偿项目的发展，联邦机构铺平了私人对土地和水资源基于碳的投资道路。美国鱼类和野生生物局通过与私营部门及非政府组织在密西西比河下游河谷森林恢复项目的合作提供了大量的固碳效益，已经种植了超过 2200 万棵树，在接下来的 90 年里将会捕获超过 3300 万吨的碳。自然资源保护局通过对大型示范项目给予 1400 万美元的资金支持，促进碳市场新的融资方法的利用。

3. 未来的动向

完善重要碳库的储存、评估、规划和监测系统。

开发对基准碳储量及其趋势的估计，并及时通知联邦自然资源管理部门。

促进森林的保护和恢复，与可持续采伐的木材市场及城市林业互补。支持森林保护及投资税的规定，把它作为保持和恢复森林的一种手段。

支持自愿活动和由激励推动的农用地的减排，对农业的生产和恢复都有好处。

评估、恢复和保护沿海栖息地，加强对蓝碳的理解认识，促进储量的提高。确定保护沿海栖息地对碳服务保护的价值。

第四章：通过可持续利用自然资源，提高社区对气候变化的回弹力

1. 面临的挑战

应对并管理气候变化带来的影响意味着社区必须对未来的变化做出预测与计划。保持生产力、维护生物多样性与自然资源的可持续性需要对气候变化以及其他外界压力进行妥善的应对与管理。面临的挑战是如何降低风险、脆弱性，如何为社区适应气候变化做准备。“自然基础设施”为人类提供了众多好处。

因此，为解决一系列挑战提供了条件，我们需要提高资源管理的气候应对能力，包括水资源供给、城市暴雨管理、空气质量提升、沿海风暴潮与海平面上升、洪水风险管理、野生动物保护等方面。另外，我们需要更加灵活地将传统基础设施与自然基础设施相结合，提高社区弹性。通过各级政府的合作与努力，鼓励管理机构扩大投资，提高气候弹性、鼓励温室气体的自行减排、通过市场与非市场驱动提高自然基础设施的接受度。

2. 取得的进展

(1)资助社区提高回弹力：推进危机评估与计划，同时资助创新型回弹力工程的实施，以更好地为社区应对未来的风暴与其他极端气候做准备。

(2)加强沿海社区的回弹力：提供海岸洪水与海平面上升变化的决策支持工具，帮助社区降低风险并提高适应的有效性。

(3)提高管理野火的能力：气候变化使野火易发生季节变得更长，同时火灾也更加集中。管理机构宣布了一个跨政府的合作战略。但灭火成本的扩大仍然是执行该项策略的挑战。

(4)国家干旱弹性合作伙伴：2013 年，国家干旱弹性合作伙伴共同合作并整合联邦政府活动。

(5)评估气候对美国海洋与渔业的影响：海洋气候门户网站提供了获取区域海洋环境的过去及其未来变化预测的信息入口，同时对渔业气候脆弱性分析，使渔业科学家与管理者评估渔业的相对脆弱性。

(6)提高水供给的可持续性：通过 WaterSmart 项目，提高水资源管理与可持续性。自从 WaterSmart 项目在 2010 年建立，已经为非联邦机构合作伙伴提供了超过 200 万美元的资助。

(7)将气候变化的因素纳入水资源规划中：管理机构正在将气候变化纳入水资源规划工程中。到 2014 年，陆军工程兵团已经规划好了回弹力战略，旨在提高建筑设施与自然水资源设施的气候应对弹性。

(8)为应对气候变化做好准备：为了减少极端气候、水资源问题与气候事件对社区，生态系统与其他自然资源的影响，美国海洋大气管理局的国家气候服务中心正在转变产品与服务，将其变成利益相关人与社区能够使用的模式。

(9)开展关于回弹力研究的合作：2012～2013 年，美国农业部国家食品与农业研究所资助 4 个气候相关领域研究：①气候异常下的农业与自然资源；②碳循环科学研究(2650 万美元)；③水资源可持续性与气候关系研究(2500 万美元)；④利用地球系统模型进行年代际的区域气候预测(1500 万美元)。这些将为理解水资源系统、人类活动、生态系统与气候变化的相关关系作贡献。

3. 未来展望

与社区合作，加强应对自然灾害风险的回弹力。加强对州、部落以及当地应对洪水准备活动的支持。

扩大合作伙伴以降低野火风险的同时保护社区基础设施。扩大合作与技术支持，以帮助社区建立绿色基础设施解决暴雨灾害：为社区充分理解他们的绿色设施功能提供面上支持；建立公有、私有、非政府组织参与者网络，以更好地利用信息与资源。

解决自然基础设施措施效率与效益评估的挑战：建立可操作的研究计划；发行联邦生态系统服务评估问题的指导指南；启动自然基础设施工具和资源网站；进行弹性研究投资的项目评估。

推进应对干旱的回弹力研究，提高水利用效率，水循环利用以及水供给。

利用 WestFas 模型，为提高水资源气候弹性，建立联邦机构支持团队。

在太平洋岛屿上，建立应对自然资源灾害修复的区域能力。加强河岸海岸资源与社区应对极端气候的弹性。为气候在渔业与以渔业为生的社区做好应对气候变化的准备。

建立社区回弹力指数；建立灾害回弹力应对框架。

第五章：加强联邦项目、投资和决策的“气候智能”性

1. 面临的挑战

气候变化对联邦机构来说既是新挑战，也是一个机遇。尽管已经开展许多项目，但是众多的联邦自然资源管理项目，其投资和拨款项目缺乏明确的指导，难以确保联邦的努力遵循气候智能(climate-smart)原则。

气候变化对于农民、农场主、渔民、林场主、野生动物专家、城市管理者、水设施管理者及其他利益相关者，也是一个挑战。地区性项目依靠科学

家和利益相关者来确认和完善具体地区的信息，这对于决策十分有帮助。如何组织信息、服务和产品，更好地服务国家、部落、地区及工作人员，是联邦机构正面临并试图克服的挑战。

2. 取得的进展

在自然资源回收和依赖于此的社区建设方面已经取得了巨大的进步：增强了生态系统减轻碳污染的能力，并调整政策和程序来更有效地预测和应对气候的影响。许多项目都对恢复做出了努力，包括 EPA 的地下规划控制补助项目，湿地开发补助金项目，以及 WaterSmart 再利用补助项目。

部落行动计划：美国内务部的印第安人事务局发起了一个 1000 万美元的计划来帮助部落应对气候变化。该计划通过升级数据和信息支持来加强技术援助。

跨部门气候变化影响研究：NOAA 区域综合科学评价团队(RISA)正在努力研究涉及多种部门的事件，比如公众健康，以此来推动其他合作伙伴的科学研究。

3. 未来的动向

更加现代化的联邦规划：把恢复统一到自然资源计划和管理中去，使土地征用和自然资源财政资助更现代化，更适应恢复的需求。在执行政策，程序和成果考量的时候考虑生态碳在联邦自然资源管理中的作用。

为满足美国社区的需求提供区域性恢复的信息和服务。确定科学和服务的地区优先顺序来加强恢复，训练并通知资源管理者和利益相关者关于气候适应能力的情况。使本土社区准备好应对气候变化的影响。

(摘译自：Priority Agenda Enhancing the Climate Resilience of America's Natural Resources)

美国发布气候变化影响评估报告 强调森林和生态系统承载资源安全和生态安全

2014 年 5 月 6 日，美国全球变化计划①(U. S. Global Change Research Program)发布《气候变化对美国的影响(第三版)》(*Climate Change Impacts in the*

---

① 美国的全球变化计划由 1990 年通过立法形式建立，目的在于建立一个搜集有关气候变化证据的机构，帮助美国和全世界更好地预测和应对不同于现代基础设施初建期的紧急情况。

United States）。报告记录了美国在居民社区和日常生活中发现的有关气候变化的具体事例，强调气候变化是当前存在的现实。这份报告的结论以几千名优秀科学家和技术专家的工作为基础。他们利用卫星、气象气球、温度计、浮标等观测系统从美国各地搜集具体的证据。

报告指出，气候变化对全美每一地区和每一经济社会重要部门都造成了影响。报告记录了从农业、林业、公共供水系统、城市规划等各行各业观察到的气候变化形态，以及各地居民从平凡的日常生活中观察到的细节，例如哪些植物能安然度过严冬，季节性的过敏症是否严重，雨水过多还是过少等。报告指出，在可预测的生长条件下，美国农作物的总产量可达3300亿美元。但是，随着气候变化带来不确定影响，仅仅这一个行业就面临严重的挑战，必须经常需要为应对可能发生的情况做好准备。

数十年来，科学家对世界气候逐渐变暖的预测已广为人知。多年累积的有关资料说明，人类活动导致气候变化已经得到共识。这份报告受到普遍关注，被认为是关于美国气候变化影响的最全面、最权威、最透明的科学报告。

一、报告提出了12条研究发现

该报告认为气候变化已经影响到美国经济社会和人民生活的诸多方面，包括人体健康、基础设施、军事设施、水和粮食资源安全、生物资源和生态系统安全、农业以及导致极端天气更频繁出现等。报告提炼出12条研究发现：

（1）全球气候正在变化，美国大部分地区都已观测到这种变化。过去50年，全球暖化主要由人类活动导致，尤其是化石燃料燃烧。根据报告统计的数据，从2000年开始的10年是史上最热的10年，美国的年平均气温已较1895年升高0.7~1.1℃，其中绝大部分发生在最近的44年。

（2）过去几十年，极端天气和气候事件更加频繁和强烈，并且有最新的更加充分的证据表明，增加与人类活动紧密相关。气候变化导致美国的极端气候日益频繁且集中，报告将美国划分成不同的地区说明了气候变暖造成的影响，指出大部分地区都无法独善其身。北部阿拉斯加州冰层正在快速消融，东北部将经受海平面上升和更多暴雨、洪水的威胁，东南部面临缺水和飓风的风险，持续的干旱将使西南部争夺水资源的竞争加剧。

（3）如果全球吸热气体（heat-trapping gases）的排放继续增加，人为导致的气候变化将进一步加速。

（4）气候变化的影响已在美国许多部门显现，预计在21世纪及远期将变得更具破坏性。

（5）气候变化通过许多方式危害人类健康和福利，包括通过极端天气事件和野火，空气质量下降，食物、饮水、昆虫等传播的疾病和对人类心理健康所造成的威胁。

(6)全美多次出现炎热、干旱和暴风雨等极端天气，严重损坏了美国的基础设施。尤其是气候变化导致的海平面上升和更加猛烈的风暴潮频发，已造成沿海地区的道路、建筑、港口、能源运输设施的破坏。

(7)气候变化威胁水质和水供给，影响到生态系统和居民生计。在许多地区，气候变化改变了地表径流与地下水补给的循环过程，这将进一步降低淡水资源的供应量，特别是美国南部、北美大平原地区和加勒比海岛屿，其中包括夏威夷州。

(8)气候变化对农业的破坏在增加，这一趋势仍将继续。近期美国加强农业对气候变化的适应能力，未来 25 年美国农业可能不会受到影响。但到 2050 年，持续高温和极端强降水事件不断加剧、频繁发生，将会导致主要的农作物大幅减产。

(9)气候变化对土著居民的健康、福利和生活方式产生更为严重的威胁。

(10)生态系统及其提供的效益受气候变化影响，生态系统缓解极端天气事件(火灾、洪灾、风暴)的能力受到限制。气候变化造成生物栖息地的退化与消失，改变物种分布和减少生物多样性。生态系统自我调节能力正在减弱，因干扰而造成的对生态系统的严重破坏将加剧，如火灾、旱灾、虫灾、外来物种入侵、风暴以及珊瑚礁白化事件等。

(11)气候变化导致海水温度不断升高，而且海洋酸性加剧已经威胁到海洋环流、生态系统和海洋生物。

(12)适应和减缓气候变化的战略与计划有所增加，但从实施的情况来看，采取措施严格限制温室气体排放的进展却很缓慢，实施力度不足以避免不断增加的社会、环境和经济后果。

二、报告分析了气候变化对美国森林的四个影响

(一)森林生态系统的干扰在不断增加

病虫害爆发、入侵物种、森林火灾和极端天气事件(如干旱、大风、冰雹、飓风，以及诱发山体滑坡的风暴)是影响美国及北美森林及其管理的主要干扰。具体干扰类型、程度和分布情况可如图 1 所示。

(二)美国森林碳汇能力在下降

美国森林在应对气候变化中发挥重要作用，一方面它是巨大的储碳库，另一方面它作为能源生产的资源供给。2011 年，美国森林及木质林产品吸收和储存相当于其化石燃料燃烧排放 CO_2 当量的 16%。但是，受气候变化、土地利用和森林经营模式的影响，美国森林吸收 CO_2 的能力在下降。

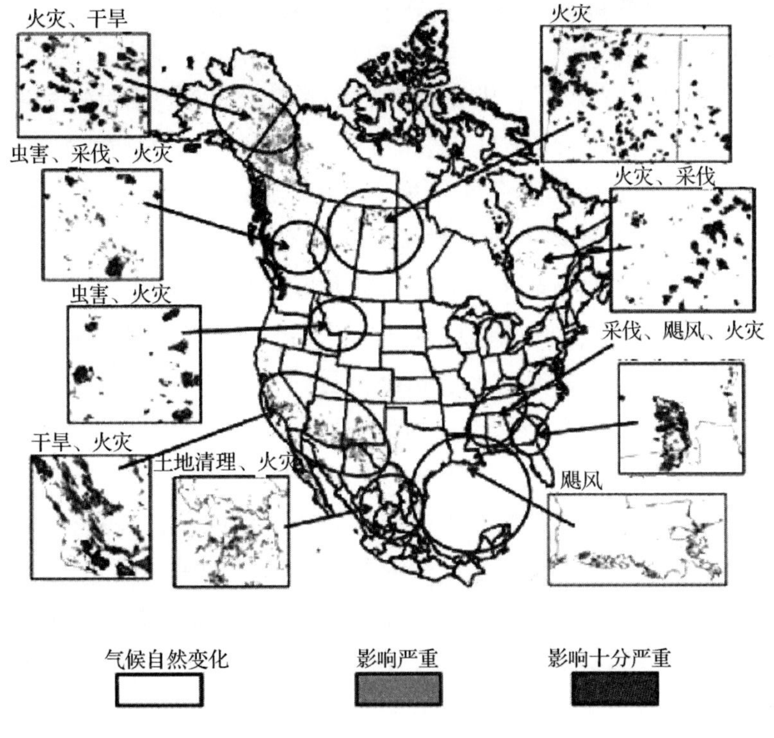

图1 气候变化对北美森林生态系统的干扰情况

近几年，由于重新在原农地上造林、改进采伐技术和森林管理，美国森林及木质林产品是一个巨大的碳汇，每年新吸收并储存 2.276 亿吨碳。美国土地的碳汇能力主要由森林贡献。

未来美国林业在碳循环中的能力将受到气候变化干扰、树种和生产力的影响。另一方面，还受到采伐增强、城市化导致的土地利用变化、森林类型的变化和生物质能源开发等经济因素的影响。

美国林业减少大气中 CO_2浓度的主要努力措施是森林经营和林产品利用。森林经营战略主要是增加森林面积或避免毁林的土地利用变化、优化现有林的碳管理。林产品利用战略主要是利用木材替代钢材和混凝土。2010～2110年，据估计通过造林活动，美国每年能新增碳汇 2.25 亿吨碳（约等于目前美国森林的年度碳储存能力）。在草地、牧场和无树平原上生长树木和灌木，每年的碳汇量相当于目前美国森林年度碳汇量的 50%。城市化和火灾是造成美国森林碳汇减少的重要因素。

现有林的森林碳管理主要做法是促进森林生长，如施肥、灌溉、种植速生树种，以及控制杂草、疾病和害虫。森林管理可以通过提高延长采伐间隔期、减少采伐强度增加森林平均碳储量。自 1990 年，美国本土 48 个州由于森林火灾，每年的 CO_2排放为 6700 万吨。加强森林经营既可以为能源利用提供原材料，又可以通过可燃物管理减少森林火灾导致的排放。

(三)美国森林具有较大的生物质能源发展潜力

生物质能源指的是利用基于植物的原料生产能源，它构成美国可再生能源的28%。目前约有5.04亿英亩(折合2.04亿公顷)的用材林林地(timberland)和9100万英亩(折合3684万公顷)的其他林地。生物质能源是木材利用的新兴市场，可帮助恢复因干旱、虫灾、火灾死亡的森林。在所有政策条件都满足的情况下，美国农林业生物质能源可供给相当于其石油消费当量的30%。预测的森林生物质能源最大供给潜力为目前美国能源消费的3%~5%。

(四)林业产权是影响美国森林经营应对气候变化的重要因素

美国应对气候变化的森林经营措施，受到私有林地产权性质变化、林业市场全球化、生物质能源新兴市场和美国气候变化政策的影响。美国林地的56%归私营实体所有，其余的44%是公有林地，其中联邦33%、州9%、县和市政府2%。在国家层面考虑林业应对气候变化问题，公有和私有林地面临不同的机遇和挑战。一般来说，公有林比私有林的森林蓄积量较高、位置较为偏远、集约经营程度较低。公有林和私有林都面临气候变化问题，野火、疾病、虫灾、干旱和极端天气事件。森林在碳管理中起到越来越大的作用。城市扩张使森林破碎化，也限制了森林管理措施的选择。应对气候变化对林业的影响问题，须充分考虑土地利用、能源安全和气候变化之间的相互作用关系。

林地产权变化能引起森林经营目标的变化。在私有林地中(占美国林地的56%)，有很多主体，如企业、家庭和部落。企业拥有18%的林地，产权主体正从林业产业企业演变为投资管理组织，这些投资组织有的以促进森林管理为主要目标，而有的不以这作为主要目标。私有林地中，非企业所有的林地占美国林地的38%，正经历人口老龄化的趋势。它们主要的管理目标是保持美观(aesthetics)和私有性，保护林地作为其家庭的私有遗产(legacy)。

对私有林最大的经济影响因素是将林地转变为城市或开发用地。私有林地的经济利益在于木材、非木质林产品、休闲活动，以及环境服务价值。美国林产品市场已受到国际市场竞争的影响。假如木质能源市场以及其他新兴市场不发达，美国林产品市场的木材价格预计不会上升很多。下一个50年城市化可能导致林地损失1600万~3100万英亩(折合648万~1256万公顷)。气候变化下的私有林主更多地考虑的是木材市场和政策激励，很少考虑气候变化这一因素。

私有林主对气候变化的应对能力将主要因素是经验，假如他们在以前积累了应对市场和政策信号的反应经验，将有利于他们应对气候变化。另外，碳定价和碳交易市场等政策激励，也能有力地促进私有林主调整经营措施来缓解气候干扰(disturbance)。

三、报告分析了气候变化对美国生态系统的五个影响

(一)气候变化减弱了生态系统提高水质和调节水流的能力

生态系统调节控制水供给和水质的气候驱动因子。陆地生态系统调节水循环，截留和运移泥沙到达水生态系统(小溪、河流、湖泊、海洋、地下水)。在美国，人们利用25%多些的流域以提供其可再生水的40%以上。在西南部干旱地区，这一比例更高，人们占用了流域可再生水的76%。在这一地区，由于春季融雪和降水的减少，改变了溪流径流时间。生态系统缺水减少了它们为人类和水生植物、动物栖息地供水的能力。

预计由于水资源开发和气候变化影响，鱼类和其他类似种群的栖息地进一步减少。根据情境预测，到2080年鳟鱼栖息地将减少47%。在美国，降水量、降水强度以及河流排放是水环境污染的主要驱动力，表现为过剩的营养物、沉积物和水溶性有机碳。目前，美国许多湖泊和河流已被污染，拥有过多的氮、磷或沉淀物(其浓度高于政府标准)。许多研究显示，最近一些地区增加的降水量，已导致河流含氮量较高。

(二)气候变化及其他压力抑制生态系统减缓极端天气事件发生的能力

生态系统可缓冲(buffer)洪灾、野火、飓风等极端天气事件的压力。气候变化和人工破坏，增加了生态系统面对极端天气事件的脆弱性，同时也减少了它们的调节能力。盐沼、珊瑚礁、红树林和屏障岛提供了防御型沿海生态系统服务，成为抵抗风暴潮的基础设施。由于海岸带开发、侵蚀和海平面上升，它们逐渐丧失掉，将人们暴露在极端天气事件的高风险下。洪泛区湿地能吸收洪水，减少洪流对土地的影响。变高的气温和减少的降水，火灾规模前所未有。野火将城乡结合部(wildland-urban interface，WUI)置于危险境地。仅在2011年，超过800万英亩荒地被烧毁，致死15人，财产损失超过19亿美元。

(三)气候变化改变动植物生物群落结构和地区分布

美国许多土地上的生物群落结构将发生变化。例如西部许多州由于火灾密度和强度上升，变化特别明显。黄石公园发生火灾的频率将会增加，针叶林将会由疏林地、草地替代。气候变化也将改变生物群落分布。近几十年来，美国陆地和水生环境中，植物和动物向高海拔地区迁移的速率为每10年36英尺(0.011公里)，向高纬度地区迁移的速率为每10年10.5英里(16.9公里)。随气候变化，这种迁移将加速。然而，许多物种可能无法跟上气候变化的步伐，原因是它们的种子分散不广泛，或迁移能力有限，导致一些地方植物和动物的局部灭绝。动植物的分布范围变化和局部灭绝，导致植物和动物

在本地生态系统中组合形态的大改变，产生了新群落，与今天大不相同。

一些最显著的变化发生在生物群落的边界。明显的变化包括阿拉斯加北部森林/苔原边界的纬度和海拔的变化；加利福尼亚州寒带和亚高山森林/苔原边界的海拔变化；拥有绿山之州美誉的佛蒙特州温带阔叶/针叶林边界海拔的变化。所有这些变化都与最近的气候趋势相吻合，如苔原变为森林，或针叶林变为阔叶林甚至灌木。

气温升高增加了几种入侵植物的分布范围。包括生态系统服务在内的话，估计入侵物种对美国经济每年造成1200亿美元的损失。例如，黄星蓟(yellow star thistle)每年导致加州牧场主和农场主7500万美元的水损失。

(四)气候变化对动植物生长繁殖的物候影响

根据长期趋势观测，由于更短、更温和的冬季和冰雪解冻提前，改变了早春事件的发生时间，如萌芽和出芽。对丁香展叶和开花时间的长期观测表明，由于冬季和春季气温上升，在北半球每10年提前了1天，在美国西部每10年提前了1.5天。动植物这种偏离物候的现象，可能会导致虫害爆发或者在其生长期找不到食物。随着春天提前和秋天延迟，生长季节延长。延长的季节可能会有负面影响，如出现错配(mismatch)，即生物不能在土地上获得该季节应有的营养物。

(五)加强生态系统的适应性管理

加强对整个生态系统的管理，比针对单个地区单个物种的管理更为有效，有助于减少气候变化对野生动物、自然资源、人类福利的破坏。适应是自然生态系统的固有属性，在生物多样性和自然资源管理的背景下适应气候变化，这是根本性的管理变革。适应性管理(adaptive management)战略帮助资源管理者就整个生态系统应对气候变化作出决策。在联邦、州等层面已开发设计许多适应性规划，强调科学家和经营者间加强合作。基于生态系统的适应(ecosystem-based adaptation)，运用生物多样性和生态系统服务作为一个整体的适应战略，帮助人们适应气候变化的不利影响。

四、气候变化对国家资源安全和生态安全的重大影响

美国正为气候变化付出巨大代价，报告指出，仅飓风“桑迪”造成的损失就达到650亿美元，在2012年，与气候相关的事件给美国造成的经济损失超过1000亿美元。

这份报告对资源安全和生态安全问题给予了重点关注，主要表现在报告分15章分析气候变化对部门的影响，其中关于水资源和粮食资源部门、森林和生态系统部门都是专章分析，共有5章，这5章的篇幅(共140页)占“对部

门的影响分析”①篇幅的 46%。

报告在分析气候变化影响国家安全时指出，美国国防部在 2008 年专门分析了气候变化破坏军事设施影响军事安全。另外，国家情报委员会(the National Intelligence Council)和国家研究委员会(the National Research Council)进一步分析了气候变化对其他安全的影响。报告指出，气候变化条件下，国家安全已经与经济、人类健康、政策、资源管理和生态系统密切相关。这份评估报告以及其他的资源评估报告将进一步认识国家安全存在的各种潜在威胁。

(1)森林生态系统促进水资源安全。美国十分重视水资源安全问题，气候评估报告引用了国家情报委员会(the National Intelligence Council)在 2008 年完成的一份向国会的报告，即《到 2030 年全球气候变化对美国国家安全的含义：国家情报评估》(*National Intelligence Assessment on the National Security Implications of Global Climate Change to* 2030)，该报告指出，亟须理解气候变化对生态系统的影响，气候模型特别要揭示气候极端事件频率和强度的变化与水文结果之间的关系。在水资源安全方面，气候评估报告分析了气候变化对水循环和水资源利用管理的影响。从水循环看，暴雨和短期干旱同时存在，洪灾在部分地区加剧。报告认为，在西南部，目前看到的水资源短缺很可能是未来变化的预演。报告警告，在这一地区“严重的持续性干旱将使得本已多年超采的水资源承压，迫使农场、能源生产商、都市居民以及动植物就该地区最为珍贵的资源展开日益激烈的竞争。”从水资源管理看，西南部、东南部和大平原地区水供需特别脆弱，降水和径流变化，以及改变水消费和取水改变，在许多地区减少了地表水和地下水供给。洪灾威胁着美国许多生活在盆地的人们的健康、财产、基础设施、经济和生态系统。在美国所有气候相关的变化中，最引人注目的可能就是北极海冰覆盖面积在过去 10 年中迅速下降。其他地区将面临不同的极端天气情况。特别是东北部会面临着沿海洪灾的风险，因为海平面上升和风暴潮，还有由于暴雨导致的河水泛滥。东北的极端降水在过去的几十年里比美国任何其他地区有更大的增长。1958 ~ 2010 年，东北的暴雨增长了 74%。报告指出，在水安全问题上，一方面要升级已有的水基础设施中的“灰色设施”(gray infrastructure)；另一方面要加强新兴的“绿色设施”(green infrastructure)，它既能改善径流、增加蓄水能力、改善水循环，又能加大雨水收集、有效调控水资源管理。报告指出，美国有超过 50% 的人居住在沿海地区，湿地系统对国家安全至关重要。

(2)森林可加强水土保持，有效应对美国粮食安全问题。美国气候变化

---

① 这份报告共 841 页，分为三大板块，分别是“对部门的影响分析”、“对区域的影响分析”和“应对气候变化的战略措施”。

对农作物的影响每一年、在每一个地方都会不一样，随着天气越来越反复无常，这种易变倾向越来越明显。到 21 世纪 30 年代后，作物产量将受到越来越多的不利影响。2050 年，美国人口预计将增加 1200 万。报告预测，更多的极端高温天气、严重干旱和暴雨事件将影响粮食产量。美国许多农业地区的生产力也将下降。在加州中部峡谷地区，向日葵、小麦、西红柿、水稻、棉花和玉米将受到重创，这些作物的产量预计将下降 10% ~30%，尤其是在 2050 年以后。依赖于冬天寒冷天气的水果和坚果作物可能需要迁移。当气温比正常情况高几度时，许多蔬菜作物将受到重创。大约 20% 的美国粮食是进口的，过去 20 年里，美国谷物的 13% 依靠进口，蔬菜为 20%，水果为 40%，鱼和贝类为 85%，几乎所有的热带产品如咖啡、茶、香蕉都靠进口，因此其他地区的极端天气事件也将对美国产生影响。2011 年，14. 9% 的美国家庭没有可靠的食品供应，5. 7% 的家庭粮食安全性较低。美国中西部地区预计会有一个更长的生长季节，但像去年那样干旱的极端气候事件的风险也会增加。报告警告说，到本世纪中叶，气温上升和强降雨或干旱的组合预计会拉低美国主要粮食作物的产量，这将威胁着美国和全球粮食安全。美国粮食生产突出的问题是，目前关键农业土壤和水资产的退化，是由于降水增多的极端天气事件，水土流失严重，挑战雨养和灌溉农业，必须创新水土保持办法。而农林业复合经营是促进农业水土保持的有效方法。另外，林业发展有助于缓解农村社区气候压力，增强农村社区安全。5 月 6 日，美国农业部长汤姆·维尔萨克(Tom Vilsack)在对国家气候变化评估报告发表感言时指出，“这份报告首次分析气候变化对农村社区的影响，在农村由于位置偏远(physical isolation)、经济多样化不足、较高的贫困率以及老龄化趋势，脆弱性较高，必须增强应对病虫害、火灾、干旱、洪灾(insect outbreaks, fire, drought and storms)的综合发展能力”。气候评估报告指出，农村社区高度依赖自然资源。亟需农林业统筹加强综合发展能力，保障农村社区安全。

(3)气候变化威胁生态安全。报告分别从生物多样性、生态系统结构和功能、生态系统服务方面评估气候变化对生态系统安全的影响。报告引用美国地质调查局(U. S. Geological Survey)2012 年的分析报告《气候变化对生物多样性、生态系统和生态系统服务功能的影响》(*Impacts of Climate Change on Biodiversity, Ecosystems and Ecosystem Services*)的成果。①从生物多样性看，虽然尚无确凿证据表明物种丧失数量与气候变化之间的直接关联性(Monzón 的研究表明是 19 种物种的灭绝与气候变化直接关联)，但是越来越多的证据在显示可直接归因于气候变化的种群数量下降和局部灭绝。温度升高可能使昆虫过早出现，从而使在季节性迁移中以新生幼虫为食物资源的候鸟无以食用。评估报告称，全球气候变暖甚至改变一夫一妻制鸟类的习性，导致其出轨和相互欺骗。该报告称，鸟类通常都是一夫一妻制，气候的波动增加了它们出轨的可能性。与那些候鸟一样，人类也可能会发现，气候的变化会剥夺我们所依赖的资源。②从生态系统的结构和功能看，在降水量、结冰天数、动物迁徙次数和物种繁殖习性方面发生了许多变化，这些变化正在引发贯穿各生态系统的连锁效应。气候变化可能会打乱将各个生态系统物种交织在一起的生命网中的微妙平衡。气候变化及其他压力压制生态系统减缓极端天气事件的能力，极端事件可能会带来局部生态系统的突变(abrupt)。③从生态系统服务看，气候变化对于生态系统的影响对民众和小区会产生重大影响。气候条件的改变正在影响生态系统的实用功能，诸如沿海生物栖息地在抑制风暴潮方面所发挥的作用、或是我们的森林提供木材和帮助过滤饮水的能力。例如，暴雨频发会把更多的污染物冲向下游，从而改变饮水的质量或带来更大的水源性疾病威胁。气候变化是造成美国西部地区毁灭森林的野火和虫害的罪魁祸首。报告指出，“积雪的巨大消融”、融化时间和土壤冻结频率，也正在给美国山区和相邻低地的土地和水域生态系统造成严重后果。

五、美国减缓和适应气候变化的政策措施

(一)减缓措施

1. 林业部门减缓措施

报告指出，美国林业面临的主要问题是土地利用变化导致碳汇能力的不可持续，主要的减缓措施是减少土地利用变化的影响。报告认为在2000年代末期，美国土地部门是一个净碳汇，估计约为6.4亿和10.74亿吨CO_2当量。美国土地部门的碳汇主要由森林贡献(图2)。

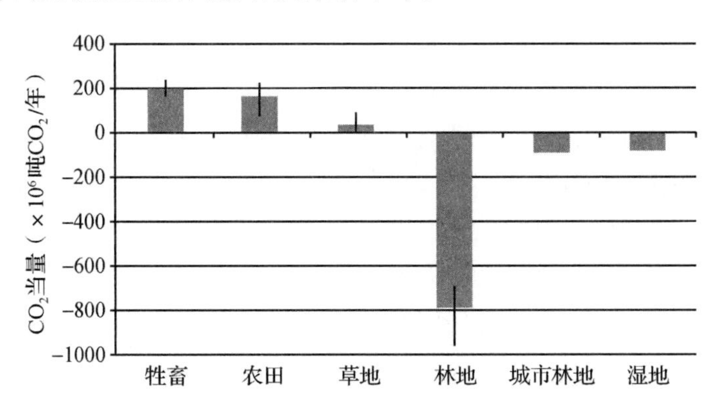

图2　美国农林业部门的碳汇和碳源情况

近20年林业处于增汇状态。碳汇的持续性依赖于几个因素：恢复造林、大气CO_2的吸收、自然干扰以及气候变化。毁林持续导致每年损失87.7万英亩(折合36万公顷)林地，林业活动每年新增森林171万英亩(折合69万公

顷)。但是，由于新增林主要位于低生产力的西部山间地区，而毁林主要发生在高生产力的东部地区，这样的土地利用变化导致了森林未来碳储存能力的下降。另外，干旱和病虫害也将一些具有碳汇功能的土地转变为碳源地。总之，土地部门的碳汇功能不可持续。

2. 其他部门减缓措施

对于其他部门的减缓措施，报告指出当务之急是一方面减少能源利用，另一方面加强对高碳密度能源的替代。报告认为，过去50年的全球变暖主要由以使用化石燃料为主的人类活动引起，目前美国还没有对气候变化进行联邦立法，但许多州已经开始采取措施限制排放，报告指出这些努力还不够，呼吁各级政府努力寻找减少碳排放的方法。

报告列举了美国正在采取的五大类减缓政策行动：①温室气体管控法规。继续执行重型机车、卡车排放标准(emissions standards for vehicles and engines)、对新电厂实施碳污染标准、对稳定排放源实施许可证管制以及实施温室气体排放报告计划；②实施促进气候共生效益(co-benefits)的法规。石油和天然气空气污染标准、移动排放源管控计划、国家森林规划(national forest planning)。国家森林规划主要包括两方面，一方面是识别和评价与碳储量基线评估相关的信息，另一方面是报告林地的净碳储量变化；③标准和补贴。电器和建筑能效标准、能源效率、替代燃料的金融激励；④研究、开发、示范的资金支持；⑤联邦机构的实践和政府采购。

(二)适应措施

这份报告认为，适应气候变化的主要实施障碍包括资金不足、政策和法律障碍，以及难以预料在地方尺度的气候变化。没有放之四海而皆准(one-size fits all)的适应办法，但在各地区、各部门之间存在相似性。要分享最佳实践，在实践中学习，并加强协作流程。适应气候变化的行动能同时帮助实现其他社会目标，如可持续发展、减少灾害风险，以及改善生活质量，因此可将适应纳入现有决策框架。其他一些胁迫因素加剧了气候变化脆弱性，如污染、栖息地破碎和贫困。适应多重压力需要对各种胁迫进行综合评估，并对成本、效益和可供选择的风险措施进行综合权衡。

报告列举了美国联邦政府采取的适应措施，如把联邦各政府机构制定适应计划作为考核指标之一，林务局、国防部等职能部门按照要求制定了适应气候变化路线图。

(摘译自：1. Climate Change Impacts in the United States；2. 中金在线；3. 搜狐新闻)

美国分析“总统气候行动计划”进展：土地利用部门控制气候污染进度较缓 碳汇投资不足和相关法律标准滞后是主因

2014年1月22日，美国野生动物联合会(National Wildlife Federation)发布题为《白宫气候行动计划：半年进展报告》(*White House Climate Action Plan: Six Month Progress Report*)的报告，从土地利用控制气候污染、限制工业碳污染、为应对气候变化做出更好的准备、清洁可再生能源投资、国际气候变化问题领导者等五方面分析2013年6月发布的“美国总统气候行动计划”(以下简称“气候计划”)取得的进展。按照这份报告，对这五方面的进展从差(poor)、一般(fair)、好(good)、很好(great)四个程度进行评价。以下对这五个方面的进展分析，摘编整理如下：

一是土地利用控制气候污染(using lands to curb climate pollution)。对于这一部分的工作，总体进展评价是差(poor)。气候计划的承诺是，要找到新的方法，保护和恢复森林、草地和湿地，最大限度地发挥其储存和吸收碳污染的能力。目前的进展是，森林方面，政府鼓励森林利益方把投入重点转向增强碳汇能力，但是，这项工作仅处于起步阶段。草地方面，农业部农场服务局发布第一份年度新突破报告(分析有多少“处女地”初次被转化为粮食生产)，告诉大家2012年有多少以及在何地，原生草地被破坏。尽管农业部披露草地以惊人速度被破坏，美国环保署仍然在包括可再生燃料标准法①(renewable fuels standard law)在内的禁令方面做得不好。这不仅极大地破坏了关键栖息地，还释放了大量的土壤碳。

二是限制工业碳污染(limiting carbon pollution from industry)。对于这一部分的工作，总体进展评价是好(good)。气候计划的承诺是，根据清洁空气法案的授权，减少国家电厂的污染。目前的进展是，环保署于2014年1月提出新的拟议规则，就美国内新建的任何煤电厂设置碳排放限制。预计于2014年6月对所有电厂提出碳规则草案的工作处于正常轨道上。

三是为应对气候变化做出更好的准备(better preparing for the effects of climate change)。对于这一部分的工作，总体进展评价是好(good)。气候计划的承诺是，指导政府机构支持气候弹性(climate-resilient)投资，并消除可使社区

---

① 该法律明确禁止使用来自转化原生草地种植生成的农作物作为生物燃料的原料。

变得脆弱的负面政策。目前的进展是，总统奥巴马公布了一份气候适应行政命令，要加快国家努力，加强应对干旱、洪水、风暴、海平面上升等气候变化。这份命令鼓励跨联邦机构、跨部门，包括私营公司和非政府组织之间的合作。该命令建立了一个州、地方和部落政府领导参与的任务小组，于 2013 年 12 月举行第一次会议，并就联邦政府如何支持恢复活动于 2014 年 11 月向总统提出建议。

四是清洁可再生能源投资(investing in clean renewable energy)。对于这一部分的工作，总体进展评价是好(good)。气候计划的承诺是，指导政府机构颁发许可证，到 2020 年为超过 600 万个家庭使用可再生能源发电项目，并在公共土地和水利上使可再生能源投资翻倍。目前的进展是，海洋能源管理局(BOEM)在大西洋沿岸推动的海上风电负责任选址取得了很大进展。2013 年，土地管理管理局(BLM)批准了 11 个新的可再生能源项目，以及另外 10 个项目预计到 2014 年年底通过评估。虽然这些正在迈向正确的方向，但是，大部分项目仍在评估之中，目前并没有启动运作。

五是国际气候变化问题领导者(leading on climate internationally)。对于这一部分的工作，总体进展评价是差(fair)。气候计划的承诺是，一方面升级新的和现有主要的国际倡议，另一方面，终止对海外煤电厂的投资。目前的进展是，在最近的华沙会议，美国国内气候行动，得以适度消除其以前的气候协议进展绊脚石的负面形象。然而，由于美国的承诺缺乏具体特殊性，导致破坏了短期内提升国际减排雄心的机会。但是，美国在促成“华沙 REDD + 框架”方面，发挥了建设性的作用。美国还承诺 2500 万 ~ 2. 8 亿美元，以支持由世界银行生物碳基金管理的森林景观项目。热带森林联盟 2020 年(一个旨在减少农业扩张砍伐热带森林的组织)正在逐步推进，建立工作计划，并接受来自民间社会的新的合作伙伴。

另外，报告还从土地利用管理、煤和石油基础设施项目、气候变化教育等角度分析气候行动计划面临的挑战。

(摘译自：White House Climate Action Plan：Six Month Progress Report)

美国鱼野局发布国家自然保护区应对气候变化规划

美国内政部鱼类和野生生物局是(USFWS)美国国家野生动植物保护区系统(NWFS)的主管部门，该局管理着全国1.5亿英亩(折合6073万公顷，其中联邦土地为3800万公顷)的陆地和水域构成的保护区系统，该系统由562个国家陆地保护区、38个国家湿地保护区和其他保护区组成，水域面甚至从加勒比到达夏威夷。

2014年5月份，鱼野局发布了《国家自然保护区应对气候变化规划》(*Planning for Climate Change on the National Wildlife Refuge System*)报告，主要分析四个内容：①国家自然保护区气候变化规划的背景和概念；②气候变化对国家自然保护区的生态影响；③国家自然保护区在气候变化下的社会、经济和文化问题；④国家自然保护区气候变化规划的具体方法。

报告指出，这份规划文件主要是执行内政部长行政命令和有关战略行动，同时也是为了加强应对气候变化能力的科学行动。在2001年的内政部部长第3226号行政命令中指出，“要将气候变化因素纳入内政部规划和决策中。部属各二级局和办公室在实施规划活动、设定科研和调查优先领域、设计跨年管理计划，以及制定资源利用的重大决策时，必须考虑到气候变化影响”。2009年的第3289号行政命令进一步强调，“要监督各二级局执行气候变化规划”。

报告强调，国家野生动植物保护区应对气候变化规划要特别重视不良适应(maladaptation)现象，即气候变化影响到多重部门、多个地区，重视某一个部门和目标可能会对另一个产生影响，如西南部城市寻求应对荒漠化的水供给问题，可能会减少国家野生动物避难区的水供应。报告建议，要在野生动植物气候脆弱性评估的基础上，加强多学科、跨部门气候规划。

这份报告从气候变化对物种和生态系统的总体影响、水文和径流影响、物种入侵、海平面上升、西南部荒漠化、大草原坑洼区、冻土融化、野生动物疾病等角度分析气候变化对国家野生动植物保护区的影响。报告从公共利用、文化、教育和宣传等方面分析国家自然保护区在气候变化下的社会、经济和文化问题。最后，报告提出了综合性保护规划(comprehensive conservation planns)的气候变化规划方法。

(摘译自：Planning for Climate Change on the National Wildlife Refuge System)

美国国家野生动物协会发布新指南倡议智慧型保护行动应对气候变化

气候变化对物种和生态系统造成了严重影响，且这种负面影响随着时间日益加剧。在气候变化背景下，自然资源保护和管理显得尤为重要，且亟须在保护和管理方法上作重大改变。传统的保护和管理将目标集中于维持目前状况，或将退化的生态系统恢复到历史水平；而对于气候变化对野生动物及其栖息地的影响，并未制定前瞻性的目标和进行特定战略实施，即未将气候变化适应原则融入到管理实践中。2014 年 5 月 14 日，美国国家野生动物协会(USNWF)发布《气候智慧型保护指南》(*Climate-Smart Conservation*)，提供了将气候变化适应原则融入到保护行动中的切实可行的方法，并有助于将对气候变化的适应计划转变为行动，实现自然资源的智慧型保护和管理。

内政部副部长 Mike Connor 提到"新指南提供了资源管理的具体实施步骤，有助于做出适应气候变化的行动决策，最有效地维持自然生态系统的弹性，支持社区发展"。适应气候变化，并没有万全之策，新指南强调了将保护行动和气候影响联系起来的必要性。新指南为在特定地方执行该战略提供了方法，包括国家公园和地方社区绿道。

指南的一个重要目标是帮助政策制定者和执行者正确识别有效的适应行动，第一部分重点关注气候变化下的智慧型保护，并为保护行动的实施步骤提供了指导框架。指南中将智慧型保护定义为："通过制定前瞻性的目标，并明确地将战略行动与气候变化影响联系起来，进而将气候变化融入到自然资源的管理中。"

指南共 272 页，围绕气候变化适应计划的分步实施展开组织架构，力图阐明看似复杂的主题。指南强调了以下五个主题：

一是气候变化脆弱性评估。准确认识气候变化脆弱性对于制定有效的适应战略至关重要，脆弱性评估内容(包括暴露范围、敏感度、适应能力等)，可为保护行动与气候影响的联系提供有效的指导框架。

二是考虑气候变化，修订保护目标。保护目标作为制定后续战略和行动的基础，需要与气候变化相关并具有前瞻性。

三是对适应战略进行识别、评估和选择。对一系列可选战略进行仔细权衡，选出可以减小脆弱性或充分利用新机遇的战略方法，并对制定管理计划的创新性思维给予特别关注。

四是跟踪监测适应行动的有效性。对适应行动进行监测有助于正确认识气候变化的相关影响和生态系统脆弱性，制定灵活的适应管理办法。监测方法应精心设计，以确保为战略目标和行动计划的调整提供指导。

五是实施优先的适应行动。适应行动的成功实施既需要个人的领导，也需要机构的配合，且往往取决于最初参与的不同成员。

（摘译自：Climate-Smart Conservation Putting Adaptation Principles into Practice）

美国环保署：气候变化影响生态系统的衡量指标

2014年5月28日，美国环保署发布《2014美国气候变化指标（第三版）》（*Climate Change Indicators in the United States*, 2014, Third Edition）报告，提出了一系列评价气候变化影响的指标，用来反映海洋、冰雪、人类健康及生态系统等在气候变化影响下的变化程度。报告重点分析了气候变化对生态系统影响的五个衡量指标体系：

1. 野火

森林、灌木和草原覆盖了美国一半以上的国土面积。1983年以来，美国年均野火发生次数为7.2万。20世纪80年代开始，野火范围不断扩大，近10年发生的特大火灾中，有9起在2000年后，与气温变化趋势吻合。1984～2012年，遭受野火灾害的区域面积比例从5%上升到22%。

报告提出野火影响生态系统的三个指标：野火的发生总次数（频率）、燃烧的总面积（范围），以及对景观的破坏程度（危害程度）。野火面积和次数数据由跨部委消防中心（the National Interagency Fire Center）提供。林务局在1997年前一直使用另一套不同的报告系统来跟踪类似数据，该数据也被纳入指标体系，以供参考比较。野火的破坏程度通过比较燃烧前后的卫星图片来测量。尽管20世纪初期就开始收集火灾数据，但全国范围内野火数据收集较为全面和标准的指标体系始于1983年。

野火频率、范围和危害程度受许多环境因素的影响，包括气温、降水和干旱程度。同时，人类活动和土地管理也会影响抑火行动，优化野火管理方式需要一个探索过程，从最初的全面火灾预防，到目前的火灾抑制和控制。火灾的总次数还会因报告规则的不统一而有所不同，如跨行政区的火灾既有可能被合并为一起火灾，也有可能按两起火灾来统计。近30年的数据显示，目前并不能准确判断野火的未来发展趋势，需要更为长期的数据收集，因为1983年前的数据不够统一，无法进入指标体系。

2. 径流量

径流量(streamflow)是用来度量河流和溪流水量大小的指标，流量的变化会直接影响饮用水的供应，并影响灌溉、水力发电。许多动植物的生存繁衍也依赖于水。

美国地质调查局(USGS)利用一种叫做河水位标(stream gauge)的连续流量监测装置，测量国内河水和溪流的径流量。该指标基于193个河水位标数据，这193个监测装置要求安装在水势不受堤坝、水库、污水处理设施等干扰的河段。测量该指标的监测装置目前在全国的分布并不均匀。同时，该指标不包含与流域重复的溪流位标。

该指标考察一年中径流量的四个方面：一是低流量，该值通常为连续监测得到的7个最低流量值的平均值。在许多区域，通过该方法可以得到一年中最为干燥的气候条件。二是高流量，该值通常为连续监测得到的3个最高流量值的平均值。三是平均流量值，为全年流量的平均值。四是冬季、春季径流节点。该数据局限于56个位点，这些位点的特点是全年降水的30%以上由融雪所致。计算过程为，首先测算1月1日到6月30日的总流量，然后计算1/2流量时的时间点，该时间点即称为冬春流量中心(winter-spring center of volume date)。该点若出现提前趋势，可能由气温升高、春季冰雪过早融化所致，也可能是降水量增加或其他降水模式改变所致。

目前，该指标的监测仅局限在不易受人类活动干扰的地点，但是土地利用形式的改变仍然会影响某些流域的径流量。

3. 五大湖水位及水温

美国五大湖越来越高的湖水表面温度引起了湖水蒸发速率的加快和湖水结冰期的缩短，导致水位下降和蒸发时间的增长。水位下降影响了淡水供应、基础设施的正常使用和沿岸生态系统。水温的提高也给入侵物种如斑马贻贝(zebra mussel)的扩散提供便利，加快了致病水源性细菌的繁殖。在过去几十年，五大湖水位有所下降，但都在历史变化范围中。1995年以来，苏必利尔湖、密歇根湖、休伦湖和安大略湖的水温有小幅上升、伊利湖变化不大。

水位由每个湖的仪表进行记录，其中一些数据从1800年开始记录。1918年以前的数据由水位计(water level gauge)测量，1918年以后的水位数据由特定仪表测量。水温数据由卫星测量，包括每年湖水的平均温度(全部表面水温)和日温度变化模式，指标从1995年开始测定(1995年获得了五个湖完整的卫星数据)。除了气候变化，人类活动如清淤行为，也对水位和水温有重要影响。自然条件的变化和其他方面如废水排放也影响水温。

4. 鸟类越冬区域

美国一些鸟类通过改变它们的迁徙区域来适应气温升高。1966 ~ 2013 年，在 305 个北美鸟类物种研究中，鸟类 12 月中旬到 1 月，活动的中心北移超过 64 公里。1960 年以来，鸟类的越冬区域离海岸越来越远，这种变化也与冬季气温变化有关。305 种鸟类中，186 种(61%)的越冬区从 1960 年开始向北迁徙，82 种(27%)向南迁徙，其余没有变化。一些鸟类迁徙更远，48 种鸟向北迁徙超过 320 公里。

这些鸟类活动区域变化指标建立在对上百种北美鸟类进行研究的基础上。为了保持年与年之间数据的一致性，指标数据由国家奥杜邦协会圣诞鸟类调查(the National Audubon Society's Christmas Bird Count)的观测得出，该调查在每年初冬进行。调查数据从美国和加拿大部分地区的 2000 多个观测点收集。在每个观测点由观察者按照标准在直径 24 公里的范围内观察鸟的数量，每 24 小时计数循环，每年的研究方法保持一致。在分析最终数据之前，要进行几次复审。

很多因素影响鸟的分布范围，如食物供应能力、生境变化和与其他物种的交互作用。一些鸟类向北迁徙的原因不只是气温变化。在这个指标中没有说明不同类型的鸟类对气候变化的反应。国家奥杜邦协会详细分析了沿海鸟类、草原鸟类和适合饲养的鸟类应对气温变化的不同能力。

5. 叶和花的物候期

科学家已确定物候期提前与全球气候变暖有关，另外物候期混乱也受到生态系统和人类社会活动影响。如春季提前导致生长季延长，更多物种入侵和病虫害，花粉过敏季节的提前和延长。有时晚冬季节温暖的气温会造成“假春(false spring)现象”，引起植物过早生长，受到霜冻灾害。

气候变化与物候变化紧密联系，物候变化常作为气候变化和生态进程研究的指标。丁香花和金银花在全美 48 个州都有广泛分布，并且存活率较高，其展叶期作为早春到来的重要指标，初花期为晚春来临的指标。近几十年，展叶期和初花期越来越提前。美国关于物候期的观测记录已经进行了 40 多年，并且各个时间段和不同地点都有记录，应用电脑可以提供一个完整的、长期的、易于理解的模型。这个模型的指标采用美国物候学网站提供的数据，并进一步逐年完善，网站收集了联邦机构、野外观测站、教育机构和相关培训人员观测的展叶期和初花期数据。为了数据的一致性，数据观测限定特定类型的丁香花和金银花。科学家对气候因子(特别是气温)和植物开花、展叶之间的关系进行了研究，通过在天气记录的基础上利用物候学知识估测开花、展叶的时间，进一步利用模型分析丁香和金银花是如何开花、展叶的，在一些不能扩散地区(大部分是南方地区)是否发生变化。

该指标的数据来自 48 个州几百个气象观测站，观测数据非常精确，通过对每一年所有观测站初花期和展叶期的数据，以及 1981 ~ 2010 年的平均观测数据进行比较，查找出超出正常范围的数据。每个独立的观测站以 20 世纪中叶(1951 ~ 1960 年)的数据为基线，与近 10 年间(2004 ~ 2013 年)的观测数据进行比较。

研究植物物候期用卫星图片、模型和直接观测的方法收集数据。位置的差异(用不同的方法收集数据)和物候指标的差异(如不同类型植物展叶和开花)会导致评估春季来临的标准不同。气候不是影响物候的唯一因子，也可能受观测的差异、植物遗传、周边生态系统和其他因子的影响。

(摘译自：Climate Change Indicators in the United States)

美国进步中心：中国的气候变化、流动人口和非传统安全威胁

美国进步中心①(Center for American Progress)于 2014 年 5 月份发布《中国的气候变化、流动人口和非传统安全威胁：关于中国和世界复杂的危机情景和政策选项》报告，分析中国在当前气候变化下面临的非传统安全威胁(non-traditional security threats)。

这份报告的序言指出，气候变化、人口流动、国家和国际不稳定性共同构成美国未来外交政策和全球治理的一个特殊问题(unique problem)。而这三个因素已经交织(overlap)在一起，改变了传统的国家安全观，必须重新思考民主、国防和发展政策之间的边界。这份报告特别关注中国气候变化、人口流动和国家安全三者间的相互关系。

报告的主要内容包括 8 个部分：①中国的气候变化、环境退化和人口流动；②中国的人口流动；③城市化的挑战；④社会不稳定性和国内安全风险；⑤在气候变化、人口流动情境下可能会有安全风险的热点地区：北京、长三角、珠三角、新疆和重庆；⑥气候变化、人口流动和安全相互作用的国内后

---

① 美国进步中心最早称作美国进步政策研究所，是民主党领导委员会的政策机构，2003 年在约翰·波德斯塔领导下正式成立，2007 年在加州开设第一个办事处。它是民主党重要智库，曾是克林顿的私人智囊团，2008 年进步中心加入奥巴马竞选团队，为其提供了见解独到的研究报告，深受奥巴马的赏识。奥巴马当选后，将中心多名专家招入白宫，同时继续倚重该中心进行政策研究。中心提出的建议，大多被奥巴马采纳，因此被公认为当今美国影响力最大的智库。

果；⑦中国比较头疼的水管理政策；⑧气候变化、人口流动和中国在亚太地区的战略政策。

报告分析了中国在气候变化下面临的多种环境退化压力，集中表现在10方面：①水供给；②粮食安全；③冰川融化；④荒漠化。珠江、长江和黄河不断减少的降水和径流，加剧荒漠化，约2亿人生存在干旱和半干旱区域，北京地区的水短缺压力比中东地区还高；⑤恶劣天气；⑥气温升高；⑦污染；⑧水和能源基础设施破坏；⑨海平面上升；⑩气候变化和人口流动的压力。

报告指出，国内人口流动和城市人口膨胀加剧了中国气候变化的影响。报告估计，假如中国城市化水平按照一些专家的预测在2020年达到60%，中国人口达到14.5亿人，将意味着在2005～2020年间，农村居民迁移到城市的人口达到3.08亿人。这种迁移的影响将因气候变化因素而增加。突出的因素可能是社会不稳定，即数量庞大的流动人口因户籍制度的阻隔享受不到医疗服务。财政和金融危机引发的就业不稳定也是一个重要因素，如2008年的全球金融危机导致许多农村流动人口工人被解雇。气候变化在另一方面也影响到人口流动，比如新提出尚未被普遍接受的气候移民（climate migrants）概念。

报告分析中国受影响的5个热点地区及其在气候变化和人口流动等方面面临的首要风险，主要表现在：①北京地区面临的最大风险是环境问题，包括较差的空气质量、水资源极端短缺等，其次还有荒漠化和沙尘暴问题，同时北京作为人口流动中心，面临严重的人口压力；②长三角地区对气候变化的影响极为敏感，面临的最大威胁是气候变化导致的海平面上升问题，其次是城市化带来的日趋严峻的水污染、酸雨、土壤污染及固体废弃物污染问题，高人口流动率也是制约长江三角洲发展的一个主要问题；③珠江三角洲地区面临的最主要风险是土壤污染，该地区28%的土壤受重金属污染，生产出的蔬菜中有20%含砷，同时，该地区还面临大气污染、水土流失、海平面上升等问题，以及极高的人口流动率；④新疆地区面临的最大风险是环境问题，包括大气污染、水污染、荒漠化等，另一个主要风险是民族冲突问题；⑤重庆面临的主要风险也是严峻的环境问题和人口流动压力，重庆目前是中国最大的23个城市中二氧化碳指数最高的城市，该城市的流动人口占到20%。

报告强调，在气候变化、人口流动和安全风险的交织影响下，中国需要重视一些问题，如政策破碎，虽然中国在2013年推出了户籍制度改革、环境保护改革、污染控制改革、农村产权改革等重大举措，但由于部门协调、官员自由裁量等影响，政策可能会破碎化；又如中等收入陷阱。报告指出，中国在气候变化、人口流动和亚太地区的战略政策方面面临的五个重大挑战：

地区水冲突、雅鲁藏布江流域、湄公河流域、“走出去”战略面临不断升级的风险、气候安全风险和不确定性(页岩气开发)。

(摘译自：Climate Change, Migration, and Nontraditional Security Threats in China Complex Crisis Scenarios and Policy Options for China and the World)

白宫咨询小组提出美国林业应对气候变化的6条建议

2014年4月4日，美国应对气候变化林业工作小组(Forest-Climate Working Group)向白宫提交了新的政策建议，为如何保持森林和林产品的减排能力提出了具体的行动计划，并建议通过制定支持森林可持续经营、加大林产品利用力度等政策，进一步减少温室气体的排放、减缓气候变化对森林的影响。现将小组提出的6条建议摘编如下：

一是开拓建筑市场加大林产品利用。美国林产品每年可储存7100万吨CO_2，相当于吸收国家每年温室气体排放的1%，也相当于建筑业年温室气体排放的17%。为促进林产品利用，须为其开拓市场机遇，如建筑业。该措施可额外减少2110万吨CO_2排放，相当于吸收国家每年温室气体排放的0.3%，也相当于5.5个燃煤厂一年的排放量。

二是恢复和管理私有林。美国私有林地每年吸收碳量相当于国家温室气体排放的9%。税收优惠是支持森林管理的一个重要手段，鼓励森林可持续经营。目前的全部税收优惠政策在维持现有基础上，还将额外产生0.47%的减排量，相当于8个燃煤厂一年的排放量。

三是保护现有林。为维护森林在应对气候变化方面发挥的重要作用，必须保护现存森林。美国林务局计划到2060年，保护超过3400万英亩(相当于20638万亩)的私有林。联邦政府的永久性森林保护计划和税收优惠政策将对私人土地所有者的森林经营活动提供援助，有助于实现森林的最大保有量。计划中将碳储存作为一个优先目标。林务局计划中覆盖的3400万英亩森林将储存75.7亿吨CO_2，相当于1989个燃煤厂一年的排放量。

四是建立景观尺度的保护方法。联邦政府、州政府和非政府组织之间的合作将在整个森林系统尺度上推动森林保护计划，而不是拘泥于某个独立单元。对区域景观保护合作社和新成立的美国农业部气候中心(USDA Climate Hubs)的支持，将为进一步的合作研究和更有效的保护行动提供机遇。

五是关注城市森林。目前城市森林每年可储存 6880 万吨 CO_2，同时每增加一亿棵树将另外储存 160 万吨 CO_2。支持城市森林计划，如美国林务局城市和社区森林计划，将鼓励植树行动，并推动针对城市森林的研究活动。

六是为决策支持提供健全的数据和科学信息。对现有的调查和研究行动给予支持和资助，同时将气候科学整合融汇到决策支持工具中，以帮助土地所有者、土地管理者和法律制定者为实现既定目标制定合理的决策。提供的气候科学信息应包括如何减缓及应对气候变化。

（摘译自：America's Forests—The Climate Change Solution in Our Own Backyard）

环境纸张行动网络：
全球纸业应对气候变化履行社会责任的七点建议

近期，环境纸张行动网络（Environmental Paper Network）提出“全球纸业发展愿景”（Global Paper Vision），旨在为人类谋求一个清洁、健康、公平且可持续的未来环境。该愿景提出的新型消费模式，是一种既满足当前人类需求又可消除浪费、避免过度消费的模式，其可减轻纸张生产对木质纤维的依赖，缓解对森林生物多样性的威胁，可以最大程度地使用再生材料，并可保障包括土地所有权在内的人类权益，发挥就业带动作用等一系列有益的社会效益。该愿景将对造纸业的改变作为应对气候变化的一个方式，要求造纸的原材料来自合法纤维，采用绝对低碳的可再生能源，生产过程零废物零污染。该愿景倡议全球造纸工业、消费者、政府、零售商、投资者及非政府组织努力实现以下 7 项承诺：

一是降低全球纸张消费需求，力促纸资源的公平分配。鼓励消费实用性高、耗纸量少的书籍，帮助目前处于用纸量基线以下（below the paper poverty line）的人群公平地享受到纸资源。为减少对纤维的消费并提高原材料的使用效率，要开发创新系统和技术，与消费者积极沟通，引导其减少不必要的纸张消费，寻求纸张替代品的同时避免产生负面影响，如塑料等材料可能导致的温室气体排放等。

二是纤维循环使用最大化。最大程度地回收所有纸制品中的纤维成分，开发 100% 再生纸产品。对于适合回收的纸制品，努力提高回收率，实现纸资源的最小浪费。大力支持再生纸加工业，包括改进的纸回收系统。增加其他回收材料的使用，如将农业废弃物和工业回收物作为纤维原料，尽量不再使用木质纤维。通过产品设计和降低纸基重(basis weights of paper)，实现纤维的最大利用效率。鼓励对回收材料和再生材料的使用。

三是承担纸业的社会责任。承认、尊重并保护人权，遵从保障人权的社会标准和国际相关协议，积极发展基础就业。确保纸张原料来源地和纸张加工地区的人们和社区能够自由、优先获得信息资源。承认、尊重并保障当地社区拥有享受健康生存环境的权利，以及作为主要利益相关方参与土地使用规划的权利。保障工人权益，包括分包商工人，保证其获得安全的工作环境。促进社区造纸生产设备的改善，提高造纸业中小企业的多元化发展。基于长远的社会和环境视角，支持当地经济发展。

四是保证纤维的合法来源。杜绝使用非法来源的纤维原料，且纤维的供应不可危及濒危森林、保护价值高的林地、生态系统及栖息地，不可将天然林地或具有较高保护价值的生态系统转变为造纸纤维的种植基地，不可破坏泥炭地和高碳储量林地的生态功能，不可侵犯人权或劳动者权益。木质纤维须来自合法经营的森林，该森林须获得第三方认证，森林管理委员会(FSC)是目前唯一的国际认证机构。支持发展和使用替代性农作物，该类作物应较木质纤维具有更可观的环境和社会效益，且该类作物的应用不会对粮食作物和重要的生态系统产生威胁。在纤维生产中减少使用有毒、具有生物蓄积性或难以降解的杀虫剂和除草剂。对来自转基因生物中的纤维进行二次利用。尽可能保证原料的就近获得。

五是减少温室气体排放。降低总能耗，并减少高排放能源的使用。选择生物质能及其他可再生能源，代替化石能源和其他高排放能源。减少向土壤中的温室气体排放量，尤其是泥炭地和高碳储量土壤。维持并强化森林和其他生态系统的储碳能力。促进技术创新、发展产品设计体系，以提高能源利用效率并较少温室气体排放。

六是保证清洁生产。采用先进技术，尽可能减少生产过程中对水、能源、化学物质和其他原材料的使用量，尽可能减少生产过程中产生的固体废物、热污染和排放到大气、水中的有害物质。杜绝有毒物质的排放，杜绝使用用于漂白的氯和氯化合物。保证纸产品生产系统不对水质、粮食生产等造成危害，不危及生态系统及其环境服务。

七是确保透明度和完整性。制定具有约束力的政策和目标，并规定时间期限。公布纸和纸制品的产销过程，保证消费者获知关于纤维成分、产品的可持续性以及生产方法等方面的可靠信息。杜绝利用虚假环保宣传来迷惑消费者的不法行为。创建公平的奖惩体系，有助于减少纸浆制造和使用带来的负面影响。拒绝对有悖于该发展愿景的商业活动进行投资和参与。致力于对该过程的进展情况进行透明的、定期的公开报道。

（摘译自：Priorities for Transforming Paper Production, Trade and Use）

欧洲环境署分析
空气污染对欧洲生态系统的影响

2014年6月底，欧洲环境署发布题为《空气污染对欧洲生态系统的影响》的报告，提出了空气污染和污染物对欧洲生态系统的影响以及实现治理目标的可能性判断，主要结论包括三点：

第一，现行立法[①]对于污染物的削减和生物多样性的恢复来说，力度不够。在执行现行法令的情况下，根据欧洲自然信息系统（EUNIS）的栖息地分类，到2020年将有超过50%的生态系统仍处于氮排放导致的富营养化风险中（但富营养化程度会显著降低）。1990～2020年间受"自然2000网络"保护的生态敏感区域物种丰度的相对增加，表明了减排对生物多样性产生了积极影响。尽管本报告中解决氮营养物沉降的方法有其局限性和不确定性，但是研究结果表明，进一步降低氮氧化物和氨气的排放量，将会对欧洲动植物栖息地的生物多样性产生积极影响。

第二，二氧化硫浓度虽在降低，但氨气、氮氧化物浓度增加，富营养化的空气污染物仍很突出。报告中的评估结果表明，过去几十年对二氧化硫和氮氧化物的削减措施较大程度上遏制了酸雨现象。此外，国家经济结构的变化，如一些国家降低重工业比例、关闭一批旧的低效电厂，均可减少氮硫污染物的排放。但是，由农业活动所产生的氨气（NH_3）和由地表水氧化过程以及土壤酸化所产生的氮氧化物（NO_x）的浓度逐渐增加，在欧洲某些地区甚至成为主要的排放源。氨气和氮氧化物导致富营养化的空气污染物。

第三，欧洲委员会关于解决富营养化的战略目标恐难实现。欧洲委员会提出相关战略，旨在到2030年将欧洲地区富营养化区域减少到35%。根据本报告的调查结果，即使执行所有技术上可行的减排措施，这个目标也不可能实现。因为对于处于富营养化危险中的欧盟28国而言，到2030年超过富营

---

① 2012年4月，一项新的欧盟生物多样性立法获得通过，其旨在到2020年之前扭转生物多样性损失以及加快欧盟向资源节约和绿色经济转变的进程。

养化临界状态的生态系统区域将达到51%。

（摘译自：Effects of Air Pollution on European Ecosystems）

英国能源和气候变化部
就2015年全球气候协议提出英国新愿景

2014年9月初，英国能源和气候变化部国务大臣爱德·戴维就2015年巴黎气候变化大会(COP21)发表讲话，分析了“四大国”的地位，以及新协议要求所有国家共同承担不同减排义务的观点。随后，该部网站发布了文件，阐述了英国针对2015年气候变化协议的主要观点。现将讲话和文件的主要内容摘编整理如下，供参考。

一、能源和气候变化部国务大臣爱德·戴维的讲话

有史以来，我们第一次有机会形成一份真正的全球协议。我们曾经历过失望，也有过期望。2009年的哥本哈根会议令大部分人失去了信心和对国际进程的信任。但在过去的几年中，形势大为好转。如果制定一个具有法律约束力的国际协议，能够自上而下的表达各方诉求，并提供稳定的、公平的框架规则，将激励越来越多的自下而上的气候变化应对行动，推动各国关于气候变化的立法和碳定价机制的发展，等等。

任何一部协议，只有纳入了世界碳排放量最大的四个国家和地区，包括欧盟、中国、美国和印度，才能有效发挥作用。这四个国家和地区的温室气体排放量接近全球排放量的一半，被称为“四大国”。

对于印度来说，经济发展和消除贫困均须与应对气候变化的行动同步进行。因此，印度总理莫迪支持有效的低碳政策，并在巴黎会议之前召开了建设性的圆桌谈判。

中国国家主席习近平一直重视生态文明建设，将应对气候变化的行动纳入国家规划中，并对无视环境立法的官员和企业进行了严厉制裁。同时，中国对煤炭消耗量设置了更为严格的上限。中国致力于减少含碳能源需求，并成为世界最大的非化石燃料能源生产国。

自1997年《京都议定书》出台以后，很多人将美国视为问题的一部分，而非解决方案。美国多个州政府采取了应对气候变化行动，而美国联邦政府则

无动于衷。20 多个州政府制定了能源效率目标，30 多个州政府制定了可再生能源目标。目前，在奥巴马总统的领导下，2013 年的气候变化行动计划让美国走入正轨，包括出台发电厂的排放法规等。

欧盟一直是世界应对气候变化行动的倡导者。欧盟承诺将其温室气体排放量在 2020 年减少 20% 以上，超过其对《京都议定书》的履行责任。

可见，印度、中国、美国和欧盟都在展示其国家和区域政策，在巴黎会议上我们需要将其正式化。

英国一直处在制定气候变化应对行动的前列。《2008 气候变化法案》是世界上第一个长期的、具有法律约束率的国家减排框架。英国的五年碳预算，目前被其他国家视为可遵循的成功模式。《2013 能源法案》推动了世界上第一个低碳电力市场的出现。吸引了对可再生能源的创纪录投资，使低碳部门蓬勃发展。可再生能源发电自 2010 年以来翻了一番，目前可供应英国电力需求的 15%，目前在世界海风发电方面处于领先地位，其海上风电装机容量超过世界其他国家的总和。英国的成功并非偶然，其基于科学家和工程师的技能和专业知识，得益于英国本国企业和国际的投资。

我们认为一份成功的巴黎协议应准确反映当前的环境和经济状况，反映各国的减排能力，及其工业发展和人民生活水平对减排行动的敏感度。我们需要的协议是可信的、公平的，要求所有国家共同承担减排不同的减排义务。该全球协议应制定一套制度体系，包括跟踪进度、建立信任、增强减排雄心等。

二、能源和气候变化部关于 2015 年气候协议的主要观点

(一)关于 2015 年协议的时间表

气候变化是一个全球性问题，需要共同的解决办法。无论是全球变暖，还是不断增加的极端天气事件，都是没有边界的，任何一个国家或地区都无法独善其身。气候公约是唯一具有法律地位并能反映全球利益诉求的文件，2011 年的德班会议，全球一致认为在 2015 年 12 月的巴黎会议上应制定新的全球气候变化协议，该协议不仅被各国政府迫切需求，更受到英国及全球的企业和非政府组织的广泛支持。因此，有史以来我们第一次有机会达成一份具有法律约束力的协议，该协议要求气候公约中的 195 个国家通过减少温室气体的排放来共同履约。巴黎会议并非应对气候变化道路的终点，而是通向未来的一个重大飞跃，我们必须有效抓住这一契机。

英国政府认为一个成功的协议应反映各国的当前经济状况、发展现状及未来的发展趋势，包括以下三点：传递所有国家关于减排的雄心勃勃和公平的承诺；跟踪进展，建立信任机制，并提升信心；为所有国家提供支持，特

别是贫困和弱势国家，助其提高应对气候变化的能力和弹性。

在巴黎会议的前 15 个月，我们提前进行了具有挑战性的谈判，并设置了重要的里程碑，以推动新协议的形成。时间表如下：

(1)2014 年 9 月 23 日，联合国秘书长领导人峰会：来自政府、金融、商业和社会团体的领导人展示其行动的重要平台，包括应对气候变化以及为在 2015 年达成雄心勃勃的协议而制定的计划。

(2)2014 年 10 月，欧洲理事会：英国政府力促欧盟领导人同意到 2030 年实现国内温室气体减排至少达到 40%。

(3)2014 年 12 月 1～12 日，利马会议：跟踪各国在巴黎会议前减排贡献的进展谈判，并捐赠新绿色气候基金的原始资本。

(4)2015 年第一季度，提出减排贡献：英国政府期望发达国家和其他主要经济体按照华沙会议达成的协议，在第一季度主动提出其减排贡献。要求三个主要的最大排放国(地区)——中国、美国和欧盟，要设定实现减排贡献目标的最后期限。

(5)2015 年 4 月，评估期：国际社会将评估各国提出的减排贡献，并判断是否可以实现升温控制在 2℃以内的目标。

(6)2015 年 6 月，波恩会议：根据气候公约规定，新协议须同时考虑草案文本及各国的减排贡献。

(7)2015 年 11 月，巴黎会议：制定新协议。

(二)英国政府对 2015 新协议的愿景

1. 所有国家共同减排的雄心和公平的承诺

(1)一个成功的协议应在应对气候变化上达成国际一致的目标，即将升温控制在 2°C 以内。应敦促所有行业进行减排活动，推动碳市场发展，减少毁林，促进全球经济的低碳转型，在所有国家推行新的、成本更低的低碳技术。

(2)据联合国环境署估测，2010 年全球温室气体排放量达到 500 亿吨 CO_2 当量。如果各国只能实现其当前减排承诺的下限，那么 2020 年温室气体排放量将达到 560 亿吨 CO_2 当量。为确保实现升温不超过 2°C 的目标，全球温室气体排放量在达到峰值之后需在 2030 年下降到 410 亿吨 CO_2 当量。这意味着在 2020～2030 年间需要减排 150 亿吨，相当于目前英国年排放量的 28 倍，比美国年排放量的 2 倍还多，并远高于目前中国的年排放量，这将是一个巨大的挑战。但如果制定完善的政策，并且所有国家都能行动起来，这并非一个不可逾越的鸿沟。英国政府将推进对减排承诺的科学审视，在提升信心、增加经验、降低技术成本的同时，增强减排雄心。

(3)协议应为国际社会指出一个明确目标，关键是确保各国在 2020 年前采取减排行动。欧盟和一些国家提出的减排期限是2030年，另一些国家则将时间聚焦到2025年，还有一些国家则要求出台一个共同的长期目标来指导未来的减排行动，我们非常鼓励此类讨论。英国政府的承诺是2050年将温室气体的排放量在1990年的基础上至少减少80%，欧盟也制定了相似目标。

(4)期冀所有国家都能参与到减排行动中，但并不意味着所有国家的减排承诺都要一致相同。各国的减排目标可以根据经济、能源强度和部门目标而有所不同。尽管实现经济的低碳转型是最终发展趋势，但气候公约的195个国家所处发展阶段不尽相同，因此，各国需要根据各自的国情来妥善选择经济转型模式。

(5)发达经济体在推动经济发展的同时，已开始实现温室气体的快速减排。其他主要和新兴经济体将在不久的将来达到排放峰值，并已做好向低碳经济转型的准备。那些目前温室气体人均排放量较低的不发达国家，为满足其基本发展需求，在未来将面临排放量急剧增加。另一方面，发展中国家更有可能直接完成低碳经济转型，其排放峰值将低于其他国家，并且避免了旧式碳密集型技术带来的负面影响。

(6)各国的减排努力因其发展责任和能力而有所不同，因此并没有一个自上而下的准则来约束各国的减排行动。单独来看各国的历史排放量并不能解决问题，即使欧盟和美国将其排放量降为零，也无法实现气温上升不超过2°C的目标。同样，仅单独考虑未来的排放量或仅仅勒令中国采取减排行动也无法实现这一目标，单独考虑国内生产总值或其他发展措施对于全球协议来说并不足够。一些国家争辩其历史排放量并没有对气候变化产生重要影响，另一些国家则强调其面临着极高的减排成本。总之，减排量取决于各国的共同分担。

(7)英国政府认识到，通过双边会谈和国际会议，鼓励各国制定一套涵盖范围广泛的指标体系，包括责任和能力、过去和未来的排放量、减排成本、减排潜力、人均GDP、减少贫困和促进发展的需要等。

(8)我们的观点是，通过一揽子承诺约定，我们将达成一个公平、持久的协议能够将所有上述的因素考虑在内。这种具有责任感与可行性的承诺约定可以让我们更进一步，而其他的承诺只能使得情况越来越不稳定。可以肯定的是，目前在气候公约下，所列缔约方国家和其他国家相分离的操作机制将不会奏效。该机制没有通过公平性检验，没有通过富有抱负的测试，它并不能帮助那些最贫穷和最脆弱的国家。

(9)世界在变化，我们不能只着眼于过去，以期解决未来的问题。到2020年，非经合组织国家将产生超过全球2/3的排放量，并且中国来自能源消耗的CO_2排放量将会超过美国和欧盟的总和。增长趋势会一直持续到

2030 年。

2. 不同国家或地区作出不同的承诺

最发达经济体

(10)包括欧盟、美国、日本、加拿大和澳大利亚在内的最发达、最富有的经济体应该采取雄心勃勃的承诺，而且我们在双边接触中正在迫使他们这样做。我们想要看到他们承诺雄心勃勃的目标来减少绝对排放量，以反映他们过去的高排放等级和未来可能的应对气候变化的贡献，以及其做出这样削减的能力。我们不希望任何制定经济限额目标的国家从中倒退，或是提出较之前更低的减排承诺。为达到 2℃ 的目标，这些国家需要制定的目标是以 1990 年为基线到 2030 年减排 34% 到 74%，并做出一系列共享减排方法的努力。

(11)在这些发达经济体中，欧盟、美国和日本规模最大。欧盟已经开始通过一项欧盟委员会提案，就其成员国到 2030 年至少减排 40% 以低于 1990 年的排放水平一事进行磋商。这将与欧盟到 2050 年减排 80% ~95% 的长期目标相一致。但若没有其他国家的承诺，欧盟的计划不能实现 2℃ 目标。如果其他国家出面并提出雄心勃勃的承诺，英国将主张欧盟更进一步迈向 50% 的减排，例如通过利用国际碳市场。

(12)我们希望美国和日本提出与他们高人均 GDP、高排放形象对称的减排目标。它们是三个最大发达经济体(其次是欧盟)中的两个，他们的减排水平对于达成协议至关重要。两国认为国情限制他们减排的总体水平，但两国都设立了一个长期的减排目标，即至 2050 年时至少减排 80%。我们希望看到“促进实现 2015 协议驶上可靠轨道”的减排目标承诺。

其他主要经济体

(13)我们预计其他主要经济体，包括 20 国集团的其他成员也采取雄心勃勃的行动；但这一行动的水平不仅取决于本国的情况(责任和能力)，更取决于他们如何实现这一转变。对一些国家而言，这可能意味着绝对减排，也可能意味着排放峰值即将来临。对于其他国家而言，在减排达到可承受的程度之前，未来将有更大范围的排放增长。在许多情况下，采取行动减缓气候变化也有助于达到其更广泛的发展目标。

(14)中国易受到气候变化影响，并且作为排放量迅速增长(到 2020 年将产生全球约 29% 的 CO_2 排放量)的最大单一排放体，它的减排贡献程度对协议达成至关重要。我们期待中国的承诺将会反映这一点。中国关于其排放峰值何时来临的热烈讨论让我们深受鼓舞，反映出排放对当地环境和健康的影响受到极大关注。中国目前非常依赖于煤炭，其经济仍在快速增长，这意味着它的排放量在开始下降之前可能进一步增长。中国排放峰值到来的时间和程度将会是关键，在本世纪20年代，其排放峰值来的越早，我们实现低于2℃目标的机会就越大。回顾这些目标方法，包括IPCC的第五次评估报告审查建议，为实现2℃目标，亚洲的非经合组织国家2030年的排放量应处于2010年排放水平的+7%和-33%之间。

(15)同样地，我们希望看到排放量虽小但呈日趋增长趋势的其他主要经济体，如印度、南非、巴西、印度尼西亚、海湾国家、韩国和墨西哥，作出与其排放水平、国内环境和发展需要相称的承诺。如，印度有较低的人均排放量，并正确地聚焦于发展和增长。因此，我们预期印度的排放在短期内将会成长。但它是第四大排放体(居中国、美国和欧盟之后)，它越早在2030年前或稍晚时间达到排放峰值越好。

(16)所有这些国家一定会从早期行动产生的协同效益中受益，包括健康、能源安全和就业机会，尤其是关键技术成本的不断下降。有些国家，如巴西和印度尼西亚，可能会包括植树造林和防止毁林作为其承诺实现的有效组成部分。因此在这份新协议中，纳入土地使用，以及支持发展中国家的雄心和验证减少毁林在内的方法尤为重要。

其他中低收入国家

(17)东南亚、拉丁美洲和非洲的中低收入国家占全球排放份额的比例较小，但长此以往，他们的行为也会产生影响。他们的人均GDP和贫困程度有很大不同，而我们希望看到他们在考虑其本国情况和能力的情况下，以适合的方式做出贡献。其中一些国家已经开始采取雄心勃勃的行动，如上文所述，在减少毁林排放方面他们也有很大潜力。

所有国家应该在巴黎会议前准备就绪

(18)为了确保新协议是一个所有国家关于减少其排放量的雄心勃勃的承诺，英国正在国际会议上推动双边承诺和谈判，以期在巴黎会议前各国把他们的减排量放在台面上。这需要所有国家加紧准备，让他们准备好提出自己在2015年初期对于新协议作出的贡献。通过诸如联合国开发计划署、世界银行、气候与发展知识网络和世界资源研究所等组织，英国政府已经支持了许多国家，以帮助其为全球减排作贡献。

重要的是我们有时间在2015年以及巴黎之前，为所有国家建立一套关于所有国家提出承诺的强烈而明确的协议：能预计产生多少减排量；它们是如何计算出来的；哪个部门和气体被包含在内；以及何种形式的政策和措施更可能实现承诺。

(19)除了理解各国提出的承诺之外，我们还需要时间去评估这些承诺协议是否对个人和集体有足够的激励效果。这需要国际组织和专家量化各国承诺的减排量，并将结果进行加总，只有凭借这个数据，我们才可以研判是否能够达到将升温控制在2℃以内的目标。这也使我们在决定是否于协议中增加各国减排量之前，有时间考虑2015年巴黎会议的议题。研究数据也有助于在巴黎会议上达成协议，协商关于在2015年后，为在未来达到更具雄心的目标，须要采取怎样的行动。英国将此项数据分析视作提高激励的先驱性的一步。我们想要基于分析结果与国际对手进行对话，同时也将通过多边协议推动这项工作的继续进行。

3. 跟踪进展，建立互信以及促进未来激励

(20)由国家推进的单个减排协议并不会结束。如果起点不明确、实际减排量也不清楚，或者目前无法知晓减排目标是否达成，那么通过少数人的努力减排的协议，意味着无济于事。

(21)我们也需要更好的会计核算标准，帮助企业更好理解如何进行减排核算。我们需要资金，我们也需要减排规则，确保每个人都能够清楚地知道哪一种温室气体排放正在减少，减少了多少，以及这些减排量是如何计算的；同时也需要建立关于减排的规则以确保建立全球行动一致的信心。由于缺少一般性的且明确的框架来跟踪进展，因此真实地认知协议的激励信息程度以及协议推进的速度，已成为极大的挑战。我们的经验和在哥本哈根会议上提出的承诺，已明确了对于上述规则条例的急迫需要。

(22)我们并不是从零开始：我们已经在气候公约下对排放进行了多年的测量、报告以及核实。但世界在变化，新的规则将需要适应各类协议。基于规则的制度目标不应该将无谓的重担施加给国家，而应该提高透明度并完善问责制。

(23)我们应该首先确保，规则应拥有国际约束力，同时与合规制度相关联。为提高透明度，排放应该利用一致的或类似的方式进行监督、报告以及确认。为了利用可比的方式衡量协议成果，我们需要利用IPCC建立的指标与方法。对排放量的报告应对公众开放，同时服从于一些基于排放量已被准确计算的验证。应促进国际合作来提升我们的排放量测量方法并且分享各自的实践经验。

(24)仅仅增加透明度远远不够。若没有一个共同的框架去追踪协议的履行情况，我们将很难确定协议目标是否达成，以及世界各国的协议履行是否被跟踪。框架的基本原则应该是，所建立的跟踪框架体系要适合一个国家可能签署的任何协议类型(比如碳预算、绝对减排量、强度目标、底线偏离量等)。建立跟踪框架，将使得国际团体更好地理解协议并更有效地跟踪进展。

(25)对碳市场以及土地部门而言，这些规则尤其重要。打个比方，一个国家对外销售碳单位配额，出售的碳单位同时算作购买国履约的一部分，这样就会两次重复计算，同时也说明该国报告中所说的减少并不意味着大气中的碳真的下降了。类似的，不同核算方法对于土地部门来说影响也是巨大的。因此，重要的是确保核算方法不影响环境整体性。

（26）最后，也是最关键的，协议需要为各国提供一个强有力的框架，以审查和提高未来协议激励程度。就像基于大气科学的进步，低碳技术将变得更加合算。为了提升协议激励效果，框架应该定期开展履约情况的审查工作，这将在国际局势和履约积极程度均发生变化的背景下，提高履约的主动性。作为一个条例，我们必须保证履约的积极性。

（27）IPCC 认识到世界上所有国家都不同程度地面临着气候变化的一些影响。我们可以清楚预见，世界上的贫困和弱势群体，由于缺乏适应气候变化的能力，往往受到更为严重的影响。尽管气候变化带来的影响将分担到每一个人身上，但女性受到的影响往往与男性不成比例。各国正在采取措施以适应气候变化，同时气候公约也包括了一部分内容，以帮助各国进行更好的准备。英国政府也通过国际气候基金项目（ICF）来支持全球适应气候变化。

（28）在此背景下，适应将成为 2015 年协议的重要部分。协议的达成有助于各国应对气候变化带来的后果以及提高其应对气候变化的弹性，尤其是那些最为贫困和最为脆弱的国家。协议应该在提高适应效果上发挥重要作用，这些适应措施最终将作为各国国家发展计划的一部分。协议的达成也将鼓励各国将适应措施纳入其经济发展的主流，而不是将适应气候变化视为发展规划的补充。

（29）气候公约已经建立并提出了一个构架和制度来指导气候变化适应工作。如：建立了适应措施委员会和应对损失和灾难的国际华沙机制，新协议仍然是一个新机会，其通过分享各国经验，强化国际协调与合作以及提高对工作的理解，为各国的履约行动注入新鲜血液。

（30）为了帮助贫困国家开展必要的适应措施，不仅需要原有资助方，更需要纳入新的资助人来建立持续性的公共资助。然而，依靠集体的能力来适应气候变化的成本是难以承担的，在一些地方，依靠自己的努力适应气候变化几乎是不可能实现的。正如斯特恩在他的关于气候变化的著作中总结的，减缓气候变化的花费要比支付未来气候变化带来损失的花费更为划算。

4. 通向巴黎的道路与展望：英国的角色

（31）全球合作前景广阔，但要达成一揽子协议仍面临诸多挑战。建立政治激励方案、确保各国都在为达成协议而努力，对巴黎会议能否取得进展十分重要。英国政府以及各政党在推进巴黎会议的政治合作上，处于一个关键位置。因此，英国应与欧盟一起为达成协议而努力。

（32）在主要政党推动下，英国长期作为全球应对气候变化的领头羊。正如在1989年联合国大会上，时任英国首相撒切尔夫人敦促世界各国建立一个新公约来应对气候变化。这个公约就是气候公约的前身。今天，世界各地都有应对气候变化的政策和实践伙伴。英国利用其在全球的影响，向各国分享其在减排以及提高应对气候变化弹性方面的经验与专业知识。

(33)英国在官方与部门磋商谈判中也扮演着积极角色。我们正在接触许多国家以及联合国气候框架内的国家，以增进对他国行动的理解并促进2015协议的形成。英国将与一些发展中国家、非洲政治团队、发展中的小岛国以及拉丁美洲的伙伴进行合作来确保各国、各政治团队的利益能够被相互理解，同时制定共同目标。

(34)英国将增进与巴西、南非、印度以及中国等五个国家的部长级交流。同时，英国国务卿将出访其中的国家进行双边讨论。我们将特别注意与欧洲伙伴、美国以及其他G7国家的关系，以探讨共同的目标，特别是在新协议的条例以及规则方面。另外，英国也在与最发达经济体以及G20国家之外的经济体进行合作，包括美洲、中东以及亚洲的新兴经济体。我们所做的努力都是为了确保2015年巴黎会议前能够达成初步意向，并且激励各国以将全球升温控制在2℃以内为目标。

(35)通过外交联邦事务部设置在全球的近270个外交事务办公室，我们将利用英国的全球外交影响，建立为协议所需的政治环境并讨论出新的方案。在区域论坛方面，比如卡塔赫纳进展对话、G7、G20对话以及美国主导的经济体论坛，英国的加入将为合作带来新的机会，特别是对于那些挣扎于联合国气候框架下试图解决棘手问题的国家。

(36)我们的欧盟合作伙伴在明年的巴黎会议中对目标达成至关重要。欧盟以及其成员国均参与了气候公约和京都议定书。然而，在联合国的谈判中，英国和其他成员国以及欧盟是作为一个团队参与的，这意味着英国在谈判中拥有重要话语权。英国也在欧盟立场的确立中扮演着核心的角色，而欧盟的立场在国际磋商中是不可忽视的。通过欧盟与其他国家的交流，我们将继续支持和协助推进欧盟在联合国协商中地位。

5. 动力的核心：政治意愿

(37)尽管协议达成的前景很美好，但不能忘记2009年哥本哈根气候大会的教训。我们认识到协议的达成需要在2015年巴黎大会前我们作出更多的前期努力。我们同样也意识到即使能够达成一个满意的结果，巴黎会议也不会成为结束。协议的主要内容包括，避免气候变化的危险后果，向公共以及企业的管理者发出“未来是低碳的”的明确信号，帮助穷困和最易受影响的地区和国家提高应对气候变化的弹性。政治意愿将会是确保协议达成的关键，但同其他我们所面对的世界性挑战一样，都是大尺度的且十分复杂的。通过跨政界的共同努力以及2015年的政治既定议程，我们无疑会在巴黎会议上获得一个满意的结果。

（摘译自：Paris 2015 Securing Our Prosperity Through a Global Climate Change Agreement）

英国发布
气候变化下生物多样性脆弱性评估国家模型

2014年3月3日，自然英格兰(Natural England)①发布了一个基于地理信息的新模型，旨在评价气候变化影响下，一些重要生境的脆弱性。现将该模型有关内容编译整理如下：

一、模型开发的背景及意义

气候变化加剧了生物多样性面临的压力并为其带来了新的挑战，如何适应气候变化是目前环境保护和管理的首要问题。自然资源在英国气候变化风险评价和国家适应计划中，被视为适应气候变化的关键领域。为了应对气候变化，实现自然资源的有效保护，亟须在大尺度范围内对不同物种、生境及景观的脆弱性进行评价，并解释导致该脆弱性的原因，以确定采取保护行动的优先领域，合理管理稀缺的自然资源。

基于此，自然英格兰开发了一个新模型——气候变化影响下评价生物多样性脆弱性的国家模型(the national biodiversity climate change vulnerability model，NBCCVM)，该模型可为非专业人士操作，其基于生物多样性适应气候变化原则(biodiversity climate change adaptation principles)，即"在气候变化影响下保护生物多样性：为增强其适应能力提供指导"，评价气候变化影响下，重要生境的脆弱性。该模型以地理空间的形式显示了重要生境的相对脆弱性，可以在一定范围内更有效地标识出应该优先采取适应行动的区域。

该模型的开发目的是为自然英格兰的自然资源保护计划提供生境脆弱性

---

① 自然英格兰是英国环境、食品和农业大臣的咨询机构，成立于2006年，其职责为保护英国的自然资源，包括土地，动植物、淡水资源和海洋环境，同时保障公众能够最大程度地从自然资源中获取利益。

数据，具体有三：一是基于生物多样性适应气候变化原则，对重要生境的相对脆弱性进行空间直观评价；二是提供不同尺度上基于地理信息的一系列GIS出图，通过结合其他相关空间数据，为生物多样性恢复确定目标；三是作为一个操作灵活的、基于GIS的决策支持工具，其使用者可以纳入当地具体数据，考虑如何结合适应原则来反映当地情况和确定保护优先级。

自然英格兰气候适应高级顾问Sarah Taylor评价："新模型的突出优点在于它的多功能性，以及对地方决策所起的广泛的支持作用。"英国东南部气候主管Kristen Guida评价："该模型对于我们理解生境和物种问题非常有价值，它为脆弱性评价提供了有力的根据，其直观的输出方式更易于使用其他相关信息。"

二、模型方法学

根据英国气候影响计划提出的框架，评价过程分为五个步骤，每个步骤独立完成后再汇合成最后的完整评价，五个步骤分别为：①确定重要生境；②评价重要生境应对气候变化的敏感性；③评价生境应对气候变化的能力，以及应对其他负面影响的能力(非气候变化)；④根据前三步的评价结果，综合评价气候变化影响下重要生境的相对脆弱性；⑤评价生境的保护价值，有助于确定优先保护行动。

该GIS模型的分辨率为200米，最小栅格为200米×200米，相较之前的评价模型，其分辨率更高，可为脆弱性评价提供更为精确细致的空间分析数据。输入数据包括五类，每类数据都有特定的指标，下面具体介绍各个指标及评分方法。

(一)对气候变化的敏感性

该指标的评价结果有三种：①敏感性高：面临具体的威胁，如海平面上升，对气候变化引起的一系列水文变化特别敏感。②敏感性中等：绝大部分生境受水文变化的影响。③敏感性低：受气候变化的影响较为宽泛。根据不同的敏感度，评分方法见表2。

表2　敏感性指标得分

敏感性得分	敏感性等级	脆弱性得分	脆弱性等级
3	高	3	高
2	中	2	中
1	低	1	低

(二)生境破碎化

生境破碎化的评价结果有三种：①破碎化程度高：生境为独立存在的小斑。②破碎化程度中等：生境由具有相通性的中小面积斑块组成。③破碎化程度低：生境由具有相通性的大面积斑块组成。破碎化评价遵循的基本原理是较大面积的生境可以支持更多的生物个体，具有更强的抵御极端气候变化的能力，如干旱和洪水。该指标具体包括两个次级指标，分别是生境聚合指标(the habitat aggregation sub-metric)和土地覆盖矩阵指标(the land cover matrix sub-metric)。生境聚合指标是对个体生境分布规律的评价，土地覆盖矩阵指标是对半自然土地覆盖类型分别规律的评价。通过对两个次级指标的评价得分进行组合和调节得到生境破碎化的最后得分，其分值范围为0～3。评分方法见表3。

表3　破碎化指标得分

破碎化得分	破碎化等级	脆弱性得分	脆弱性等级
2～3	高	3	高
1～2	中	2	中
0～1	低	1	低

(三)地形异质性

该类指标的评价结果也有三种，分别是：①高：生境或其周围景观在高度和地貌上均无明显变化。②中：生境及其周围景观在高度和地貌上存在一定程度的变化。③低：生境及其周围景观在高度和地貌上存在较大变化。该指标具体细分为四个次级指标，即生境聚合高度变化、土地覆盖矩阵高度变化、生境聚合地貌变化及土地覆盖矩阵地貌变化。通过加和四类次级指标的得分可以得到地形异质性的得分，其得分范围为0～3，评分方法见表4。

表4　地形异质性指标得分

异质性得分	异质性等级	脆弱性得分	脆弱性等级
0～1	低	3	高
1～2	中	2	中
2～3	高	1	低

(四)管理水平

该指标的评价结果有两种：①高：缺乏有效的管理措施，生境质量较差，生境易受破坏。②低：由于采取有效的管理措施，同时生境质量较好，具有一定抵御破坏的能力。利用该指标进行评价的基本原则是生境管理水平下降，其应对气候变化的脆弱性增强。具体评分见表5。

表5　管理水平指标得分

管理水平得分	管理水平等级	脆弱性得分	脆弱性等级
0	高	3	高
1	中	1	低

(五)保护价值

保护价值分为三种，即国际价值、国家价值和重点生境价值。生境的保护价值并不直接影响其生物多样性的脆弱性，但在确定重点保护区域和目标行动方面却是需要着重考虑的因素。

该模型的输出结果包括两张 GIS 图，一张为脆弱性的综合评价，即赋予前四个指标相同的权重，再进行加和，其结果分为高、中、低三个级别。另一张为结合生境保护价值的脆弱性评价，其有助于在生物多样性恢复行动中，选择优先保护的生境。

三、模型的应用

该模型可以实现地理空间数据的自动化分析，分析过程具有重现性，且可实现新数据的更新。该模型具有范围较大的潜在使用者，对于自然英格兰的工作人员，其可作为一个有效的工具，在战略水平和区域层级评价气候变化影响下的生物多样性脆弱性。如，自然英格兰可以利用该模型的输出结果作为制定国家战略计划的根据，也可以用于指导区域的空间规划。同时，该模型的输出结果还可加紧与合作伙伴之间的工作，如英国环境部等。国家尺度的 GIS 输出结果，可以有助于自然英格兰及其伙伴在生物多样性恢复行动中，确定目标和优先采取适应行动的区域。

为了检验模型的实用性，自然英格兰进行了一系列正式和非正式测试，并在测试中为合作者提供了一些初步数据。测试阶段该模型的认知度得到显著提高，通过修正更加符合使用者的要求，功能得到进一步优化。

目前，该模型还有一定的优化空间，如对不同的指标赋予不同的权重，充分考虑各个指标对脆弱性的影响程度，使用其他数据(如当地生境数据)，改变指标等级，对各个指标进行不同的组合出图等。

(摘译自：National Biodiversity Climate Change Vulnerability Model)

第二节 碳排放权交易

全球林冠项目：国家或地区强制碳交易市场有三种模式纳入林业，并给予其不同的份额

全球林冠项目①(Global Canopy Programme)和联合国环境规划署等机构于2014年1月发布《刺激REDD+减排的中期需求：需在2015~2020年进行战略干预》(*Stimulating Interim Demand for REDD+ Emission Reductions: The Need for a Strategic Intervention from* 2015 *to* 2020)报告，分析REDD+中期融资建议，其中报告从需求来源方面，分析了国家或地区碳市场对森林碳的需求形势。据分析，目前国家或区域强制碳市场存在三种纳入林业的模式：国内林业碳汇项目级补偿或国际CDM碳补偿模式、碳排放权配额管理模式和国际REDD+碳信用补偿模式。

1. 欧盟碳市场：暂未纳入林业碳汇，但有纳入趋势

欧盟排放贸易体系(European Union Emissions Trading System)成立于2005年，是世界上第一个强制性限额与贸易(cap-and-trade)计划。它包括欧盟全部成员国(28个)以及列支敦士登、冰岛和挪威。该计划主张减少来自发电、

① 全球林冠项目是由来自19个国家的37所科研机构所组成的联盟，这些机构在森林树冠研究、教育和保护方面走在世界前列。

供热和能源密集型产业的温室气体，并减少途经欧盟的商业航空（欧委会，2013 年）。该市场允许控排企业利用国际 CDM 和 JI 项目以碳补偿形式履行其减排义务。但是来自造林和再造林项目的碳信用并未被欧盟碳市场接受。欧盟最近通过一份决议，关于如何将 LULUCF 活动的排放纳入其减排承诺。但是，对于如何纳入，以及 LULUCF（和 REDD+）排放是否被欧盟碳市场接纳，都是不确定的，并在近期不可能完全明朗。

2. 澳大利亚的碳定价机制：纳入国内项目级碳补偿和国际 CDM 项目两种模式

到 2020 年澳大利亚的温室气体排放将较 2000 年无条件减少 5%，如果世界达成一个雄心勃勃的减排计划，澳将减排 25%（澳环境部，2013）。覆盖许多大型企业的碳定价机制（Carbon Pricing Mechanism）将帮助澳大利亚实现这一目标。澳大利亚政府允许来自国内低碳农业倡议（Carbon Farming Initiative）的碳抵消，也允许国际碳抵消机制包括 CDM 和 JI。尽管国际气候协议可能考虑 REDD+机制，但目前，澳大利亚政府并未计划将其纳入碳定价机制。

3. 新西兰排放贸易计划：碳排放权配额管理模式和国际 CDM 项目模式

新西兰的碳排放贸易计划（Emission Trading Scheme）于 2008 年正式启动。它是一个无上限帽（uncapped trading scheme），但参与方必须购买配额履约的体系。林业参与者一方面可以通过增汇活动挣取配额或免费领取配额，另一方面也可以通过国际碳抵消机制包括 CDM 和 JI 履约。但是，新西兰并未就第二承诺期设定减排目标。因此，不论国际气候协议未来是否考虑纳入 REDD+机制，新政府尚未计划将 REDD+纳入其排放贸易计划。

4. 美国加州限额与贸易计划：国内林业碳汇项目级补偿（8%限额）和国际 REDD+碳信用补偿模式（2%~4%的限额）

美国加州于 2013 年 1 月启动了限额与贸易计划（Cap-and-Trade Program）。它覆盖很多排放部门，并从 2015 年起进一步扩大范围，目前覆盖加州 85%的排放源。控排实体可以利用国内林业碳汇项目级补偿最高履行其履约义务的 8%，也可以利用国际 REDD+减排项目（目前尚未通过）碳信用在第一履约期最高补偿其履约义务的 2%，并在第二履约期提高为 4%。据估计，假如所有的国际碳信用供给计划都是 REDD+项目，加州市场 2013~2020 年对此的潜在需求可达到 8000 万吨 CO_2。目前，加州暂未接受 REDD+项目。加州州长和墨西哥 Chiapas 州州长、巴西 Acre 州州长正在商谈，关于如何将国际 REDD+项目碳补偿纳入加州碳市场。

5. 加拿大魁北克省的限额与贸易计划：国内林业碳汇项目级补偿（8%的限额）

加拿大魁北克省于 2013 年启动了限额与贸易计划（Cap-and-Trade

Scheme)，覆盖80个排放场所。参与者可以利用国内林业碳汇项目碳信用履行其履约义务的8%。该计划目前未接受任何国际碳补偿。

6. 美国区域温室气体倡议：国内林业碳汇项目级补偿

美国区域温室气体倡议(RGGI)于2009年启动，主要纳入相关电厂。履约实体可以利用国内林业碳汇项目级碳信用履行其履约义务的3.3%，根据碳价格升高变化形势，这一比例可以提高为5%或10%。该计划目前未接受任何国际碳补偿。

7. 日本限额与贸易计划：两个省级试点碳市场纳入国内林业碳汇项目级补偿，筹建的国家碳市场准备纳入国际REDD+碳补偿

日本正在尝试的东京和埼玉两个碳市场，纳入了国内林业碳汇项目级补偿。筹建中的国家碳市场已考虑纳入REDD+碳补偿项目。日本政府正在设计多边联合信用机制(joint crediting mechanism)和双边补偿信用机制(bilateral offset credit mechanism)两种模式。根据日本政府与某个发展中国家的双边协议，日本企业可以通过提供碳技术和服务获取碳信用。目前，关于这些机制的细节正在设计中。

(摘译自：Stimulating Interim Demand for REDD+ Emission Reductions：The Need for a Strategic Intervention from 2015 to 2020)

世界银行绘制2014年全球碳交易蓝图
分析林业参与国家碳市场的新西兰经验

2014年5月28日，世界银行碳市场2014年度报告，即《2014碳定价机制现状及趋势》(*State and Trends of Carbon Pricing* 2014)，在德国科隆举办的第11届全球碳博会发布。这份报告关注到两方面的内容：对全球碳市场进展和新西兰碳市场发展给予了分析，现将这两部分内容摘编整理如下：

1. 全球碳市场和碳税进展情况

报告称，在中国六个碳市场启动运营的驱动下，一年来，经过国内碳定价机制定价的温室气体排放量所占比重大幅增加。目前，已有39个国家和23个地区(其对全球温室气体排放的贡献接近1/4)采用或计划采用碳定价工具(图1)，其中包括碳排放交易机制和碳税，从而为推行由下至上的气候变化应对行动营造了势头。

2013年，共有8个新建碳市场投入运营，另有一个市场于2014年初投入运营。这些新市场加入后，全世界碳排放交易总值约为 300 亿美元。目前，中国已成为全球第二大碳市场，其交易覆盖为 11.5 亿吨二氧化碳当量，仅次于 2013 年欧盟的 20.39 亿吨二氧化碳当量碳排放交易额。从全球看，碳定价机制覆盖近 60 亿吨二氧化碳当量，约占全球温室气体年度排放总量的 12%。

报告认为，碳税征收渐成气候。墨西哥和法国于 2013 年开征碳税。在北美地区，俄勒冈州和华盛顿州正在探索碳定价方案，携手加州、魁北克省和不列颠哥伦比亚省，共同应对气候变化。

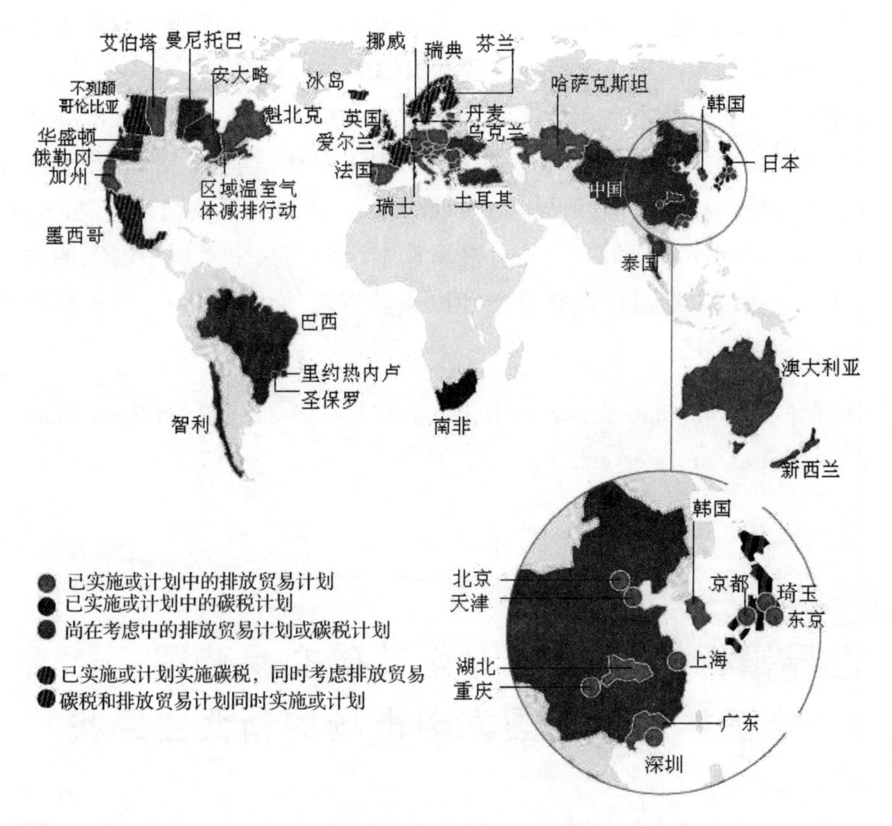

图 1　全球碳市场和碳税进展情况国家分布图

2. 新西兰国家碳市场的经验

新西兰碳市场的显著特征在于其排放帽的松软性(soft)，即它的排放上限并没有设置具体的数额限制，而是以完成《京都议定书》第一承诺期减排目标为目的。2013 年 8 月，政府宣布新的气候变化目标，即 2020 年比 1990 年无条件净减少 5% 的排放。目前的碳市场政策措施不足以实现这一目标。该市场规定可以无限使用国际碳信用单位，而无限使用这些价格降到了历史最低点的国际碳信用单位，致使新西兰国内减排不充分。

但是另一方面，新西兰碳市场对林业清除和抑制毁林产生了积极影响，尽管市场受新西兰单位(新西兰碳市场交易工具)价格下降的影响，它仍帮助国家在没有使用经核证减排量(CERs)或减排单位(ERUs)的情况下完成《京都议定书》第一承诺期规定的减排目标。预计未来林业清除将会减少，新西兰必须利用国际碳市场和承认第一承诺期产生的剩余碳排放配额，才能实现2020年减排目标。

新西兰市场的主要经验是，无限使用国际碳信用降低了国内碳价，导致市场参与者毫无动力参与减排、投资清洁技术和植树造林。2011～2012年，毁林和采伐导致的排放表现出显著增加。报告分析，毁林和采伐排放增加有三个原因：①当采伐森林导致排放时，林地所有者可以利用其在国家碳市场收到的新西兰单位或国际碳信用单位来履行减排义务。当新西兰单位和国际碳信用单位的价格处于下降趋势时，林地所有者更倾向于将林地转换为其他用地，用较低价格的碳信用单位来弥补其减排义务。②林地所有者收到的新西兰单位可以储存供将来使用也可以当即售出。林业所有者可以在每一年结束也可以在2012年结束时报告其第一承诺期的排放情况，这是导致毁林和采伐排放增加的第二个原因。③林业排放增加的第三个原因是新西兰碳市场漏洞(loophole)，允许1989年后的森林获得暴利(windfall profit)。因为，新西兰单位价格暴跌，一些森林公司在2011年以20新元/新西兰单位的价格售出了碳信用，而现在却以1.6新元的价格买回，买回成本仅相当于售出价格的一小部分。另一些林主，现在计划砍伐森林，以较低的成本买回碳信用弥补排放，离开碳市场。

一位分析师认为，新西兰的症结在于制度规则的虚弱性(weak)，它允许国内使用便宜的国际碳信用，导致三年内国内碳价格下降90%。有专家建言，要限制国际碳信用的使用。

(摘自：1. State and Trends of Carbon Pricing；2. 新浪财经)

森林趋势发布2014年自愿碳市场报告

2014年5月28日，森林趋势生态系统市场(Forest Trends' Ecosystem Marketplac)发布题为《2014年自愿碳市场状况》报告，旨在减少全球温室气体的排放。报告指出，2013年投资于碳市场的总金额为3.79亿美元，比2012年下降26.7%，折合美元1.44亿。

碳抵消一般通过一系列环境规划项目，如风能利用、避免森林采伐、使用清洁炉灶等。根据报告，2013年90%碳补偿的购买者为过去曾购买过的企业，如雪佛兰、玛莎百货、安联集团购买的碳补偿可以弥补 7600 万吨的温室气体排放，目前碳市场面临的严峻压力是如何吸引新买家的加入。总体上，2013 年的碳补偿需求较 2012 年减少 2670 万吨，合计 1.44 亿美元，其中每吨平均价格较 2012 年下降了 16%（4.9 美元）。减少的碳补偿仍可能在交易中，只是并非自愿。2013 年美国加州总量管制和排放交易市场正式运转，之前自愿购买的参与者开始获得相应的补偿。而森林趋势仅仅记录了之前的碳补偿交易量，相较 2012 年的 1500 万吨碳补偿交易量，2013 年的交易量仅为 30 万吨。

欧洲组织是碳补偿的最大买家，2013 年的购买量为 2800 万吨，较 2012 年减少 36%，减少的原因一方面是缓慢的经济复苏速度，另一方面是出于对欧盟碳市场发展前景的悲观预测。

REDD + 是最主要的碳补偿项目，2013 年的交易量达 2260 万吨，明显高于 2012 年的 860 万吨。该交易实现了森林保护，驱动力主要来自德国开发银行和巴西阿克里州签订的协议。2012 年巴西决定通过为期四年的森林保护行动来获得至少 800 万吨的碳信用额度。此外，还计划以一对一的方式对应德国开发银行的碳补偿，以双倍提高协议效应。“巴西的已完成工作表明，拉丁美洲和其他地区的新兴经济体愿意也有能力保护森林，”森林趋势创始人兼首席执行官 Michael Jenkins 说。

2012 年对 REDD + 项目的需求大幅上升，导致其价格下跌 44%，从 7.4 美元/吨降至 4.2 美元/吨。交易价格至少对 5 个 REDD + 项目开发商产生严重影响，其以不到 3 美元/吨的价格交易了 28% 的碳补偿。调查表明，另外 40% 的交易价格为 3～20 美元/吨。

（摘译自：Forest Trends Releases ‘State of the Voluntary Carbon Markets 2014’）

第四篇

生态保护

第一节 生态恢复与保护

国际环境与发展研究所：生态标签市场绩效以双位数增长

生态标签(eco-labels)概念始于欧盟。建立生态标签体系的初衷是希望把各类产品中在生态保护领域的佼佼者选出，予以肯定和鼓励，从而逐渐推动欧盟各类消费品的生产厂家进一步提高生态保护，使产品从设计、生产、销售到使用，直至最后处理的整个生命周期内都不会对生态环境带来危害。据国际环境和发展研究所(IIED)2014 年 1 月 31 日官方网站的消息，按照可持续倡议现状(SSI)2014 评估(报告)，私营部门溯源承诺(sourcing commitments)推动了可持续商品的市场增长。这份评估回顾 2014 年 16 个最普遍的生态标准措施，如森林管理委员会(FSC)、有机食品和雨林联盟市场。评估结果显示，大多数接受调查的生态标准措施倡议都以两位和三位数增长。认证商品 2012 年贸易价值约为 361 亿美元。

制造商包括可口可乐、星巴克、雀巢、阿迪达斯等都加强了溯源承诺的可持续采购趋势。2012 年认证生产增长最为强劲的是棕榈油行业，(较往年)经历了 90% 的增长。其他领导部门是糖(74%)、可可(69%)和棉花(55%)。认证商品在几个市场领域取得较好的渗透效果，认证咖啡达到全球生产的 38%(2008 年为 9%)、可可为 22%、棕榈油为 15%、茶叶为 12%。

(摘译自：Study Reports Double-digit Growth in Market Performance of ‘Eco-labels’)

生态林业和民生林业结合的典范：美国 21 世纪大户外战略

户外产业是美国的支柱产业之一，它全年带来 6460 亿美元经济收入、提供 610 万个持续就业岗位、为联邦政府和州及地方政府创造近 800 亿美元税收，户外产业现已成为提振美国经济和增加就业的重要部分。

2011 年以来，美国着力打造 21 世纪大户外战略，目的为促进户外产业和生态建设共同发展，这一战略成为美国涉林部门促进生态林业和民生林业结合的一个典范。

一方面，良好的生态基础设施是户外产业的基础，它为所有家庭不论居住在哪里都能提供便利，促进美国人在户外产业中完美"重返大户外、融入大户外"；另一方面，户外产业为生态提供资金和管理模式，创新探索灵活、依赖于当地社区的生态恢复和保护战略，创造就业机会、活跃农村经济、加强土地可持续经营，促进美国人在自然生态系统管理中"建设大户外、经营大户外"。正如奥巴马总统 2013 年的评述指出，"我们发起的美国大户外倡议(America's Great Outdoors Initiative)为恢复宝贵的生态系统取得了历史性进展，保护令人赞叹的自然奇观，肩负特殊的生态环保责任"。

近年来，为推动 21 世纪大户外战略，奥巴马政府进行很多努力，如汇集 8 个部门组成的全国性"21 世纪保育服务团"①正式成立；内政部、农业部、商务部、美国陆军及白宫环境质量委员会共同签署了一项谅解备忘录，建立专门主管户外产业的联邦委员会；2012 年和 2013 年发布了大户外战略进展报告。另外，大户外战略最近强调进行保护和恢复主要河流的另一项努力：美国大型户外河道倡议(America's Great Outdoors River Initiative)。

一、推出大户外林业战略的背景

21 世纪大户外战略是奥巴马政府在生态管理和生态保护方面提倡的一项全民行动、跨部委合作的计划，目的是保护美国自然风景和自然资源，调动城乡社区积极参与其中促进经济发展，也为了后代人保护重要的自然资源和自然特征。它由内政部、农业部、环保署、环境质量委员会等部门负责合力推进。

---

① 该服务团简称为 21CSC，是一项为青年和退伍军人打造的就业计划，让他们有机会从事公有地、水域和文化资产指定地的保护和复原工作。

建国伊始，美国拥有的自然资源如河流、森林、土地、海岸和山区，已经帮助美国界定了自己作为一个民族和一个国家的特征，这些自然资源也是美国宝贵的财富，它们提供休闲、放松、重建，以及找寻与朋友和家人的持久回忆。

但是，今天的美国人与大自然日渐疏远。一方面，是大自然遭受了破坏和减少；另一方面，是我们生活节奏太快。我们发现，自己与塑造自然和文化传承的遗产出现割裂。自然资源对保持经济活力发挥重要作用，但它们正承受不断增加的开发压力、破碎化、不可持续利用、污染，以及气候变化的影响。

在2012年和2013年的"21世纪大户外战略"进展报告以及奥巴马总统的讲话中，都对大户外战略的背景进行了描述，主要包括以下三个方面：

1. 生态保护文化观的历史传承

保护大自然是美国人的基本价值观(basic American values)。内战时，林肯总统保护加州Yosemite Valley，它最终成为第三个国家公园的一部分。20世纪初，西奥多·罗斯福总统保护2.3亿英亩(约0.93亿公顷)的国家森林、公园和野生动物避难区，建立起中央政府保护公共自然和文化资源的概念。富兰克林·德拉诺·罗斯福总统提出"保护和开发"，为20世纪30~40年代大萧条时期的许多美国人找到了工作。

历经几代人积累，美国建立了包括公园、森林、海滨、荒野地等在内的国家生态体系，这些体系的完善和繁荣体现了美国的建国原则之一：所有美国人有权利享受大自然的馈赠，有义务将这些遗产留给后代。

2. 21世纪生态供需形势新要求

21世纪，许多美国人发现，他们在"有权享受大自然的馈赠"时遇到了障碍，即繁忙的生活节奏和供给不足的清洁、安全、开放绿色空间，制约着享受良好生态环境。数据表明，生活在城镇周边约80%的人觉得①，难以找到绿色休闲空间。当代美国人平均每天享受绿色生态空间的时间是其父辈的1/2，而每天花费在电子设备上的时间却高达7小时，真正能享受到的空间，离人们越来越远。另一方面，人们的需求，也从"长周期的旅游"转变为"短周期的游憩"。

大户外战略是新世纪美国生态观的体现，它倡议"城乡社区发挥催化剂作用(catalysts)，鼓励社区间在珍惜自然资源保护方面展开竞争，彼此促进，确保无论是国家公园和森林，还是标志性的经营性林地或城市绿色空间，都受到保护。

---

① 数据摘自《联合国世界城市化展望2007年(修订版)》(*United Nations World Urbanization Prospects: The 2007 Revision*)。

3. 21 世纪生态管理“大国之梦”的新理念和新战略

美国人口从百年前的 9200 万增加到目前的 3.08 亿，人口普查局预测，未来 40 年内将增长到 4 亿。人口增长带来的开发活动已使土地支离破碎，破坏了自然生态系统，并危及到高产农田和林地。美国已开发土地中的 1/3 是在 1982 ~2007 年间完成的。[①] 每年，不仅失去了约 160 万英亩的经营性农场、牧场和森林，而且正逐渐使它们碎片化。许多河流、湖泊、海岸和溪流被污染，海滩关闭时有发生。自然遗产面临着新挑战，包括新型污染和气候变化，其严重后果尚未全部显现。

2010 年，美国大户外战略小组发起广泛的对话和调查活动，举行了 51 次听证会，超过 1 万个美国人参加了现场会议，提供了超过 10.5 万条评论。

各方对 21 世纪生态战略取得一致意见：提高生活质量、促进经济发展并突出国家认同感的民族品质。

今天的美国人呼吁 21 世纪的生态管理方法。它必须有助于保护自然遗产；有助于实现更大的健康和福祉；有助于解决政府和民族面临的经济挑战；有助于明智利用纳税人的钱。既恢复自然和文化遗产，又促进显著经济效益。

今天，美国人认识到，健康的环境和健康的经济可“鱼与熊掌”兼得。投资自然财富，可以创造就业机会并提供休闲旅游，还可以将重要的自然遗产留给子孙。

二、大户外林业战略的基本内容

（一）大户外战略的基本内涵

大户外战略总的思路是为当代人服务、为后代人保护“建设大户外、保护大户外、经营大户外、重返大户外”。

大户外战略包括三个支柱：①人与大户外相融。崇尚大户外是美国人的身份标志和精神象征，美国民众表示，他们想要联邦政府作为推动者，让大户外产业在民众就业、生态服务、休闲游憩和文化教育四个方面同时实现这一“身份”愿望；②保护大自然。我们面临新技术传播、人口结构变化、政府预算约束的挑战，大户外为保护美国珍贵、传统的自然资源开启了新篇章，有效调整并充分利用资源推进社区为主体的生态保护经营工作；③新型生态合作管理。提高联邦机构和私营组织之间的合作，建立伙伴关系，使社区能够实现比其独自努力更好的成果。

具体来看，其活动主要包括五个维度：①建设、保护大尺度生态景观；

---

① 数据摘自《2007 年美国资源清查报告农业部摘要报告》(*USDA Summary Report*: 2007 *National Resources Inventory*)。

②为美国人提供充足的游憩场地和机会；③恢复、保护作为文化遗产的河流和森林；④维护城市公园和绿地；⑤打造年青一代生态保护服务团。

（二）大户外战略的十大目标

大户外计划包括3个部分，具体分为10大目标和75项行动，主要内容如下：

1. 让美国人重返大户外

目标一：通过增加高品质的保护、恢复活动和生态工程，提供优质就业机会、职业发展路径和服务机会。

大户外战略通过与各阶层的沟通，找准提供就业的方向和路径。在征求年轻人的建议中，他们表达了想在美国公共土地和水域工作的愿望，但是，也表达了对申请以及招聘过程的迷惑。一些情况下，不得不放弃原有想法，到别的领域工作。在当前经济不景气的时期，大户外计划能提高工作培训和工作机会，使人重回工作岗位，创造更多财富。也能加强当地社区与地方之间的联系，提高个人健康福利，同时在民众中建立持久的生态管理风气习惯。

建议推动建立21世纪生态保护和管理青年服务团，增进美国年轻人在公共土地与水域环境保护恢复中的地位；与美国人事管理办公室合作，提高职业发展通道，并找出自然资源保护与历史文化保护工作的就业障碍；提高招募、培训、管理志愿者以及志愿者项目的综合能力，培养新一代的生态管理者。

目标二：增加美国人参与户外产业的通道和机会。

联邦6.35亿英亩（约2.57亿公顷）的土地每年为10亿人次提供独特的服务和设施，如1600万英亩的阿拉斯加Yukon三角区国家野生动物避难区就是其中的标志性设施。

联邦机构之间正加强合作，提供风景河流、森林、国家公路为一体的多元风味户外旅游区。另外，市县政府和私人土地上提供的公园、历史遗迹也为美国人提供了广泛绿色空间。

许多美国人的评论指出，目前参与户外休闲的障碍在于进入生态旅游区的交通通道和信息通道不足，如公园的标识较少、政府的网站较复杂。

目前，联邦政府机构正开展标志性户外旅游工程项目，如林务局的“林中育童”（Kids in the Woods Program）、公园局的“少年游侠”（Junior Ranger）等。

建立跨部门户外委员会（FICOR），支持在公共土地上的休闲活动，为公众建设最近的（adjacent）户外区。地方层面要加强基于社区的建设活动，提供更多的户外场地和设施。

目标三：宣传提升对美国大户外计划价值和效益的认识。

通过创新性的意识提高合作项目与教育，弘扬美国自然文化历史，同时培养对自然文化历史资源的管理能力。

建议开展公众意识行动，展现大户外活动的趣味、简单和健康；与教育部合作，提升人们对生态效益的认识；促进推动项目，教导并加强孩子与家庭、自然文化遗产之间的纽带作用。

目标四：促进年轻人在保护行动和大户外行动中的参与。

梳理年轻人为基础的指导思路，促进年轻人积极参与大户外活动，努力保护美国自然遗产。

2. 建设、保护和恢复美国的大户外

目标五：建设并增加安全、清洁、开放的城市公园与社区绿地。

开展美国大户外城市公园与社区绿地行动，通过提高资金扶持，吸引更多投资；支持并联合联邦机构的项目和行动，促进城市公园、社区绿地建设、扩大；为社区提供技术支持，建立并提升城市公园和社区绿地行动；加强居民生活与城市公园和社区绿地之间的联系。

目标六：保护、恢复国家公园、野生动物保护区、森林，以及其他联邦政府的土地和水域。

保护、恢复和管理联邦政府的森林和水域，以确保未来子孙后代能够享用，同时有助于保护更多自然文化景观。

建议在更大的景观尺度下，管理联邦土地和水域，以保护生态系统和恢复流域健康；提高对气候变化的回弹力；与其他公共私人利益相关者合作，共同管理联邦政府的土地和水域，建立和保护重要的野生动物廊道，并维持景观连接性。

推进国家、区域、社区支持层面上的工作，以保护并提升那些独一无二的景观、天然区域、历史遗迹以及文化胜地，同时保证土地使用公开透明。

建议界定并推荐一些联邦政府管理的区域，将其纳入 1906 年文物法案进行保护。以国会的名义划定潜在保护地区，并获得当地人的支持。

加强保护历史文化资源。建议为参与历史文化资源保护的州、社区、部落以及私人组织，提供资金和技术的支持；继续保护在联邦土地上的历史和文化景观。

目标七：加强合作与激励，保护农村经营性农场、牧场和森林。

通过经济激励与技术支持，促进大规模的土地保护合作项目。建议通过现有联邦资金、政策和与其他资源，对私有、部落土地进行保护，并在各联邦机构之间合理分配调节经费，支持景观伙伴关系。

加快农村、庄园以及森林土地保护的进度。2011 年后，推广保护地役权捐献的所得税、赠与税、遗产税的扣款税收优惠。

通过财政激励，提高农民、农场主、林地所有人和部落的土地管理水平。

建议发展新市场，不仅包括土地活动主导的环境服务市场，还包括当地农业、可持续林产品、可持续能源与其他资源的市场；支持财政与其他方面的激励，鼓励在私人土地上的狩猎、钓鱼、登山、户外休闲以及其他户外活动；推动协议委托方式的发展，比如安全港湾协议，即与愿意执行有助于鱼类、野生动物以及水资源保护的管理活动的土地所有者达成协议。

目标八：保护和新造河流与其他水道。

为河流和其他水道与美国大户外计划紧密联系的社区，赋予权利并提供更多支持。如南卡罗来纳州，新康加里蓝河水道将首府哥伦比亚与康加里国家公园和美国东南部最大最完整的原生低洼阔叶林连接起来。建议建立美国大户外国家蓝图通道倡议，如修订国家步道体系法(national trails system act)，制定透明程序，将河流和水道指定为国家大户外战略的蓝图通道(blueway trails)；促进生态旅游、户外休闲性质的参观、了解，认识国家水道。

修复保护河流、河湾、河岸、湖泊、河口，保持更好的旅游环境、健康的渔业以及野生动物栖息地。建议与州、地方政府、部落以及私人合作，提高并修复当地水道与周边土地，支持社区的保护活动；支持地方与联邦水资源管理计划连接和合作。

目标九：增强土地水域保护基金。

该基金已支持林务局和鱼类暨野生生物保护局购买超过450万英亩的土地。要加强鼓励支持土地水域保护基金以更好地满足人们保护与休闲的需求。建议为土地水域保护项目提供全部资金支持；拿出部分联邦土地水域保护基金，集中用于能够达成大户外行动目标的项目，包括大尺度的土地保护、城市公园绿地、河流恢复；扩大全国综合户外游憩规划范围，与大户外计划重要项目充分结合。

3. 以联邦政府为轴，建立广泛的保护计划伙伴

目标十：建立以联邦政府为中心的伙伴关系。

提高联邦政府作为保护计划伙伴“中心”的表现。建立跨部门大户外委员会，为促进保护与休闲，达成更多部门间合作协助。通过大户外运动的广泛社会合作，扩大运动的影响力。建议发展各级政府、NGOs和私人之间大户外运动合作伙伴关系。

(三)实施大户外战略的政府机构建设

大户外计划成立了联邦部委间委员会(FICOR)，支持各方行动，并增大在联邦土地和水域内的户外娱乐的通道和机会。委员会包含8个部门，它促进户外设施、服务的提供，以及自然文化资源保护和管理的协调和协作，这8个部门是：环保署、林务局、国家公园管理局、鱼类暨野生生物局、土地管理局、复垦局、陆军工程兵兵团、国家海洋和大气管理局。

三、大户外战略的典型案例和效益评估

(一)典型案例

1. 北部森林项目

项目目标是景观保护与农村土地保护，项目地址在新罕布什尔州北部。

北部森林横跨新罕布什尔州、缅因州、福蒙特州以及纽约州，覆盖超过3000万英亩。森林树种多样，包含大量阔叶落叶林树种、山地混交林、低地云杉、低海拔橡木、松树与山核桃。森林成为当地特色，同时也是当地经济不可或缺的一部分。

近年来，联邦政府机构鱼类暨野生生物管理局联合其合作伙伴孔蒂保护区之友(NGO)，通过土地水域保护基金和森林遗产项目，向当地森林投入大量资金。“公共+私人”的保护合作取得显著成果，保护的土地从1997年430万英亩提高到了如今的650万英亩。仍然有许多机会来促进密西西比河东部森林的完整性，以持续提供产品、户外娱乐、野生动物保护。保护区内外的土地保护能够为区域经济生态完整性作贡献。该项目支持大户外战略特别强调的景观保护和农地保护。

采取的措施主要是，为获得恩倍哥(安德罗斯科河源头)和西尔维奥—孔蒂国家鱼类和野生动物保护区(马斯科马河源头)的土地保护的地役权提供经济支持。

2. 墨西哥湾海岸恢复项目

项目目标是保护大尺度生态景观。项目地址在墨西哥湾海岸。

超过3.1万平方英里(约8.03万平方公里)的墨西哥湾海岸平原，居住着两百万居民，是生态保护的关键地区。这个地区的湿地和松林生态系统是当地濒临灭绝物种(红冠啄木鸟和墨西哥蝾螈)的关键栖息地。在未来25年中，这个地区被估计会经历一个显著的新发展以及人口增长，这样为当地濒临灭绝的物种和他们的栖息环境增添了新的压力。阿拉巴马州联合了鱼类暨野生生物管理局和美国国防部、阿拉巴马大学，争取这片土地的地役权，用于保护栖息地、保护生态走廊，以及提高这片土地用于户外休闲的机会。联合保护行动优先考虑的重点是保护剩下的长叶松树林生态系统，另一个重要的目标是为当地军事活动(如“军事暗区”)提供一个生态保护缓冲区。

采取的措施包括：支持争取保护地役权，保护珍稀物种栖息地和保证克拉尔堡、本宁堡和埃格林空军基地进行的军事活动。

3. 杜松国家级野生动物救助保护区

项目目标是大尺度生态景观保护。项目地址在伊利诺伊州东北部。

2010年，威斯康星州和伊利诺伊州的州长、参议员、众议院代表要求为

新建国家级野生动物救助保护区提供可行性的研究。计划中的杜松国家级野生动物保护区位于芝加哥与密尔沃基城市带的西缘。保护区建设的合作伙伴包括鱼类暨野生生物管理局、国家公园管理局、伊利诺伊州和威斯康星州政府、地方政府、非营利组织、私人土地所有者。杜松保护区包括60个公共和私人公园、保护地，自然生态系统面积达到2.3万英亩，为109种重点动植物(包括49种鸟类和48种植物)提供栖息地。保护区将成为35万英亩保护带的核心区域，同时连接各个保护区片段，保证景观连续性。保护区将会为方圆30英里的350万居民提供户外教育，包括儿童与家庭，保护区的建成为这些家庭带来便利，否则他们需要到150英里以外的地方才能参观保护区。伊利诺伊州已经正式支持了该计划，麦克亨利县已经表示对保护区的支持，同时为项目提供资金，以确保保护区周边保护区的有效利用。

采取的措施包括：以国家级保护区的标准，建设杜松保护区；与州、当地政府、私人组织、土地所有者相合作，通过私人公共土地的合作管理扩大保护区的影响；继续与东南威斯康星州地区计划委员会合作，确保保护区项目与东南威斯康星州的规划活动相协调。

(二)效益评估

大户外计划已成为美国文化的重要组成部分，数以千计的农村社区通过对联邦土地的适当管理来获得收益。当美国人外出郊游或在野外过夜，他们的花费直接支持了许多职业，比如导游和户外用品商、住宿管理员、公园管理员和护林员、特许经营商、其他小企业主以及更多相关人员。每年在联邦政府土地和水域的休闲旅游超过9.38亿人次，消费超过510亿美元，提供了88万个工作机会。而从美国整个产业部门(包括公有和私有地、政府和私营组织)来看，大户外产业支持610万人就业，年度消费值达到6460亿美元。

2012年大户外计划的经济贡献，如下表所示。除了参观、消费和工作，还包括了以美元计量的附加值项。

表　2012年在联邦土地和水域内休闲消费对经济的贡献

项目	娱乐参观(百万人次)	旅游消费(×10亿美元)	工作机会(千个)	附加值(×10亿美元)
国家公园管理局	283	15	243	16
土地管理局	59	3	58	4
鱼类暨野生生物局	47	2	37	2
农垦局	28	1	26	2
林务局	161	11	194	13
国家海洋和大气管理局	无报告	5	135	无报告
陆军工程兵兵团	360	13	187	14
所有FICOR机构	938	51	880	51

四、对我国的借鉴

欲“让地球充满生机”，就得讲求对生态环境的经营和保护。在这方面，美国用心良苦、成效卓著，促进人与自然和谐，值得关注。大户外战略的经验对我国的借鉴大致有以下几点：

1. 构筑国家基本生态空间体系

美国经验表明，良好生态是休闲产业的基础，战略以“建设大户外、保护大户外”为第一要义，通过立法保护 2.6 亿公顷的国家基本生态空间体系，切实把国家森林、国家保护区、国家公园、国家湿地、国家荒野地、国家景观等重要水源地、生态功能区保护起来。

党的十八大提出，要生产空间“集约高效”、生活空间“宜居适度”、生态空间“山清水秀”，依法划定森林、湿地、沙区植被、物种等“生态红线”，并落实到地图上、地块上，制定最严格的管理办法，明确维护国土生态安全、人居环境安全、生物多样性安全的生态用地和物种数量的底线，保护国家森林、国家保护区、国家湿地等基本生态体系，建立和完善国家公园体制，将重要生态功能区严格保护起来，优化生产力布局和生态安全格局。

2. 政府大力提倡和推动休闲产业成长和发展

美国大户外战略内涵之一是将休闲产业作为吸纳就业的“稳定器”。走向绿色不是发展中面临的一个问题，而是一个机会。政府应以绿色小镇、生态设施为抓手，以休闲度假旅游产业为支撑，积极建设国家生态经济区，成为在休闲产业的绿色空间、清新空气、清洁水源、安全食品等生态产品的第一提供者。从整体看，我国就业总量压力比较突出，2012 年城镇需要就业的劳动力达 2500 万，未来这种趋势仍将持续。因而，在今后应对这种就业需求变化，打造户外休闲产业或是新的“重要引擎”。

3. 加强多样化的天然和人工生态设施建设

美国户外产业和生态建设相互促进发展具有三大推动力：政府的重视和提倡、工业化后民众对生态的需求、生态基础设施的完善。

我国休闲产业发展正处于兴起时期，如何成为支柱产业？无疑，满足多样化的生态需求是休闲产业发展的前提，丰富的自然资源和生态基础设施为此提供了基石，政府的支持和居民生活方式的变化成为契机。人们可以在国家森林和公园获得所有满足，但多样化的方式正在改变。越来越少的人会旅行超过两周时间，相反，人们更乐意选择路程较近的“周末之旅”来体验“自然仙境”。随着社会变化，必须改变土地和水域的管理方式，提供多样化的生态产品。

4. 大户外战略反映了生态环境是双重生产力的一种价值选择

这种选择，反映出“服务民生抓生态、改善生态惠民生”的战略导向，是生产力发展的生态化，表现出一些相互关联的基本内涵：生态保护、自然遗产、绿色经济、休闲游憩、绿色消费、体面就业和生态文化等。

这种价值的实现过程，必须依靠全社会积极参与，建立广泛的伙伴关系才具有行动的基础，需要在取得社会成员认同的基础上，形成一种民族的生态文化“身份感”和共同体。从这个意义上讲，将生态和民生有机统一于生态文明建设的伟大实践，建设生态文化共同体，是建设生态文明不可或缺的组成部分。基于我国经济文化发展区域不均衡的现实特征，建设生态文明需要付出更多努力。

（摘译自：America’s Great Ootdoors：A Promise to Future Ginerations、大户外战略2012和2013年进展报告等英文版报告）

美国联邦政府自然生态系统保护制度的若干要素

近半个多世纪以来，人类对可持续发展反思和完善，提出了生态文明的发展道路，在生态文明建设的过程中，生态系统保护体系和保护制度的建设发挥着重要作用。“生态”、“环境”、“制度”、“生态文明”，已成为国家发展水平的重要标志，工业文明、污染增长的理念正在被摒弃，人们正日益注重生态环境质量、生态文明、历史和文化。

美国经过上百年的努力，已建成多个国家级生态保护体系，相关制度日趋完善，值得研究借鉴。

一、美国联邦政府自然生态系统[①]保护的现状概述

美国联邦政府拥有约3亿公顷的土地(含代管的印第安保留地，详见表1)，约占国家陆地面积的30%。这些土地蕴藏了丰富的森林、河流、沼泽、珍稀动物、自然保护区和地下水等自然资源，为了保护和利用好这些资源，联邦政府建立了具有针对性的国家森林、国家保护区、国家公园、国家湿地、国家荒野、国家景观六大生态体系，由政府机构代表国家对这些生态体系的保护实行统一规划管理。在美国，这些自然资源按其生态功能的不同归属不同部门管理，表现出分散化管理模式，如联邦所有森林的管理与保护归属农业部林务局，国家保护区归属鱼类和野生生物管理局，国家公园归属内政部

① 本文中不涉及海洋保护区。

国家公园局，国家湿地归属环保署和陆军工程兵团。

表1　美国国家级生态保护体系的土地产权和生态服务职能情况

所有权种类	联邦六大生态体系						面积（百万公顷）	占比(%)
	①	②	③	④	⑤	⑥		
1. 私有土地							551	60
2. 公有土地							363	40
2.1 联邦所有的土地							262	29
2.1.1 林务局	√			√	√		78	8
2.1.2 土地管理局	√			√	√		106	12
2.1.3 公园管理局			√		√		34	4
2.1.4 鱼野局		√			√	√	38	4
2.1.5 其他机构							6	1
2.2 印第安人保留地							22	2
2.3 州和地方所有土地							79	9
3. 陆地总面积							916	100

注：①指的是国家森林体系；②指的是国家保护区体系；③国家公园体系；④指的是国家景观体系；⑤指的是国家荒野体系；⑥指的是国家湿地。

二、美国联邦政府自然生态系统保护制度的若干要素

(一)出台专项法案

联邦政府自然生态系统保护制度以专项法案为支撑，每一个生态保护体系都有针对性的法案来提供支持。法案的功能主要是三方面：一是为建立保护区域、确定保护“红线”提供支持；二是为建立专业化管理机构赋权提供依据；三是为限制和惩罚破坏行为提供法律框架。

这些法案主要分为两类：一类是针对民间商业开发行为、捕获动物等行为的规制；另一类是管理商业交易的法律和管理国有土地(州有土地等公有地)的法律。这些专项法案如表2所示。

表2　美国国家级生态保护体系的专项法案

国家体系	法案名称	出台时间	条款摘选
国家森林体系	《森林储备法》	1891年	由国会提供基金，建立一个永久性的森林储备体制
	《国家森林管理法》	1976年	基于有关地区的持续性和能力来确保植物以及动物共同体的多样性

（续）

国家体系	法案名称	出台时间	条款摘选
国家保护区体系	《国家野生物避难系统管理法案》	1966 年	
	《联邦土地政策与管理法案》	1976 年	阻止私有化进程，为了“现今美国人与子孙后代”的利益，联邦政府应该保留土地。
	《国家野生物避难系统改进管理法案》	1997 年	
国家公园体系	《奉献法案》	1872 年	
	《古迹法》	1906 年	
国家荒野地体系	《荒野地法案》	1964 年	
国家湿地	《清洁水法》	1972 年	把所有地表水体水质达到“可以养鱼与游泳”作为国家的一个目标
	《紧急湿地资源法》	1986 年	授予土地与水保护基金以购买湿地的权力
国家景观保护体系	《联邦土地休闲加强法案》	2004 年	

（二）划定保护区域

国家对联邦公有地范围内各类区域的生态功能进行了系统梳理，突出生态资源特色，依据专项法案，明确了各类生态体系的保护界线、功能定位及管控要求，提出了相关保障措施。生态体系区域的划定，主要遵循两个原则：一是法定性。严格以专项法案作为划定的基本依据。二是专业特色。立足分类划分，按照各体系提供的专业特色，形成多样性，构建具有特色的自然生态保护体系。如依据《森林储备法》划定的国有林区，面积固定在 1.02 亿公顷左右，对改善国家生态环境、满足居民日常休闲游憩需求，保护生物多样性，实现自然生态系统的良性循环发挥了重要作用。

（三）指定专门机构

美国对生态体系管理组织的设置和各个监督环节管理机构的设置比较重视，对整个生态保护活动进行全面统一规划管理、控制、反馈、评价机构的设置。为使专门机构发挥作用，着力做好以下三项工作：

(1)对各个专门管理机构的职能进行明确赋权，通过进行动态调整而形成一个平行式分散的生态管理组织机构体系。具体做法是：由专项法案对专门机构赋权（表 3），专门机构不仅拥有管理权、经营权，还拥有对民众破坏性行为的规制权、监督权（如颁发许可证），保证其保护活动的效率。如根据相关法律，美国鱼类和野生生物管理局的职责是：“为美国人民的利益，和其他人或机构合作保存、保护和改善鱼类、野生动物、植物和他们的栖息地。”它管辖国家野生动物保护区系统（548 个国家野生动物保护区和 66 个国家鱼类保育地)、候鸟管理部、联邦鸭票、国家鱼类保育系统、濒危物种项目、美国鱼类及野生动物管理局执法办公室等。

(2)建立一套相对完善的工作规范体系，使保护工作有系统的、明确的制度依据。具体要求是：重视对生态保护流程的识别，使每一项保护事务、每一个保护环节的工作都有明确的质量、时限标准。每一项工作都要有明确的责任岗位或人员。

(3)建立相对完善的考核评价体系。具体目的是，以保护工作的全面协调为宗旨，从实际出发，设置考评项目、考评标准、考评方法；明确职责；使考评发挥出监督、控制作用。如林务局建立了野火管理的资金使用评价体系，主要包括三方面：一是提高最有可能发生灾难性野火的国家森林体系的健康指标。具体指标包括：在野外和城市交界处外，处于2、3等级条件的经过处理的面积；通过副产品利用，降低有害燃料的土地的比例。二是在消防员和公共安全、利益和价值被保护下，使灭火成本最低。具体指标包括：非预期的野火在灭火中被控制的比例；保护的价值超过灭火成本的大型火灾的比例。三是帮助最有危险的非国家森林体系的地区发展和实施减少危险燃料和防止火灾的计划和项目。具体指标包括：完成或正在实施火灾管理计划或风险评估的社区的比例；签有合作协议的土地面积。

表3　美国国家级生态保护体系的专职负责机构

国家体系	专门机构	法案名称和时间
国家森林体系	农业部林务局	1897年的《林务局组织机构法》
	内政部土管局	1945年的《重新组织法案》
国家保护区体系	鱼类和野生生物管理局	1966年的《国家野生生物庇护系统管理法案》
国家公园体系	国家公园局	1916年的《国家公园管理局组织法》
国家荒野地体系	林务局等	
国家湿地	国家环保署、陆军工程兵团	
国家景观保护体系	土管局、林务局等	1976年的《联邦土地政策和管理法案》

(四)提供独立稳定的公共财政预算

联邦政府建立独立、稳定的财政预算，支持自然生态系统的保护工作，主要表现在两方面：一是对各个专门机构拨付工作经费。林务局有上万名工作人员，每年的工作经费预算约为49亿美元，在全国部分地区设立派出机构，包含联邦、州、县、市四级在内的区域性办公室，实行集中、垂直的国有林管理体制。二是建立专门的财政基金用以支持自然生态系统的保护工作。如1965年有关法律规定土地和水域保护基金用于多种保护目的，近一半提供给联邦机构，另一半给州级政府。联邦资金主要用来购买要用作保护地的土地，扩大保护规模(图1)。

另外，为了更好地履行生态保护职能，联邦甚至州政府从多个渠道获取资金，主要来源包括：经营收入、税收、收费、馈赠和信托、公债。

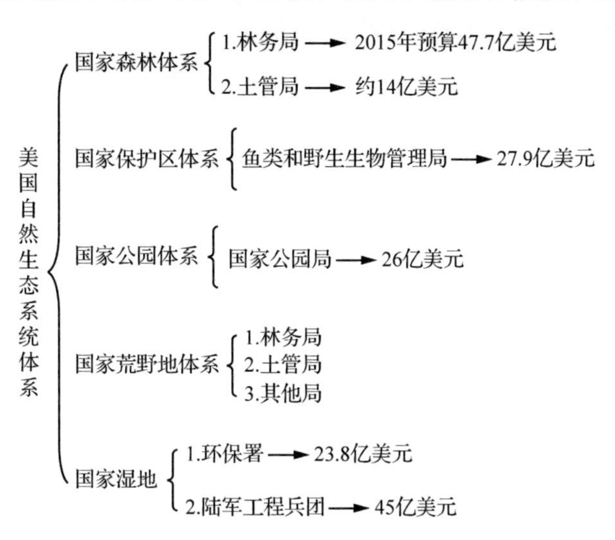

图1　美国联邦自然生态系统保护体系的预算情况

(五)履行合规审计

随着经济的发展，社会生产和分配关系的不断调整，政府提供生态产品的重点也随之发生变化，如何构建完善的生态保护制度，履行好服务功能？一些生态保护活动，与当时的背景紧密关联，情景变化以后，也应调整。这就要建立合规审计制度，对生态建设活动进行评估，建立起合理的进入机制、退出机制以及创新机制，对已有的、创新的生态保护活动及时通过消除、补充适应新形势而从结构上对其加以完善。

生态保护制度在长期动态调整中不断完善，在于两种合规机制的支持：一是依法进行不定期动态调整完善保护制度。联邦针对生态环境新问题以及农村新形势，及时增设、调整、合并生态保护活动，指导方向。20 世纪 80 年代，针对农民收入较低，《农业安全法案》支持对休耕地造林种草，减少农地供给，提高土地收益率，提高农民收入，对林务局增设了退耕还林还草工程活动。21 世纪初，针对林火频发，2003 年的农业法案批准健康森林计划，增加了在一些濒危物种地区更新造林恢复植被的职能；2009 年出台复苏与再投资法案，鼓励土地所有者关注恢复、提高和管理物种生境、关注森林游憩功能区开发，其中专门开展森林健康项目投入 0. 89 亿美元。二是依法进行合规审计完善保护制度。如 2013 年美国审计署(GAO)评估认为林务局对其森林灭火飞机缺乏数据统计，没有很好地评估其绩效，建议林务局不能采购新飞机①。这影响到林务局森林防火保护活动及相关职能的履行。

(六)多元合力的保护机制和监督机制

多元化治理是美国生态保护制度长久运转并取得显著成就的关键。它建立了政府主导，市场拉动，财政、NGOs、企业和私营个体多方参与，分工合理、职责明确、规模庞大、行为规范的治理体制：①多元化投融资体制。公共财政大力支持生态体系和社区。完备的林业投融资体系提供了大量资金。林业法律保驾护航，各方投融资责任清晰。②多元化组织体制。从机构看，有决策机构、执行机构、咨询机构，执行机构又分为若干家。如总统办事机构环境质量委员会，既有决策又有咨询职能，协调林务局、土管局和公园局等部门有关生态环境方面的事项。在执行机构层面，坚持主次分明、适度竞争、落实生态建设主体责任，如国有林以林务局为主、土管局为辅的格局。③多元化决策监督机制。表现在决策程序多元参与，既要完成政府官员决策程序，又要完成公民参与程序。如：2005 年启动的加州流域湿地整治，既要求政府各部门合作，又要求教师、开发商、环保组织共同完成社区座谈、同行评议会议、利害关系人会议等五次会议，会议记录作为开展湿地整治项目的法律依据。

另外，各政府机构采取宽严相济的经营制度，也是长期维持生态系统保护制度的有效支持机制，包括严格限制开发经营的制度(如加州法典严禁在州公园系统的单位内进行资源的商业性开发)，还包括以罚款和监禁为主的处罚方式以及其他行政法律责任相辅的处罚方式(如吊销执照或许可证)。

三、美国联邦政府自然生态系统保护制度的效益

美国生态体系及其保护制度，建立和运转的历史都比较长，经过近百年的发展，政府对政策工具不断创新、国会对法案不断完善、公众对保护工作不断提出建议，取得了显著成效。其中一些机构对其工作成绩进行了比较系统的统计，一些机构的统计数据不完全，根据有关资料，美国生态体系及其保护制度的主要成就表现在生态、经济和社会效益三个方面，如负责国家森林体系的林务局 2015 年重点工作预计改善 270 万英亩(约 109.3 万公顷)的流域环境，新增 31 亿板英尺(约 731 万立方米)的木材资源；2011 年，国家森林和草原上的各种活动，为国内生产总值贡献超过 360 亿美元，支持近 45 万个就业岗位(表 4)。

---

① https：//www.wildfirex.com/2013/08/22/gao-report-critical-of-u-s-forest-service-aviation-strategy/。

表4 美国国家级生态保护体系的效益

国家体系	生态效益	经济、社会效益
国家森林体系①	林务局2015年重点工作预计改善270万英亩(约109.3万公顷)的流域环境，新增31亿板英尺(约731万立方米)的木材资源，恢复或加强3262英里(约5251.8公里)河流栖息地的生态弹性； 2001~2013年，林务局抚育森林面积3300万英亩(约1336万公顷)	2011年，国家森林和草原上的各种活动，为美国国内生产总值贡献超过360亿美元，支持近45万个就业岗位； 林务局通过城市和社区森林计划，已使7000多个社区、1.96亿美国人从中受益。
国家保护区体系②	为700多种鸟类、220种哺乳动物、250种爬行动物、1000多种鱼类提供栖息地； 保护超过380种濒危动植物。	每年游客数量超过4700万人； 创造17亿美元的收入； 提供2.7万个就业岗位

四、对我国的借鉴

美国联邦政府陆地自然生态系统保护制度，在管理体制、法律制度、资金机制和监督机制等方面，值得学习借鉴：

第一，明晰自然资源产权的主体，并实行垂直管理。

美国的各个政府机构是联邦政府这一自然资源产权主体的“代理人”，普遍采取垂直管理，这些“代理人”主要获取国家给予的工资作为其收益，不能将自然资源作为生产要素投入，无权将资源转化为商品牟利。

我国在自然生态系统的保护中，“保护”与“开发”的矛盾较为突出，特别是地方政府出于自身利益考虑的干扰，明晰自然资源产权的主体并实行垂直管理模式，是解决这一问题的有效手段。

第二，研究制定相关部门的机构组织法。

美国经验表明，生态系统管理工作中，政府机构的集中或分散设置、具体的事权范围、权力边界、经营自主权、资金来源等都根植于相应的法律制度，并根据相应的组织法进行管理。各机构即使在森林资源、湿地资源、水资源及其基础设施、服务提供等方面存在重叠，但由于明确的组织法进行规定，因此能合力而不推诿，协作而不掣肘。

生态系统管理综合性强，涉及社会、经济、文化多个领域，牵涉部门广，如何协调好关系，不能寄望于大部制“一劳永逸”。要真正发挥好各部门在其中的作用，令其在各自的权限范围内满足公众的需求，法律的完备和法治的完善是不二选择。

第三，保障有力的资金机制。

美国经验表明，必要的财政资金保障，是国家级生态保护体系良好运转

① 本组数据摘自美国林务局局长2013年和2014年在国会的证词。

② 本组数据摘自《美国国家保护区体系2013年统计概览》，http://www.fws.gov/refuges/about/faq.html。

并履行公益服务职能的前提条件。我国政府在自然生态系统保护方面的主要使命是资源保护和公益服务，一方面提供财政资金保障人员基本运营经费（如美国国家公园的运行经费列入联邦政府预算，约占公园运营资金的 70% 以上），另一方面建立公益投资基金进一步扩大保护范围，同时通过适度的经营牟取经济利益，提高管理效率。

第四，依法落实公众参与的有力监督。

美国的生态环境保护，在各级政府部门、专家系统和科研部门之外，还有规模极大的公众参与，如世界自然基金会在美国有 120 万会员，美国环境保护基金协会（EDF），有 30 万会员。美国的法律对公众参与生态环境保护作出了明确规定。

我国在生态保护和管理以及生态破坏的监督机制上，须切实做到依法监督和公众参与。应逐步探索生态环保重大决策向公众征求意见作为法定程序，使决策必须考虑多数人的利益最大化而非部门利益、地方政府利益最大化。

（摘译自：1. 美国林务局、鱼野局、公园局、土管局等机构政府网；2. 国外绿化管理法律制度研究；3. 休闲发展中的政府角色：美国经验；4. 美国林业部门预算绩效评价及对我国的启示；5. 美国环境法的动向）

第二节

生态补偿与自然系统价值核算

联合国欧洲经济委员会：
56国创新森林生态补偿计划　完善
六项制度安排　加快推进绿色经济发展

联合国欧洲经济委员会①于2014年5月份发布报告《森林的价值：绿色经济下生态系统服务付费》（*The Value of Forests Payments for Ecosystem Services in a Green Economy*），分析了该委员会56个成员国森林生态补偿的进展情况。报告共7章，重点介绍了56国森林生态补偿计划、须进一步完善的6项制度安排以及森林生态补偿的展望和建议。现将报告主要内容摘要编译如下，供参考。

一、欧洲经济委员会56个成员国建立了4种森林生态补偿计划

2011年，一项研究统计分析了欧洲经济委员会56个成员国的森林生态补偿计划。在该区域，总共有78个森林生态补偿项目（表1），其中37个补偿森林和生物多样性，28个补偿森林提供水服务，剩余的13个是森林保护水质交易项目。补偿项目近年来正在增加，表现出两个特征：一是在欧洲和北美

① 联合国欧洲经济委员会建于1947年，是联合国经济及社会理事会下属的五个地区委员会之一，主要职责是促进成员国之间的经济合作。委员会目前有56个成员，除了欧洲国家外，还包括美国、加拿大、以色列和中亚国家。

的项目增加较快；二是以补偿森林和生物多样性服务为主的项目增加较快。

目前，森林生态补偿主要有两种情况：一是对维持和增强生态系统服务提供资金；二是对处于风险状态下的生态服务，或因土地利用变化对其产生负面影响的生态服务，给予资金支持。这两种情况，根据资金的制度安排差异，可将森林生态补偿计划细分为四种：①公共财政资金补偿计划；②私营资金补偿计划；③公共财政管理私营资金的补偿计划；④贸易计划和银行保护。

（一）公共财政资金补偿计划

公共财政资金补偿计划即以地方政府或中央政府作为生态系统服务的主要购买方，公共财政资金按照规则分配给服务提供方。这种补偿计划在欧洲地区有两个典型案例：①芬兰南部的森林生物多样性项目（METSO）。它于2002年启动试点，2008年开始在全国实施，目前财政支持额度为1.82亿欧元[①]（2008~2012）。②芬兰和瑞典合作开展的森林保护项目（KOMET）。政府要求，一方面要保护生物多样性，另一方面要改变以前的森林经营模式。两个项目都取得了增加森林保护区面积的显著效果。

芬兰METSO项目在机制设计上有三个特征，较好地照顾到林主：①自愿性。林主自愿选择是否参与；②公平性。林主根据森林的情况，向环境部门提出意愿，并填写表格，提出价格。环境部门邀请专家根据18项生态指标对应的生态价值，对森林的生物多样性价值分级评等，再确定林主的价格是否合理。按照芬兰法律，根据保护级别，目前有六种不同等级的栖息地：国家公园、保护区、森林法栖息地、森林自然保护法栖息地（Forested Nature Conservation Act habitats）、生态补偿下的永久性私营保护区（PES：permanent private protected areas）、生态补偿下的永久期限合约（PES：fixed-term contracts）。一旦政府和林主协商确定后，就签订长期合约（10~20年），支付补偿费用，补偿标准是50~280欧元/公顷/年；③科学性。补偿标准依据机会成本法，根据禁止采伐而损失的木材价值计算确定。

实施公共财政资金补偿计划，须要建立一个公共部门专门负责，还须设计一种成本效益的机制，将公众对森林生态系统服务的公共需求显示出来。

其他一些国家也在创新公共财政资金补偿计划，如荷兰和拉脱维亚开展小规模的政府生态补偿计划，对特殊的林道、观景区征收入园费（entrance fee）。还有美国的奉献税（dedicated taxation），即纽约地区提高水费以补偿其水源地Catskills森林集水区的森林管理。

很多涉及水供给的公共财政资金补偿计划往往须大量补偿土地可持续利

---

① 数据来源于 *Financing biodiversity in private forests: The METSO programme*。

用。在瑞士 Canton Basel-Stadt 地区，森林覆盖率 12%，阔叶林约为 429 公顷，其中 90 公顷由 330 个私有林主持有，该市一半的饮用水来自 Langen Erlen 集水区，在该集水区主要依靠自然经营供水，而在其他地区为了供水，须进行树种替代，将部分杨树用柳树和甜樱桃替换。城市消费者为了供水，支付了更高的水价。

公共财政资金补偿计划的重要价值在于其提供的补偿规模，因此保持该计划的持久性至关重要。

（二）私营资金补偿计划

这种计划由私营主体如企业、农民协会、私营个体，向提供生态系统服务的主体支付补偿金。比较典型的案例是可口可乐灌装厂和葡萄牙林主签订的协议，可口可乐向林主支付补偿金，要求他们让 Tagua 水库保持纯净。

另一个成功案例是雀巢矿泉水公司旗下的 Vittel 品牌在法国实施的补偿项目。它和 26 个最大的农场主订立了 30 年长约，每个农场最高提供 15 万欧元的资金帮助更新设备。农场主按照雀巢雇佣的环境咨询公司 Agrivair 设计的管理计划进行经营。在成功运行 12 年后，该补偿计划将水源区附近 92% 的林子纳入，并成功减少了氮负荷。在计划实施的最初 7 年，对农场主的支付较大，之后随着补偿计划逐步纳入所有的农场并逐步实现清洁目标，支付的规模逐渐下降。目前的支付标准是对农场主提供 230 美元/公顷/年，共执行 7 年。现在水源区的威胁已从农村转移到城市，Agrivair 公司的注意力更多地转向城市废水带来的污染物。

一般来说，私营资金补偿计划模式都需要建立中介管理机构，负责生态服务供需双方之间订立的合约、从需求方收取资金、向供给方分配资金并监督其提供生态服务。

因为容易确定优质水的价格，私营资金补偿计划目前主要集中在水供给领域。其他目标，由于很难用现金货币价值衡量，私营资金补偿计划很少涉及，如土壤质量、关键栖息地。

德国创造了一种“公有林 + 私有林”长期合作提供生态服务的新模式。1995 年，德国建立了一个名为 Trinkwasserwald©_ e. V. 的 NGO，将公有和私有林主集中在一起，共同致力于长期提供水源林，该组织又被称为水源林协会，口号是“我们种植饮用水”（We plant drinking water）。该组织要求加入的林主签订超过 20 年的合约，并将针叶林转变为常绿阔叶林。在经营 10 ~ 12 年后，管理的森林的供水量平均每年增加 80 万升/公顷。2008 年 4 月，Trinkwasserwald©_ e. V. 与一家生产非酒精饮料的公司 BIONADE 开展两方面合作，一是 Trinkwasserwald©_ e. V. 提供资金，BIONADE 公司生产新的饮用水 5000 万升；二是 BIONADE 公司在收到效果后，为林主们将针叶林转换为阔叶林的成本提供补偿，包括林地清理、造林、管护等。

（三）公共机构管理私营资金的补偿计划

这种计划下，生态系统服务的提供方是私人实体，购买方（或主要购买方之一）也是私人个体，但购买方由一个公共机构代表。生态补偿合约通常由这个机构负责管理。

前述提到的美国纽约市 Catskills 集水区项目，也属于这种模式，其中的公共机构类似于连接纽约市纳税者和森林所有者之间的“经纪人”。

另一个效果较好的案例是哥本哈根能源公司的补偿项目。在过去的 20 年，该公司为哥本哈根 100 万人提供饮用水，但其地下水供给每年约减少 1400 万立方米。Vigersted 是该公司最大的水源地，它每年能提供 500 万立方米的饮用水，可供 10 万人使用一年。哥本哈根能源公司为了保护 Vigersted 水源地，采取了两项生态补偿计划：①通过造林将农地恢复为阔叶林地，实施规模为 530 公顷；②指定不使用农药或化肥的水泉眼保护点，以及增加地下水补给的阔叶林替代针叶林计划，实施规模为 95 公顷。

（四）贸易计划和保护银行

贸易计划模式通常由许可证、配额或其他产权形式构成的交易市场，为生态系统服务提供补偿资金，如限额—贸易计划（cap-and-trade）、CDM、REDD。

贸易计划的一个典型案例是摩尔多瓦的土壤保护项目。它是在 20290 公顷退化的国有和集体农地上的 CDM 造林和再造林计划。世界银行生物碳基金购买项目 60 万吨 CO_2 当量减排量，原型碳基金根据另一份协议采购 130 万吨 CO_2 当量减排量。除世行和摩尔多瓦政府外，参与者还包括代表农村社区的 384 个地方委员会，它们拥有项目一半的退化地。它们在项目结束后可以按照可持续经营方式继续管理土地。项目主要目的是保护生物多样性，并为当地提供木材和燃料。项目预计到 2012 年和 2017 年分别产生 122 万吨和 251 万吨 CO_2 当量减排量。项目执行期 20 年，预计还将连续实施两个 20 年，总计执行期达到 60 年。项目实施初期 11 年（2002 ~ 2012），成本估计为 1874 万美元。在初期，摩尔多瓦政府资助了实施成本，新造了人工林，并负责经营现有的国有林。而集体土地上，新造林按照长期合约交由市政府负责。在 2012 年 10 月，联合国气候公约宣布给摩尔多瓦项目颁发 85.19 万个临时核证减排量（tCER，1 个 tCER 等于 1 吨 CO_2）。世行将该项目称为“在众多参与者间成功示范的大型造林项目”。

除贸易计划外，56 国还创新出保护银行（conservation banking）、栖息地银行（habitat banking）和物种银行（species banking）等新模式。这些模式的思想是，通过购买信用在另一地进行生态补偿，让生物多样性等价值零净损失（no net loss）。美国加州为了保护濒危物种，自 1995 年成功实施了保护银行项目。至今，加州建立了100多家保护银行。美国全国的年度市场价值据估计约为2亿美元。

二、成功实施森林生态补偿计划的6项制度安排

（一）立法和制度框架

森林生态补偿的成功实施须建立立法和制度框架，以及特定的管理文化。法律规制框架要在四方面发挥作用：承认生态系统服务的合法性、允许生态补偿项目的实施、为订立合约和促进支付提供保障、规避适得其反的一些负面结果。特别是，立法和制度框架必须提供优良治理和可靠的执法，保障合约执行。为此，还要在四个方面发挥重要作用：促进交易和减少交易成本、与其他方面的政策和机制较好地协调、建立保险机制应对风险、提供必要的商业服务。

与此同时，立法和制度框架须完善四项工作方能有效保障森林生态补偿实施：一是明确界定补偿计划参与者（图1）的角色及其权利和义务。二是制度要为生态系统服务估值、利用和保护提供正确的指导，有效避免自然资源利用和保护之间的冲突。三是通过立法进行有效治理并及时修订，有利于建立并长期执行生态补偿计划。前述芬兰的案例，立法实践为生态补偿试点以及在全国正式实施起到关键作用。保加利亚在2011年修订有利于推进森林生态补偿的条款并纳入了森林法。四是立法要有利于建立机制保障生态补偿计划外的其他生态系统服务，如保护区。在丹麦，私有林因采取特殊的保护措施可收到10～15欧元/公顷的补贴，如栽种乡土树种、将森林设为自然保留区（reserve），以及采用环境友好的（environmentally friendly）营造林技术。

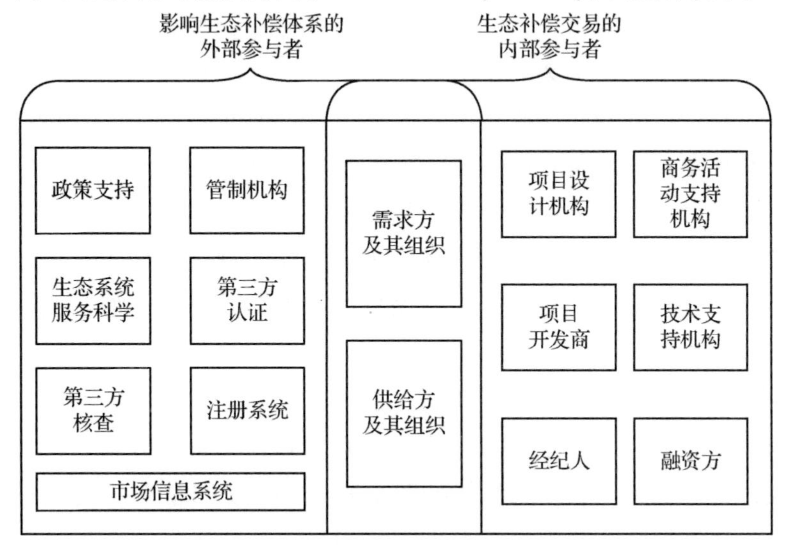

图1　生态补偿计划的主要参与方

在建立具有上述功能的立法和制度框架后，仅完成了生态补偿的一个关键步骤(生态补偿设计的关键步骤如图 2 所示)，还须评估这一框架对建立生态补偿计划的支持作用，以及对建立支持性机构和补偿目标的作用。

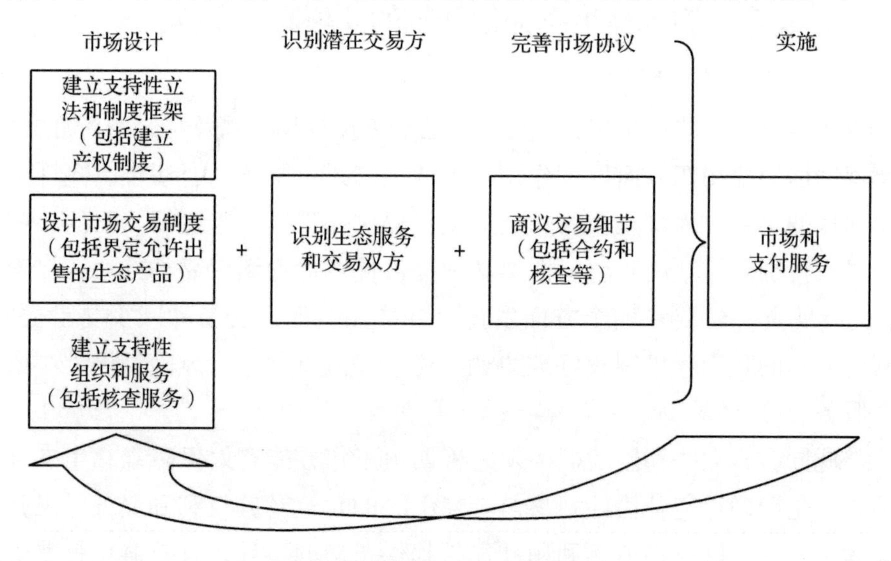

图 2　生态补偿设计的主要阶段

(二)林权

必须清晰界定和承认林权，且生态系统服务的提供方拥有林权，才能保障森林生态补偿计划的实施。林权是一系列权利束，这些权利束应当被有效登记和管理。林权安排应包括排他性的使用权(即某人或某个群体拥有唯一的使用权)，或者不同的群体在不同时间拥有不同类型的使用权。

在联合国欧洲经济委员会 56 个成员国，林权制度安排各不相同。在欧洲，一半的森林归私人所有，但在欧洲国家之间存在差异。在奥地利、芬兰、法国、冰岛、挪威、斯洛文尼亚和英国，25% 以上的森林归私人所有，而在保加利亚、捷克、立陶宛、波兰、罗马尼亚、瑞典和瑞士，以公有产权为主。类似地，在俄罗斯和北美，也表现出林权多样化的现状。

森林生态补偿计划适用于林权清晰的所有国家，但是对私有林来说相对更易操作，所以其目前主要在私有林为主的国家大规模实施。在实施生态补偿计划中，应当尊重对森林的合理利用权，如中东欧国家习惯法承认的对非木质林产品利用的权利。

(三)土地所有者的动机和责任

生态系统服务利用和保护的许多社会心理和社会文化因素，常常影响到生态补偿计划的实施。如生态系统服务的社会动机，可能会决定生态补偿计划是鼓励强化保护还是有限的自愿保护。同时，土地所有者在生态补偿计划中承担的管理责任也十分重要。假如土地所有者已有的法律责任是保护森林，那么再给予其生态补偿，保留更多的土地用于栖息地建设，将不会遇到太多的阻力。但是，假如土地所有者并没有承担这样的法律责任，生态补偿计划就需要加强强制执法力度。

无论在何地实施生态补偿，都应该维护土地所有者现有的权利。如在芬兰，土地所有者对其土地上生产的木材具有排他权，所以他们获得的生态补偿是木材收入损失的机会成本而不是保护成本。这反映出芬兰的文化观，林地主要用于木材生产。同时，对土地所有者来说，因生态补偿而改变森林管理活动产生的机会成本不能过高。通过改变资源利用模式如土地预留或节水灌溉技术等可持续做法的采用，更有可能改善生态系统服务的供给。

(四)利益相关者和协商

生态系统和生物多样性经济学(TEEB)的报告中，很好地论述了利益相关者在生态补偿中的作用，“在生态补偿计划的设计和实施中利益相关者广泛参与，能保证透明度，还能避免公共资源私有化”。世界自然保护联盟指出，利益相关者的参与，能帮助指导形成政治、社会上可接受，制度上可行的生态补偿合约。利益相关者可能包括一些特殊群体，需要加强它们的能力建设。

(五)监测、执法和履约

生态补偿项目执行期很长，须建立监测和执法制度，确保提供方履行职责，并以监测数据为依据进行支付。监测既可以由生态服务提供方实施，也可以由购买方实施，无论哪种方式，都需要在事前拟定的合约中清楚界定。生态补偿执法设计的难点在于，弄清楚森林所有者自费能承担何种程度的生态保护活动，以及在生态补偿支持下，他们又愿意增加提供何种程度的生态服务。这就需要考虑因地而异的环境权利和义务。如在下游居民维护清洁水权利时，上游的森林所有者需要承担减污的成本。而在另一种情形下，当森林所有者承担着较多的土地管理责任，水服务的受益方就需要负担成本。生态系统和生物多样性经济学(TEEB)指出，生态补偿就是要奖励在法律要求框架外开展优良资源管理的活动。

森林生态补偿计划监测框架的突出案例是自愿性质的英国林地减碳法规(Woodland Carbon Code)，它向投资者提供保障以增加碳汇。很多优秀的企业受法规激励投资造林，如绿色保险公司(The Green Insurance Company)。土地所有者在该法规建立的注册系统登记后，就可以按照要求独立核查森林经营、估计碳汇的增加额度。项目的所有细节提交给林业委员会，之后项目就可以吸引更多的投资。法规主要激励造林活动，此外还激励生物多样性、休闲、木材和能源生产、土壤和水保护。

(六)持久性和避免负面影响

主要是建立制度避免火灾、病虫害等自然风险，避免泄漏，确保项目的额外性。

三、森林生态补偿计划的展望

(一)森林生态补偿是促进实现绿色经济的重要途径

联合国欧洲经济委员会成员国林业部门行动计划(The Action Plan for the Forest Sector of Member States in the UNECE Region in a Green Economy)承认林业部门通过提供生态系统服务为人类福利作出最大贡献，以及林业部门在建立绿色经济中的基础地位。实施生态补偿正是实现上述目标的重要途径，主要表现在三方面：①自然资源可持续管理。生态补偿可促进生态系统维持基本功能和服务，提高其弹性；②补偿金可直接增加农民收入；③为农村提供可持续生计。

(二)森林生态补偿是政府管制方式的有益补充

一些评论者认为，生态补偿作为一种市场机制方法，是比政府介入更有效的政策工具。当然，生态补偿并非完全的市场机制，而是“市场—国家—社区”(market-state-community)的混合治理结构。一些持反对观点的专家指出，完全由政府财政出资的生态补偿是一种不道德的补贴，增加了公众不公平的负担。但是，毫无疑问，生态补偿执行了使用者付费(或污染者付费)的原则，让他们承担起使用资源应付的成本。

生态系统和生物多样性经济学(TEEB)指出，补偿比政府执法方式更具成本效益性，也更加进步。当然，这一点是与国家具体的国情紧密联系的。在执法能力较为薄弱、法律权威不存在的国家，自愿生态补偿计划前景较好。生态补偿比一些政府执法方法，在以低成本获得更多的潜在效益方面，更具有灵活性。如自愿协议模式的生态补偿比政府管制，通过纳入不同的利益相关方，能产生更具包容性的解决方案。其他的生态补偿机制如认证和标签，能有效地激励土地所有者采取可持续经营模式。

(三)森林生态补偿的政治学

从政治学角度看，森林生态补偿需要得到政府、公共机构、NGOs和公众的认可。目前，类似生态补偿的一些“善意的”(benign)环境政策，也让人们产生不安，如木质能源发展对粮食安全的影响。社会对森林生态补偿也持正反两方面的观点，都应当正确对待。

从正面看，它有利于企业改善公共关系、有利于获得理解、也有利于提升意识。从反面看，有三种指责声音：①它是企业为已经造成环境损害支付的良心钱(conscience money)；②它仅仅只是一种公关特技；③资金的不良分配，即生态补偿资金可能并没有分配到环境压力大的地区，或者并没有用于支持该地区最脆弱和最关键的生态服务，而是支持投资者“认为”急需的生态服务。

四、关于56国完善森林生态补偿的建议

前述内容表明，森林生态补偿计划并非放之四海而皆准的解决方案，也并非能满足所有的需求。它是对国家法律法规和民主问责的一种有益补充。政府在采用生态补偿计划，还是采用环境立法之间选择，较为困难。这需要进行成本效益和政治可接受度分析，特别要考虑到地区居民对森林的依恋性。生态补偿计划的实施既需要立法和制度框架，也需要成本效益的实施。将多重生态系统服务捆绑销售能帮助减少交易成本。

由于森林利用和森林产权深深植根于不同地区的地方文化中，森林生态补偿计划须呈现不同的、大型的项目发展模式，而不是大统一的单一模式。为此，须解决一些对森林和环境的负面影响，如持久性和额外性。同时，要特别重视能力建设和产权问题。生态补偿计划须获得政治支持，它的协商不应局限于供需双方，要将政府和公众纳入进来，特别是在项目启动初期，这一点至关重要。

这份报告提出，联合国欧洲经济委员会56个成员国应制定管理法典推进生态补偿计划，为制定法典，报告提出了五条工作建议：①明确生态补偿的适用时间和地点。何地适用生态补偿计划，何地适用其他有效的森林保护计划；②制定生态服务估值指南，帮助利益相关者公平谈判；③制定监测指南，帮助监测生态补偿计划的履约、泄露和额外性；④设计一套有效的技术尽可能纳入多样化的利益相关者参与补偿计划；⑤建立专家网络，提供生态补偿有关文件、估值方法、案例和实施项目。

表1 联合国欧洲经济委员会56个成员国森林生态补偿典型项目

国家	项目名称	补偿计划类型	效果	治理结构	补偿手段
美国	纽约市 Catskills集水区保护	流域保护	水质	私营、市场和公共管理	水费加价
	退耕还林计划(CRP)	森林生态服务和生物多样性	农地质量、生物多样性、水、碳	政府公共管理	考虑环境效益指数的成本因素投标
	马里兰森林补偿法	森林生态服务和生物多样性		政府公共管理	
英国	农村发展规划	流域保护	农业环境质量	市场、政府公共管理	按照经营措施支付补偿金
	国家生物多样性补偿(筹建中)	森林生态服务和生物多样性	生物多样性	市场、政府公共管理	
法国	达能—依云	流域保护	水质和水资源	市场	按照协议价格支付

（续）

国家	项目名称	补偿计划类型	效果	治理结构	补偿手段
德国	Rhine-Wetphalia	森林生态服务和生物多样性	草地保护	市场	单位面积成本由投标决定
芬兰	南部地区生物多样性保护（METSO 一期和二期）	森林生态服务和生物多样性	生物多样性	市场、政府公共管理和社区	拍卖支付、直接补偿等
欧盟	栖息地指令（自然 2000 生态网）	森林生态服务和生物多样性	生物多样性	政府公共管理	直接支付、按照经营措施支付

（摘译自：The Value of Forests Payments for Ecosystem Services in a Green Economy）

英国发布国家生态系统评估后续跟踪报告关注生态系统服务经济价值核算的重点问题

目前，英国在开展生态系统服务价值核算方面做得较为领先，表现在其于2011 年成立了负责推进核算工作的机构——自然资产委员会，并在当年发布了《英国国家生态系统评估》报告。2011 年的评估报告显示，英国内陆湿地在维持淡水供应方面的经济价值达到了 15 亿英镑。蜜蜂和其他能够授粉的昆虫给英国水果和作物带来的经济价值每年达到了 4.3 亿英镑。在 2011 年的评估研究中，某些地区的计算甚至精确到 1 平方公里的分辨率，结果显示，邻近城市的森林为市民提供了一个广大的娱乐和许多其他功能。假如你的住宅挨着绿地，那每人每年得到的健康收益就是 300 英镑，相当于 3000 元人民币。

2014 年 6 月 24 日，英国发布了《英国国家生态系统评估：后续报告》（*UK National Ecosystem Assessment Follow-on*）（以下简称报告），概述了英国近年来的生态系统服务评估进展、英国生态系统工作组专项报告和政府、企业对评估报告的使用。这份报告关注到生态系统服务对宏观经济贡献的核算，现将这部分内容编译整理如下，供参考。

一、英国核算生态系统服务对宏观经济贡献的进展

1. 供给服务

在英国，对农业、林业和渔业生态系统供给服务的研究一直是热点。研究成果已为部分环境核算账户提供了重要参考信息，并成为国家核算账户的一部分。

报告指出，目前的核算研究应更加关注到产业链问题。如，在英国国家GDP核算账户中，农业仅占GDP的0.7%和就业的1.5%，占用了大约70%的土地。而包括加工、分销和零售在内的整个农业—食品链，年产值960亿英镑，占总附加值(gross value added)的7.4%和就业的14%。又如，英国林业也提供了多样化的价值，包括木材、水果、药草、野生动物。它对GDP和就业的直接贡献分别为0.03%和0.06%(2011年)。但所有林业产业全部核算的话，其创造了72亿英镑的总附加值或英国经济的0.7%，提供了16.7万个工作(2005年)。另外，据估计，2011年英国湿地提供的生态服务总价值约为7亿~57亿英镑，包括水质、防洪、休闲、旅游和美学。

2. 调节服务

调节服务主要包括调节气候和灾害、脱毒、控制病虫害、调节噪音。目前，尚无宏观经济指标衡量这一类活动。这些调节活动失效的话，要么导致经济活动损失，要么通过修复生态，增加经济产出(表现为增加就业、增加对其他部门产出的消费)。

过去30年，洪灾是英国面临的主要问题之一。洪灾造成的破坏成本，每年约为14亿英镑，另外，还包括每年10亿英镑的洪灾风险管理。这些破坏成本已纳入到传统的国家核算账户，但可能会有负面效果。洪灾破坏的修复、替代和恢复成本，已在国家核算中登记为新的经济活动。据核算，在英格兰和威尔士洪泛区的大面积农田受益于水管理活动。如人工防御设施帮助农业减少来自河流洪灾的破坏成本为520万英镑/年，减少来自海洋的洪灾破坏成本为1.177亿英镑/年。

气候暖化产生的热胁迫导致下降的劳动生产率，但是，生态系统在多大程度上调节气候，以及这种调节如何用经济指标衡量，尚无良好的研究。

3. 文化服务

文化服务由支持美观、教育、旅游等方面的环境和野生物种多样性构成。英国旅游部门2012年创造了369亿英镑的产值(相当于GDP的2.4%)和就业的3.1%。假如把供应链核算在内的话，全部价值分别为6.8%和7.6%。英国已将国家公园对经济的价值完全核算。如2012年英格兰国家公园提供了14.1万个工作(占英格兰总就业的0.6%)，创造了41亿~63亿英镑的总附

加值。在旅游部门，主要由基于良好环境和生物多样性的乡村旅游构成了非常重要的亚部门。但是，从核算角度来说，文化服务对宏观经济的总贡献尚未全部量化。

4. 支持服务

生态系统提供养分循环等很多支持服务。虽然这些都是中间服务，以及其对宏观经济的影响并未进行评估，但是，现有的研究已经为分解这些服务对宏观经济的贡献打下了基础。研究指出(Graves et al.，2012)，在英格兰和威尔士的土壤退化总成本约为9亿~14亿英镑之间，其中，约45%的成本是由于土壤有机质损失(按照碳当量价格)，39%是由于土壤压实，13%是由于侵蚀。关于授粉服务，英国国家生态系统服务评估的研究结果指出，其对农业的价值贡献约为4亿英镑/年。

5. 国际贸易

贸易促进了跨界生态系统服务的变化，在一个地区利用自然资源和产生CO_2排放的生产，常常是为了满足另一个地区的需求。研究指出(Lenzen et al.，2012)，世界自然保护联盟濒危物种红色名录上约30%的物种受到国际贸易的影响，并且这些物种对187个国家的25000种其他物种和15000种商品产生影响。美国、日本、德国、法国、英国、意大利、西班牙、韩国、加拿大被认为是主要的“生物多样性净进口国”。实物流(physical flow)研究可以用于评估，一个国家的消费如何让另一个国家的自然资产和有关生态服务退化，及其对国家宏观经济的影响。

二、英国生态系统服务对宏观经济贡献的核算：对若干重点问题的解决

(一)评估生态系统服务变化和管理对宏观经济的影响

1. 建立起概念框架

这份报告指出，2011年的英国“国家生态系统评估”(The UK National Ecosystem Assessment)，建立了生态系统服务与英国人民福利之间的关系的一个框架(图1)。在这个框架中，关键是归纳出支撑人类福利和经济运行的生态产品。在图1中，以林地来看，主要的产品包括木材、木质燃料、水、生物多样性、休闲旅游、美观价值、文化遗产、教育、就业和绿色空间感(sense of place)。另外，这份报告初步提出了林地提供的生态服务，主要包括调节气候、减少侵蚀、控制疾病和害虫、调节空气和水质、调节土壤质量、减少噪音。

2. 解决好中间环节的生态产品和服务的重复核算问题

报告强调，在核算中要关注最终生态产品而不是中间生态产品，这能避

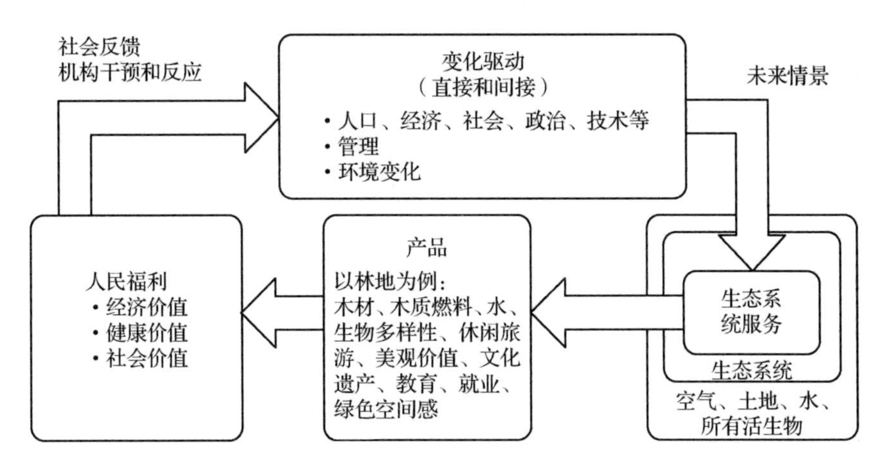

图 1 生态系统服务与英国人民福利之间的关系

免重复核算，也符合宏观经济核算的方法。传统的宏观经济主要关注核算由消费者购买的最终产品和服务的产出价值。中间产品和服务的销售价值要从最终价值中扣除，如农民用于销售用农作物的肥料，假如纳入核算范围的话，将重复计算并高估最终产出的价值。

报告指出，尽管已有许多研究分析了生态服务与宏观经济的关系，但缺乏对两者之间相互影响的分析。特别在分析生态服务对经济的影响时，既要关注到现有自然资产存量产生的生态服务流对生产最终产品的投入影响，也要关注到这些最终产品所产生的效用。尤其是，生态产品和服务对于经济核算的重要性，还在于它相对于其他形式的投入品，具有不可替代性。如光合作用和气候调节失败，可能会导致零经济产出。目前，很多核算自然资产的框架的主要问题是，如何汇总核算自然资产和其他资产的资本总投入。报告认为，做好核算工作的一个良好起点是：充分理解生态服务如何支持经济部门。

3. 要关注到三种效应

具体到生态服务的核算来说，一些表现为最终产品，相对较易核算，如木材按照市场价值核算、生态旅游按照旅游支出核算，另一些表现为中间产品或服务，相对难以核算，如调节气候，它们与人力资本等一样都是中间投入。

另一方面，由于经济部门之间存在互相提供投入品的现象，各种各样的生态服务流量贯穿运行于整个经济系统。2010 年，英国农业部门为 40 个部门提供投入。为此，要关注三种情况，一是评估直接效应（direct effects），由家庭和政府直接消耗的生态产品；二是评估间接效应（indirect effects）由公司用作中间投入的间接生态产品；三是评估诱导效应（induced effects），即由收入变化导致的最终消费型生态产品需求变化。

（二）摸清生态系统服务对宏观经济影响的基本趋势

报告指出，要按照各种生态系统提供的多样化生态服务，逐项分析生态服务状态的变化趋势，为判断基本生态服务价值状况提供基础(图 2)。根据英国的情况，报告主要划分出山地、草地、农田、林地、湿地、城市、沿海岸和海洋八种生态系统，按照供给、文化、调节三种类型(生态系统提供的支持服务，也正在研究如何纳入这一框架图中)，分析了包括农作物、畜牧、鱼、木材、水供给、生物多样性、本地环境、生态景观、气候、灾害、疾病和害虫、授粉、声音、水质、土质和空气质量共 16 种重要的生态服务。

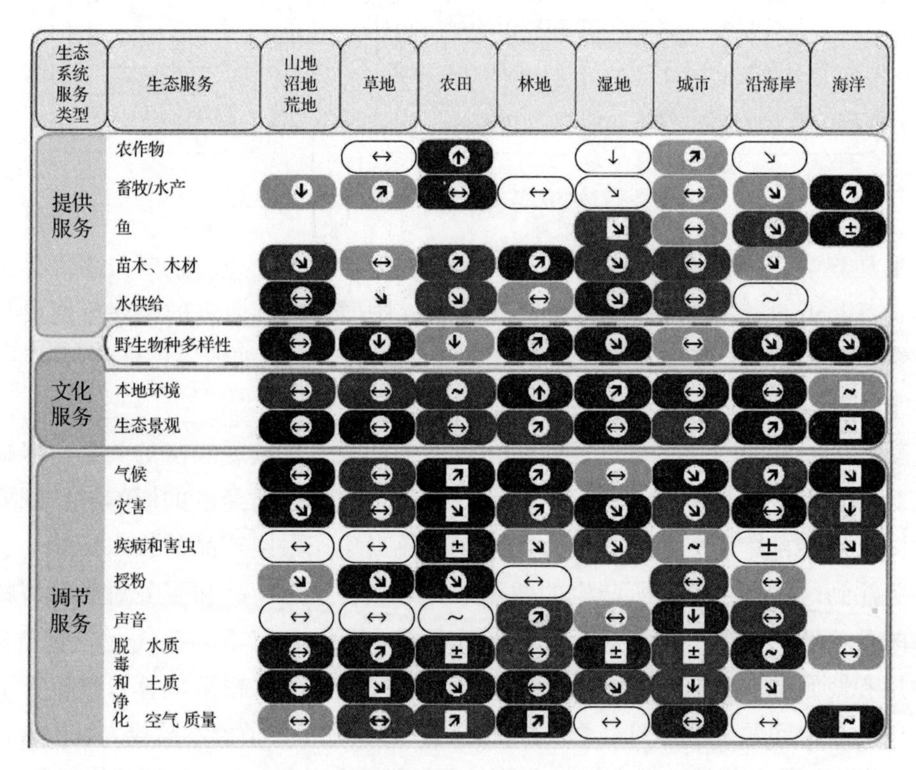

注：方框和箭头分别代表生态服务的价值水平和变化趋势，其中，黑色、深灰色、浅灰色、白色四种方框分别代表生态服务价值很高、中高、中低和低四种程度；单箭头向上表示生态服务处于改善中(箭头越向上，改善程度越高)，单箭头向下表示生态服务处于恶化中(箭头越向下，恶化程度越高)；双箭头表示无变化；加减号表示在不同地区有差异，有的是改善，有的是恶化；~符号表示变化趋势未知。

图 2　英国生态系统服务趋势

(三)制图分析生态系统服务和宏观经济之间的相互影响

在完成这份报告的过程中，英国召开了一次专家咨询会，讨论“制图分析生态系统服务与单个经济部门之间的相互影响，在此基础上，汇总分析生态系统服务对宏观经济影响的”可行性。讨论结果认为，目前缺乏量化数据和相关知识，分析生态系统服务功能量在主要经济部门的情况，以及对宏观经济绩效指标的贡献。

报告提出，有必要编制投入产出表，核算在核心经济部门，中间和最终生态服务的流量和利用情况。这一点虽然在理论上是可行的，但却面临许多问题，特别需要根据经济活动、核心部门、生态服务类型，分解和重构生态系统产品和服务的经济价值的估计。而且，在编制这份投入产出表时，往往需要借助专家的主观判断，在经济部门之间分配生态系统服务流量①（ecosystem flows）。这一点对难以用市场价值衡量的生态服务尤为明显。目前较好的做法是，采用最多适用于511个部门的Eora多区域投入产出表（Eora multi-regional input-output），并遵循环境与经济核算体系（SEEA）于2013年提出的生态系统核算标准。

另外，要注意到，国家核算主要关注收支流动并考虑到净资本投资的变化，同时要特别关注自然资产的存量价值在生态系统服务核算中的重要性。如，在生态系统—宏观经济核算中，要特别关注自然资产减少的存量，包括生物多样性丧失、土地退化、水质下降等。

（四）综合选择评估生态系统服务对宏观经济贡献的模型和方法

目前，在评估生态系统服务和宏观经济，以及政策和管理措施变化的影响等方面，科学家们建立起很多模型和方法。但由于数据的限制，并没有完全适用的模型。

现在主要有两种思路：一种是在评估宏观经济绩效的模型中考虑生态服务，另一种是在环境评估模型中考虑生态服务价值，并将其作为现有宏观经济模型的补充。但是，仍没有完美的模型能将生态系统服务和宏观经济之间的关系充分解释。退而求其次，只能选择将前述两种模型综合起来，构建起生态系统—宏观经济模型。

虽然宏观经济核算和模型饱受争议，但鉴于其经过了百年的运行和精炼，比较实际的方法是将该模型进一步扩展，包容生态系统服务存量和流量的变化（the stocks and flows of ecosystem services）。这就需要将生态系统产品的流量详细分解到核心经济部门，以及生态产品对最终产品和服务、收入、支出、就业和贸易的贡献。宏观经济扩展模型也有利于决策分析，包括分析人口、科技、市场价格、气候和其他因素的影响。

目前，宏观经济模型主要有四种：①一般均衡模型（CGE）；②动态随机一般均衡（DSGE）；③经济投入—产出模型；④系统动力学模型。这些模型都各具优劣势，关于它们纳入生态服务后能否产生一致和有效的结果，仍需要留待实践来检验。鉴于这些模型的理论和假设不同，较好的做法是，用多个模型解释生态服务与宏观经济的关系。另外，可以采用一些生态服务评估方法补充完善这些宏观经济模型，主要包括：①成本效益分析；②物质流分析

---

① 与存量（stocks）相对的概念。

(material flows analysis)；③投入—产出分析。

(五)要设计不同的经济模拟情景分析生态服务价值，才能有利于正确决策

为了提供更好的信息给政策制定者，科学家们进一步衡量了几个生态系统服务功能在经济上的价值，但是，即便像农作物和木材这类已经具有市场价值的服务，还是面临了一些难以评估的问题，即所谓的“非市场自然价值”，如美学、景观与生物多样性。此外，科学家们着重于6个假设的社会经济情境(socio-economic scenarios)，了解英国于2060年可能面临的生态系统变化，以用来支持未来的政策规划。这6个假设的社会经济情境包括：

①绿色和宜人的土地(green and pleasant land)。即坚持保护主义，强调英国可以保护自己的环境而不需要降低国内的生活水平；

②工作中大自然(nature @ work)。即加强生态系统服务的多种功能性同时又兼具良好景观，维持英国国内生活水平；

③当地监管(local stewardship)。即关注当地环境并努力保持在这一区域内生活的可持续发展社区；

④跟随主流趋势(go with the flow)。这个情境基本上是假设现在的趋势将延续到未来，未来的英国是目前的理想与目标的投影情境；

⑤国家安全(national security)。气候变化迫使能源与物价上涨，但英国仍能自给自足；

⑥世界市场(world markets)。经济的高度成长是这个情境的基础核心。

这6个假设的社会经济情境虽然看似抽象，但其有着两点共同的特征为前提，即全球资源的可用性下降，以及英国本身的人口老龄化。每一种情境中都会包含假定部分，与可能出现的新技术，且涉及的行业以及对该行业的要求将不尽相同，如在世界市场情境中，政府需要致力于促进农业生产和简化相关的规定，相反地，在工作中大自然情境下，政府要鼓励农林种植以达到各种平衡。

因此，当政府在评估和考虑生态系统服务的非市场价值的重要性时，同时需要决定，在何地哪一种行业、生态服务将具有在该地发展的优先权和最大生态价值，然后再利用各种情境代入分析后，最后做出有利于该地的政策。

例如，当只考虑农作物时，在6个情境下，世界市场情境提供了第二大的经济效益，工作中大自然则最低。然而，当郊区的娱乐价值、城市绿地与温室气体排放量都被考虑时，情况就会不同，工作中大自然提供最大的利益而世界市场最小。简单来说，生态系统服务评估就像在天秤的两端，当给予不同的比重时，将大大影响将来的决策和地区发展。

（六）未来研究要关注到七个步骤

这七个步骤是：①找出作为经济部门投入品的所有生态产品，并通过贝叶斯信念网络（Bayesian Belief Networks）等方法进行制图；②核算和估价作为经济部门投入品的生态产品（数量、质量和货币价值）；③量化评估因生态产品数量和质量的投入产生的宏观经济绩效，这需要基于对中间生态系统产品的量化评估；④量化生态服务变化对宏观经济影响的变化；⑤通过部门间关联方法量化分析间接效应和诱导效应；⑥量化分析包括贸易和投资在内的全经济口径，特别要分析对其他地区生态系统的压力；⑦分析生态服务存量—流量，并分析这些存量—流量变化随时间推移对宏观经济的影响，特别是分析生态系统退化影响到生态服务流量并进而影响到农业、渔业产量。

（摘译自：UK National Ecosystem Assessment Follow-on）

21 国自然资本核算的法律和政策支持框架：成就、经验、挑战和展望

全球促进环境平衡立法者组织（GLOBE）于 2014 年 6 月 7 日发布《自然资本核算研究（第二版）：21 个国家的法律和政策进展》（2nd GLOBE *Natural Capital Accounting Study*：*Legal and policy developments in twenty-one countries*）的报告。报告分析了自然资本核算的基本内涵、自然资本核算的国际框架、战略和标准、21 个国家[①]的国别报告以及自然资本核算的经验、挑战和展望。

报告认为，自然环境为人类的福祉（well-being）和发展提供了有价值的产品和服务。自然环境提供的有利于人类福祉的每一部分，都是关键的自然资本。自然资本包括可再生资源，如生态系统和太阳能，还包括不可再生资源，如矿产资源和化石燃料。

人类活动导致自然环境退化。全球自然资本的存量及其提供的有价值的产品和服务正逐步消耗殆尽，甚至在某些情况下，这种消耗以不可逆转的形式发生。传统的经济核算方法并没有真正意识到这一点，如联合国的国民账户体系和 GDP 核算体系，都没有将自然环境的价值全面纳入。因此，有必要

---

① 按照首字母英文顺序排序，这 21 个国家依次是博茨瓦纳、喀麦隆、加拿大、中国、哥伦比亚、哥斯达黎加、刚果（金）、法国、格鲁吉亚、德国、加纳、危地马拉、印度、日本、墨西哥、尼日利亚、秘鲁、菲律宾、卢旺达、塞内加尔、英国。

设计自然资本核算方法，并通过有力的法律和政策推动将其纳入国家核算体系。

这份报告的主要作用是帮助立法者为推动国家自然资本纳入国民经济核算而提供思路，特别关注目前有关国家在这方面取得的进展。报告主要内容包括21国国别报告(德国、英国、法国、日本、墨西哥等)，各国取得的经验、教训以及面临的挑战。现将这份报告的主要内容编译整理如下。

一、自然资本核算的国际进展

报告分析了自然资本和自然资本核算的概念，报告认为，资本这一概念来自于经济学，自然资本更多地被描述为自然环境的组成部分，它们能产生收入、产品和服务。

早在20世纪70年代，经济学家已经将自然环境视为资本资产(capital asset)，而政府部门仅在最近几年才考虑到把自然资本纳入其决策中。自然资本的构成部分可以按照很多方式进行分类，较为简单的方法是分为两大类：

(1)地球物理资本(geophysical capital)，包括无生命的产品和服务两种，无生命的产品包括矿产、化石燃料等，无生命的服务包括能源供给等。

(2)生态系统资本(ecosystem capital)，包括有生命的产品和服务两种，有生命的产品包括生态系统结构和功能的产品，有生命的服务包括支持服务、提供服务、调节服务和文化服务。

报告认为，要按照全面财富(comprehensive wealth)观加强自然资本核算，对生产资本、自然资本和无形资本都予以同等重视。目前，有两个较有影响力的方法核算全面财富：一个是包容性财富指数；另一个是世界银行的全面财富研究，其分别于2006年和2011年出版了《国家财富在哪里》和《变化的国家财富》两份报告。

从国际层面来看，全球推进自然资本核算的框架、战略和标准基本形成，集中表现在四方面：

(1)法律和政治承诺。主要包括1971年的拉姆塞尔湿地公约、1972年的世界遗产公约、1992年的联合国环发大会、1992年的生物多样性公约和气候公约、2007年的波茨坦生物多样性倡议、2009年的雅加达商业和生物多样性宪章、2010年的名古屋生物多样性宣言、2011年的欧盟关于欧洲环境经济账户法规、2012年的联合国可持续发展大会、2012年的自然资本公报等。

(2)核算标准。主要包括1993年的联合国环境—经济核算系统、2011年的欧盟关于欧洲生态系统资本核算的框架、2012年的国际金融公司关于社会和环境的可持续发展的修订政策和绩效标准。

(3)能力建设伙伴关系。主要包括2008年的联合国REDD计划、2010年的财富核算及生态系统服务价值评估、2012年的生物多样性和生态系统服务政府间平台、2012 年的生态系统服务全球环境基金项目。

(4)研究计划。主要包括 2005 年的千年生态系统评估、2008 年的经济绩效和社会进步测量委员会、2010 年的生态系统和生物多样性经济学、2012 年的包容性财富报告。

二、21 国自然资本核算的成就、经验、挑战和展望

(一)促进自然资本核算的法律和政策选项

21 个国家面临不同的环境挑战和经济形势，因此各国都采取了不同的模式建立自然资本核算法律和政策框架。总结各国的案例可以发现，在设计法律和政策框架方面，并没有所谓的最佳方法(best practice)。自然资本是一个多元化的资产类别，核算这些资产是一项复杂的工作，需要作出具体的政策选择，适合本国的优先事项、面临的挑战和国情。表 1 概括了一些国家在核算自然资本过程中，遇到的各种政策问题，以及它们采取的可能选择。如针对“自然资本账户的关注重点和范围”这一问题，可行的法律和政策选项包括三个：①关注特殊的自然资本存量，如经济临界存量(economically critical stocks)、濒危存量(threatened stocks)、数据可获存量、重要发展领域的关键支持存量、综合性账户；②关注自然资本存量的现状，如特征、健康、丰度和有关趋势；③关注自然资本经济估价，如其对国家和地区经济的重要性。有的国家关注一种选项，有的国家综合关注三个选项。

表 1 自然资本核算的重点问题和法律、政策选项

重点问题	法律或政策的可能选择
1. 能否利用现有的法律或政策建立自然资本核算的基础	1. 改编或利用现有的与自然资本有关的法律或政策，如生物多样性保护、矿产资源、水和水道、海洋和渔业、农业和林业等 2. 改编现有的与国家经济数据和环境统计有关的法律或政策
2. 自然资本核算的方法和标准	1. 利用联合国环境经济核算系统(UN - SEEA)的方法和标准作为自然资本账户的基础(如财富核算及生态系统服务价值评估①(WAVES)支持的伙伴关系) 2. 利用现有的前沿研究支持自然资本账户的设计开发，如 TEEB 研究、千年生态系统评估、包容性财富报告②(inclusive wealth report) 3. 在现有 GDP 核算基础上调整或构建新的附加核算项目，如绿色 GDP
3. 自然资本账户及相关的信息系统的结构	1. 一个独立专门机构管理和维护合并账户(consolidated accounts) 2. 多个机构管理和维护分支账户(linked, de-centralised accounts)

---

① 世界银行通过一个全球性的合作项目财富核算及生态系统服务价值评估(WAVES)，支持各国将自然资本纳入国民经济核算体系。

② 是对国家财富的三个来源——劳动力质量(人力资本)；基础设施和生产设备(实物和生产资本)；包括矿产、土地和渔场等在内的自然资源(自然资本)——进行量化加总所得到的，不但能够推导出哪个国家最富及其财富组成，还能推导出一国经济的可持续发展动力，比单纯的 GDP 更能准确反映一个国家财富的新指标。

（续）

重点问题	法律或政策的可能选择
4. 自然资本账户的关注重点和范围	1. 关注特殊的自然资本存量，如经济临界存量(economically critical stocks)、濒危存量(threatened stocks)、数据可获存量、重要发展领域的关键支持存量、综合性账户 2. 关注自然资本存量的现状，如特征、健康、丰度和有关趋势 3. 关注自然资本经济估价，如国家和地区经济的重要性
5. 利用国际协议的实施，支持自然资本核算	1. 生物多样性保护公约，利用生物多样性战略、行动计划以及实现爱知目标的具体工作计划，作为构建自然资本核算的框架 2. 利用监测拉姆塞尔湿地公约指定的湿地作为构建自然资本核算的基础 3. 利用气候公约设计国家温室气体清查方法作为构建自然资本核算的另一个基础 4. 利用联合国 REDD 计划促进的国家 REDD 战略以及相关的金融支持作为构建自然资本核算的框架和驱动力
6. 有助于建立自然资本核算基础的法律或政策类型	1. 按照议会授权程序，复审和修订或建立新的立法 2. 按照政府的行政执行程序，复审和修订或建立议会授权立法、法律文书或法规 3. 设计有利于现有法律实施的自然资本核算的行动计划或政策工具
7. 机构改革	1. 建立新的政府机构 2. 分配相关责任给一个独立机构，如国家统计办公室 3. 在不同的机构之间分配责任，如政府机构负责不同领域的自然资本核算 4. 将核算权力和责任下放给省级机构
8. 自然资本核算的政策目标	1. 建立政府问责制 2. 报告国家预算进程和宏观经济决策 3. 报告环境和自然资源政策的制定和决策
9. 可由自然资本核算支持的管理工具和战略	1. 生态系统服务付费计划(如林业、流域) 2. 生物多样性补偿 3. 划定保护区(designation of protected areas) 4. 环境影响评估和成本效益分析 5. 绿色基础设施开发
10. 支持自然资本核算的资金来源	1. 政府预算；2. 信托资金；3. 环境税；4. 水费；5. 生态系统服务付费；6. 国际支持(REDD、WAVES 等)
11. 透明度和利益相关者参与	1. 信息共享 2. 信息采集和收集

(二)21 个国家自然资本核算的成就、挑战和经验

通过完成上述的政策选择，这些国家取得了进展，集中表现在两个方面：①针对自然资本核算设计了有效的方法和措施；②将这些方法和措施纳入到有关法律和政策框架中。

目前，可以按照进展程度，将已取得成就的国家划分为下述三个阶段：①前期调查和试点研究，即在有限的范围内试验各种自然资本核算的可行性；②初步建立法律和政策支持框架，即正在推进自然资本核算活动，并初步建立起可靠的法律和政策支持框架；③自然资本核算已成为自然资本管理的决策支持要素，即自然资本核算结果已为各种自然资本(森林、水等)的管理提供决策信息，成为政府决策的一个持续基础(on-going basis)。

但是，这些国家在实施自然资本核算的过程中，也遇到了三方面的挑战：

①政治意识和意愿。主要包括政府内部对自然资本的特点、价值和优势缺乏了解；公众对自然资本的特点、价值和利益缺乏意识和辩论；缺乏政策依据(policy rationale)；②难以创造有利于法律、政策和机构的环境。主要包括中央和地方之间缺乏有效的垂直协调；政府部门之间缺乏有效的横向协调；对核算的事权责任缺乏清晰的分配；缺乏透明度、信息共享，以及利益相关者参与；法律和监管的空白和障碍；缺乏自然资本核算的战略方针和明确目标；③技术、知识和能力。主要包括各国数据系统存在显著差异；各国数据子系统之间缺乏联系和协作；缺乏金融资源支持自然资本核算；缺乏标准和方法学；自然资本核算的科学和经济复杂性；缺乏技术培训和技术专长。

这些国家克服各种困难的一条主要经验是，持续合作和各种形式的支持，具体表现在两方面：①从国际层面来说，要加强国际努力，主要包括设计统一的标准(如联合国环境—经济核算系统)、法律和政策工具(如生物多样性保护公约、爱知目标和21世纪议程)、能力建设伙伴关系(如世界银行的WAVES、联合国REDD计划)，以及研究计划(如TEEB、千年生态系统评估)。②从国家层面来说，要加强跨部门、跨区域合作，提高利益相关者的参与。

从短期看，各国参与制定2015年后可持续发展目标是形成自然资本核算合作动力的聚焦点。但是随着谈判推进，各方的利益可能会出现分歧。这种背景下利益相关方之间可能会减少合作，进而导致自然资本核算虽然纳入到2015年后可持续发展目标中，但并没有对等地反映其重要地位。鉴于目前开放工作组(the Open Working Group)聚焦的工作领域，以及所提的建议较为宽泛，为了充分反映出自然资本核算的重要地位，可采取以下方式：自然资本核算可作为其他可持续发展目标的一个附带目标，如经济增长、生态系统和生物多样性；可将自然资本核算作为一个重要的指标，提供监测手段，用来测量可持续发展目标取得的进展。

(三)未来行动的展望

促进自然资本核算和自然资本管理之间的合作在这些国家显得十分重要，因为这些活动既复杂也新颖。各国都只是笼统地承认自然资本的重要性，并没有反映出对自然资本之间存在关系的充分理解，诸如如何利用自然资本、利用自然资本如何影响到人类福利(welfare)等相关问题并未描述。因此，全球有必要增强对自然资本基础知识的认识，并进行优化管理。当然，在自然资本核算的一些领域已取得进展，表现在：①基础知识科学领域取得跨越式进展。如千年生态系统评估；②经济学和经济价值领域。如生态系统与生物多样性经济学(TEEB)倡议；③财富核算领域。如包容性财富报告、WAVES以及联合国环境—经济核算系统相关进程。

未来，各国面临的一个主要挑战是：如何设计与共享一个可以支持上述提及活动的法律和政策框架。为应对这一挑战，本报告进行了一些初步的分析，但还需要进一步完善。接下来的重要工作包括设计创新性的工具将自然资本核算和自然资本管理之间结合起来，如生物多样性补偿、生态系统服务付费、划定保护区(protected area designations)以及其他措施。另外，目前各国关于核算方面的专业知识仍是孤立的，希望各方加强共享工作。

三、主要国家自然资本核算法律和政策支持框架的国别报告

这份报告关于各国的核算进展，统一按照两个主要内容进行分析，即“国家自然资本核算的法律和政策框架”和“国家自然资本核算的关注重点”，以下按照这两项主要内容概述德国、英国的进展情况。

(一)德国

1. 德国自然资本核算的法律和政策框架

德国的主要进展是两项，一是在国家层面的综合性环境立法，二是推进TEEB研究。德国自然资本核算的主要领域是空气、水、土地和野生生物栖息地(表2)。

德国自然资本核算的法律和政策框架的进展，可以分为国际和欧盟两个层面：

(1)*国际层面*。德国支持几个国内和国际环境倡议，推进自然资本估价。它是生物多样性保护公约缔约方之一，已完成编写《德国〈生物多样性公约〉第五次国家报告》，以及国家生物多样性战略和行动计划。它还是“里约+20自然资本核算公报”的有力支持方之一。

2007年，在德国波茨坦举行的“G8+5”环境部长会议，德国和欧委会发起了TEEB研究项目。主要目的是初步掌握并示范生物多样性的经济效益和生物多样性丧失的成本。TEEB的实施过程中，虽然专家支持组向决策者提供了很好的设计方案和实施自然资本核算的建议，但是仍缺乏决策者需要的区域规划和法律法规等重要工具。而且，还需要利用认证和估价等经济手段。

表2 主要国家自然资本核算进展

国家	主要进展	关注的主要核算领域
德国	1. 国家和欧盟层面的综合性环境立法(comprehensive environmental legislation) 2. 国家TEEB研究	空气、水、土地、栖息地
法国	1. 自然资本核算的方法学设计和研究领域划定 2. 生态补偿实施机制 3. 2014年建立国家生物多样性委员会	环境保护、自然资源管理
英国	设计自然资本账户，包括栖息地账户	空气、能源和物质流(包括油气)、林业、栖息地、渔业

（续）

国家	主要进展	关注的主要核算领域
日本	自1992年开始继续推动自然资本评估并对特殊行业创建了货币账户	农业、林业、渔业、空气、水、土地
印度	1. 2013年4月发布绿色国民核算框架 2. 北阿坎德邦2013年宣布建立绿色GDP 3. 准备在2015年开始测量绿色GDP，目前在省级层面进行试点	土地、森林、农业和牧场、矿业
墨西哥	完成了国家自然资本账户，以及完成经环境调整的GDP的年度核算	林业存量、地下水、环境退化、环境支出

（2）欧盟和国家层面。德国作为欧盟成员国，有义务按照欧盟要求履行相关的标准和做法，包括在2014年制图和评估生态系统及其服务，以及评估这些服务的价值并最迟于2020年将这些价值纳入到欧盟和国家层面的核算体系中。

德国须实施欧盟生物多样性2020战略并满足六个目标，主要目标是到2020年阻止生物多样性的丧失和生态系统服务的退化。具体的六个目标是：一是全面实施鸟类和栖息地指令，保护超过1000种动植物和超过200个栖息地，包括森林、牧场和湿地；二是维持和恢复生态系统及其服务；三是增强农林业对生物多样性的贡献；四是确保渔业资源的可持续利用；五是控制外来入侵物种；六是加强应对生物多样性危机的行动。

另外，德国为推进核算工作，赋予政府机构相关具体事项，如德国经济和发展部德国联邦统计办公室（The Federal Statistics Office）和州统计办公室负责实施年度环境—经济核算（EEA）。

2. 德国国家自然资本核算的关注重点

德国联邦统计办公室（The Federal Statistics Office）主要基于环境—经济核算（EEA）关注环境对经济的影响，同时也关注环境对经济的贡献。环境为经济活动提供资源，也具有吸收废弃物的汇功能，并为人类提供福利和提高生活质量。环境—经济核算考虑到三个方面：①经济活动产生的环境影响；②环境所处的现状；③维持和提供环境功能的保护措施。环境—经济核算由如下内容组成：①环境负担（environmental burden）：水资源利用的物质和能量流分析；资源和原料的利用；能源消费；空气排放；废水；废物；总废物数（total waste count）。②土地利用。③环境保护措施和税收。④部门：私有个体；交通；农业；林业。

德国国家环境—经济核算已实现了欧盟2011年法规要求的义务，目前正在从全球角度分析物质流情况，从全球层面考虑资源和环境压力，并与国际合作者分享数据。

而在TEEB方面，德国拟在2015年发布四份报告：①自然资本和气候政策：协同和冲突。这是第一份讨论气候变化、气候政策、生态系统服务利用和自然保护的理论报告。这份报告将气候变化作为生态系统健康及维护其服务提供的最大威胁，主要回答以下问题：气候变化对生物多样性和生态系统的威胁以及能源是否转型？生物多样性在何种程度上能保护土地利用和帮助减缓气候变化？目前预计，不采取任何阻止气候变化的行动，到2050年将给德国造成8000亿欧元的成本。②生态系统服务和农村发展。主要示范如何将生态系统服务纳入农村地区并估价。③城市生态系统服务。保护人类健康并提高生活质量。主要为私营部门和公共部门决策中充分考虑到城市生态系统服务因素提供建议。④德国自然资本采取新的行动路线：一个综合分析（*Natural Capital Germany*：*Take New Course of Action*：*A Synthesis*）。这份报告主要解决以下问题：如何将生物多样性和生态系统服务的价值纳入到决策中？有哪些成功的经验，如何借鉴它们？从经济角度看，生态系统服务的总附加值如何核算？

（二）英国

1. 英国自然资本核算的法律和政策框架

英国自然资本核算的法律和政策框架的进展，可以分为国际和国内两个层面：

（1）国际层面。英国是生物多样性保护公约的缔约方，也是“里约+20自然资本核算公报”的有力支持方之一。英国目前正在根据国际和地区承诺（如根据欧盟2020年生物多样性战略的要求）设计其国家自然资本核算框架。英国已经实现了对生物多样性公约2011~2020阶段的承诺，包括已制定生物多样性战略和行动计划。

（2）国家层面。自20世纪90年代后期起，英国国家统计办公室（the UK Office for National Statistics）定期公布国家环境账户。该账户主要包括国家大气排放清查（the National Atmospheric Emissions Inventory）的空气账户、英国温室气体排放清查（the UK Greenhouse Gas Inventory）的空气和能源账户、环境、食品和农村事务部的环境保护支出和水和废弃物账户、联合保护自然委员会（the Joint Nature Conservation Committee）的自然账户，以及林业委员会的林业账户。英国国家统计办公室于2012年制定了一份路线图，设计自然资本核算的具体计划。2013年6月，分别对英国大陆架油气资源储量和木材资源发布了货币价值估计。

2011年由环境、食品和农村事务部发布的自然环境白皮书（NEWP），概览分析未来50年自然环境的愿景及针对性行动。并于当年建立了自然资本委员会，力求将自然资本的价值纳入到英国环境账户（UK Environmental Accounts）中。它的职责是让国家更好地理解自然资本的价值，并帮助国家为了支持和改善自然资产(natural assets)采取优先行动。同时，为绿色产品和服务创建新市场也成为英国环境账户的重点工作之一。另外，自然资本委员会负责向经济事务委员会(the Economic Affairs Committee)报告，并就英国自然资本现状，提出独立的专家意见。

生物多样性被英国视为一种重要的自然资本。国家有关机构正在促进构建生物多样性治理框架，并落实英国在2010年名古屋会议上的承诺，以及对欧盟作出的承诺。英国对生物多样性的立法采取分权的方式，即英格兰、苏格兰、北爱尔兰、威尔士各有不同的法规。在英格兰，各方意识到在公共部门和私营部门的决策中，自然资本的价值被严重低估，许多生态系统服务正在下降。为了加强决策者对自然的重视，目前正在设计一套保护生物多样性的资金机制。每年，环境、食品和农村事务部都正式发布一套基于结果的指标，以评估各方重视生物多样性的进展。

2010年政府建议进行自然资产(asset)核算，评估公共政策及其对特殊环境资产的存量的影响。英国政府开始制订行动计划以及良好的战略方法，将生态系统服务纳入到相关决策中，包括构建生态系统服务付费框架和生态系统市场专责小组(Ecosystem Markets Task Force)。2011年发布了国家生态系统评估报告。这份报告就环境和生态系统服务为社会和未来经济繁荣的贡献价值，进行了独立并经同行评议的评估。2012年，英国自然资产核算完成了报告，明确给出了自然资本资产核算①(natural capital asset check)的定义。

在2011年的自然环境白皮书(NEWP)后，有关方面发起设立了由商界驱动的生态系统市场专责小组，专门负责评估商界在驱动绿色增长中的机遇。它们分别在2012年和2013年出版了中期报告和最终报告，就如何建立生态服务市场为政府和商界提供了建议。它们挖掘了八种基于自然生态服务提供的商业机遇类型：(生态)产品市场；补偿；生态系统服务付费；环境技术；文化服务市场；金融和法律服务；生态系统知识经济；企业生态系统倡议(corporate ecosystem initiatives)。

2012年2月英国环境、食品和农村事务部和英国财政部针对财政部关于自然环境估价的绿皮书(HM Treasury's Green Book)，发布了一份补充指南。这份指南就生态系统服务框架的利用提出建议，目的是确保政府所有部门的

---

① “自然资本资产核算”(natural capital asset check，NCAC)是英国国家生态系统评估报告开发的一个工具，帮助描绘“自然资本”与经济活动之间的关系，即通过描绘生态服务与主要经济部门之间的关系，例如农业或食品生产，了解生态系统变化如何影响经济。它可以用来分析临界值、均衡点、以及生态系统的绩效和弹性，可以提供不同生态系统服务的属性的深入观点，可以帮助我们理解如何最好地管理自然世界，以达到最优的长期社会效益。(摘自《科学研究动态监测快报》)

政策评估中都充分考虑到对环境的各方面影响。

2. 英国自然资本核算的关注重点

英国环境账户包括了很多物质流和自然资源资产账户。这些账户有助于设计自然资本账户，但是，它们目前并不与生态系统核算实现对接(align)，也并没有为存量和流量提供一个综合集成账户(fully integrated account)。2011年一些方法学改变后，英国于2012年发布了最新的环境账户。

英国环境账户包括实物流账户，具体有：大气排放、能源消耗、物质流、废物、水利用、自然资源、土地利用和覆盖，以及鱼类。这些账户还包括货币账户详细信息，如政府在环境税上取得的收入，以及中央政府和产业的环保支出明细账(breakdown)。

2011年11月，英国国家统计办公室(ONS)发布了一篇论文《迈向可持续环境：英国自然资本和生态系统经济核算》，概述了该机构将自然资本纳入到资产账户的方法。在进行林地实验研究中，国家统计办公室以“实现联合国环境—经济核算中心框架(UN - SEEA Central Framework)构建实物流和货币流账户”为重点，主要内容包括：①林业实物流资产账户；②林业提供服务能力(如木材资源资产账户)；③木材资源的货币估价；④林地文化和调节服务(非货币价值流量账户)评估；⑤文化、调节和其他提供服务的货币估价；⑥基于提供、文化和调节服务的林地货币资产。

根据自然环境白皮书的承诺，英国国家统计办公室于2012年12月发布了《核算自然的价值：关于在英国环境账户框架内设计自然资本账户的路线图》。这份路线图概述了2013~2015年构建自然资本账户的主要建议：自上而下的账户，以改善全面财富账户[①](comprehensive wealth accounts)中的自然资本估计，并提供对英国范围内自然资本的价值评估；跨领域账户，为设计特殊栖息地账户、跨领域碳账户提供框架，基于栖息地的账户、封闭农场账户、湿地生态系统账户，以及初级的海洋生态系统账户。

(摘译自：2nd GLOBE Natural Capital Accounting Study Legal and Policy Developments in Twenty-one Countries)

---

① 指的是包括人力资本、实物和生产资本、自然资本在内的国家全面财富核算。

第三节

生物多样性与野生动植物保护

国际生物多样性组织：生物多样性是2014国际家庭农业年的核心角色

国际生物多样性组织（Biodiversity International）是国际农业研究磋商组织的成员之一，它在2014年1月17日刊文指出：生物多样性在2014年国际家庭农业年处于核心地位。2011年12月联合国大会第66届会议将2014年定为“国际家庭农业年”。2014国际家庭农业年旨在提高家庭农业[1]和小农户农业的地位，促使全世界重视家庭和小农户农业在减轻饥饿和贫困，提高粮食和营养安全，改善生计，管理自然资源，保护环境，特别是在农村地区推动可持续发展方面的重要作用。“2014国际家庭农业年”的目标是找出差距和捕捉机遇，推动更加公平和均衡的发展，从而在国家农业、环境和社会政策议程中重新确立家庭农业的核心地位。“2014国际家庭农业年”将促进在国家、区

---

① 家庭农业涵盖以家庭为基础的所有农业活动并与农村发展的多个领域相关。家庭农业是组织农业、林业、渔业、牧业和水产养殖生产活动的一种手段，这些活动由家庭管理经营，并且主要依靠家庭劳力，包括男女劳力。无论是在发展中国家还是在发达国家，家庭农业是粮食生产领域的主要农业形式。家庭农业的重要性表现在3点：a. 家庭和小规模农业生产与世界粮食安全密切相关。b. 家庭农业保护传统粮食产品，同时促进均衡的饮食并维护世界农业生物多样性和自然资源的可持续利用。c. 家庭农业为推动当地经济发展提供机遇，尤其是在促进社会保障和社区福祉的具体政策的支持下。

域和全球各级开展广泛的讨论与合作，加深对小农所面临的挑战的认识和理解，并为扶持家庭农业生产者寻找有效办法。

目前，全球约有5亿个家庭农业。在非洲，80%的农业采取家庭农业形式，亚洲小农家庭生产的粮食占80%。家庭农业管理全球80%的可耕地和70%的可饮水资源。

几百年来，全球的家庭农业十分依赖生物多样性的服务，换句话说，可以使作物进化和适应不断变化的环境条件，以及让它们多样化减少脆弱性。生物多样性的策略对小农不仅经济而且可行。在乌干达的香蕉种植园进行的试验表明，通过多样化种植能够减少75%的害虫。生物多样性还是应对极端天气事件的好办法。在飓风艾克之后，多样性农场的损失为50%，单一农场(monoculture)损失为90%～100%。生物多样性减少作物衰竭可能性，同时保持较高生产力：高多样性地块比单作地块的稳定性高70%，可生产3倍以上的生物量，并保障和支持生态系统服务，如支持世界75%主要作物的授粉服务。为此，农业参与者和政策制定者需要明细如何在国家、区域和全球层面将生物多样性纳入政策和实践领域。

（摘译自：Biodiversity：A Key Player in the International Year of Family Farming）

欧洲环境署发布2014年工作计划
重视生物多样性、生态系统和农林业

2014年2月4日，欧洲环境署(EEA)在其官网上发布"欧洲环境署2014年工作计划"，该计划对生物多样性、生态系统和农林业，制定了具体的目标和实施进度安排表。该计划指出，欧洲环境署重视通过收集数据、信息/指标和评估，适应和进一步发展EEA信息系统，支持和报告有关生物多样性和生态系统领域的政策发展及执行情况，包括农业和森林生态系统，以适应国家预期的变化。

该计划的主要目标是通过提供历史悠久的和新出现的政策框架的反馈信息，并通过有关公认的在驱动力、压力、状态和响应(DPSIR)评估链的环保主题进展的报告，改进欧洲环境信息的内容、可访问性和可使用性。其中关于"生物多样性、生态系统和农林业"2014年具体目标包括八条：一是基于2013年成员国提供的数据，促进根据鸟类指令和栖息地指令报告欧盟物种和

栖息地保护的进程，并为必要的评估做好准备；二是使用有助于实现欧盟生物多样性保护战略不同目标的数据，尤其是目标1、目标2和目标3(即根据欧委会及其成员国的共同路线图，促进欧洲生态系统及其服务的制图和评估进程，并参与相关工作小组的活动，如报告组、生态系统恢复和退化小组)；三是根据“欧洲生态系统及其服务的制图和评估”(MAES)进程，2010欧盟生物多样性基线应契合生态系统分类；四是为水框架指令和海洋战略框架指令的报告进程提供建议，进一步调整报告进程中关于保护状态的概念、分析方法和指标；五是致力于简化欧盟自然2000生态网的建立过程；六是通过设计和维护相关指标，特别是包括“整合欧洲生物多样性指标”(SEBI)，评估欧盟和全球生物多样性保护战略目标的进展情况；七是为欧盟重启欧共体最高等级会议开发生物多样性信息系统(BISE)，升级相关模块，如生物多样性数据中心和生物多样性信息交流机制(CBD)；八是准备评估软件支持2020生物多样性战略的环境状况评估报告2015和2015年的中期审查，并设计与合作伙伴的相关交流机制。

欧洲环境署的计划详细描述了2014年生物多样性、生态系统和农林业的工作内容(表1)。

表1　欧洲环境署发布2014年工作计划生物多样性、生态系统和农林业工作内容

项目	操作目标	绩效指标	关键合作方	理由/法律参考
准备关于生物多样性的环境状况评估报告	为环境状况评估报告(SOER)2015； 提供报告主题并保证报告质量； 提供关于生物多样性、生态系统及土地利用的高质量数据，以支持环境状况评估报告	确保环境状况评估报告2015按计划完成	欧盟服务委员会，欧洲环境信息与观测网络(Eionet)	欧洲环境署和欧洲环境信息与观测网络法规(EEA and Eionet Regulation)，欧盟第7次环境行动项目
出版《物种和栖息地保护现状的技术报告》	对欧盟现有立法条款所要求的物种和生境的现状和趋势进行分析	确保在2014年完成相关报告并保证报告质量(高度依赖欧盟成员国的意见—将在2013年底完成)	欧盟委员会环境总署，欧盟成员国，欧洲环境信息与观测网络(欧洲主题中心)(Eionet(ETC))	栖息地/鸟类指令，欧盟生物多样性战略，生物多样性信息交流机制，欧洲环境署和欧洲环境信息与观测网络法规，欧盟第7次环境行动项目
出版《欧盟2010年生活多样性基线——根据MAES生态系统分类进行更新的技术报告》	以“欧洲生态系统及其服务的制图和评估”(MAES)分析框架为基准，适应基于生态系统分类的欧盟2010生物多样性基线；评估欧盟2020生物多样性战略的实施进展	积极筹备并按时完成报告	欧盟委员会环境总署，联合研究中心总署，欧盟成员国，欧洲环境信息与观测网络(欧洲主题中心)	欧盟生物多样性战略，生物多样性信息交流机制，欧洲环境署和欧洲环境信息与观测网络法规，欧盟第7次环境行动项目

（续）

项目	操作目标	绩效指标	关键合作方	理由/法律参考
支持欧盟生物多样性战略中期审查的生态系统评估工作	为开展生态系统评估工作，充分利用生物多样性项目所提供的信息和数据。该评估工作既可推动欧盟生物多样性战略及目标的中期审查工作，又有利于环境状况评估报告2015的完成，该报告基于自然指令提供的相关数据，密切关注欧盟委员会设定的不同自然过程。同时，通过分析生物多样性锐减的主要驱动因素，促进生物多样性知识库的建立	推动欧洲环境署的生态系统评估工作	欧盟委员会环境总署，联合研究中心总署，成员国，欧洲环境信息与观测网络（欧洲主题中心）	欧盟生物多样性战略
简化生物多样性指标	进一步发展优化欧洲环境署指标框架，包括 CSI，SEBI 2010 和 AEI，并将其整合到欧洲环境署评估体系中，报告欧盟和全球实现“遏制/减少生物多样性丧失”这一目标的进展；根据欧共体服务备忘录，更新农业环境指标；简化欧洲环境署其他指标的设定程序（包括 SEBI 和 CSI）	撰写 SEBI 2010 计划的可行性研究报告，包括组织和管理方式；及时更新相关指标，包括由欧盟统计局调整的 AEI 合作备忘录	欧盟委员会环境总署，联合研究中心总署，欧盟委员会统计局，欧盟成员国，欧洲环境信息与观测网络	欧盟生物多样性战略，生物多样性信息交流机制—爱知目标，欧洲环境署和欧洲环境信息与观测网络法规，欧盟第 7 次环境行动项目，共同监测评估框架（CMEF）
更新欧洲生物多样性信息系统	根据欧洲生物多样性信息系统与欧委员会环境总署的联合工作计划，整合与生物多样性（包括农业和森林生态系统）相关的数据、信息和指标；利用环境共享信息系统和激励原则，更新数据中心和不同来源的信息，包括生物多样性信息交流机制； 提高物种、生境和生态系统数据的可访问性及可利用性，该类数据来源不同，主要通过欧洲自然信息系统网站的完善所获得，包括提供分类服务的有关链接	在 2014 年 5 月 22 日实现欧洲生物多样性信息系统的更新升级，强化物种和栖息地数据的可获取性	欧盟委员会环境总署，欧盟科研与创新总司，联合研究中心总署，欧盟成员国，欧洲环境信息与观测网络	欧盟生物多样性战略，欧洲环境署和欧洲环境信息与观测网络法规，欧盟第 7 次环境行动项目，生物多样性信息交流机制
自然 2000 数据库（数据准备过程中地图和网路可视化）	维护自然 2000 数据库（包括使用修订后的标准数据形式）；充分评估并设计包括相关研讨会的联盟清单；组织自然 2000 研讨会（关于改善保护现状）的筹备工作（关系到保护生物多样性新战略的目标 1 和 2 的实现）	保证自然 2000 数据库的及时性和有效性，发表相关领域论文	欧盟委员会环境总署，成员国	栖息地指令，欧盟生物多样性战略，生物多样性信息交流机制，欧洲环境署和欧洲环境信息与观测网络法规，欧盟第 7 个环境行动项目

（续）

项目	操作目标	绩效指标	关键合作方	理由/法律参考
出版《森林生态系统和高生态价值森林报告》	评价森林的多功能性和生态系统价值（包括生态系统服务）。主要考虑与之相关的以下几个方面：包括绿色基础设施，生物质能（考虑碳债务在内的影响），水（森林提供饮用水和调节洪水的作用），还有包括外来物种入侵、土地利用方式改变及森林生物多样性现状与变化趋势在内的气候变化影响。森林生态系统报告还包括最新政策的调整和变动；发表关于高生态价值森林的技术报告——编译内容要涵盖泛欧洲地区原始森林的分布信息（数据库以及绘图）	及时提交报告；森林及森林服务的多功能性；高生态价值森林的概念——方法学贡献	欧盟成员国—欧洲环境信息与观测网络，欧盟委员会环境总署，联合研究中心总署，欧盟委员会统计局，联合研究中心总署	欧盟生物多样性战略，共同监测评估框架（CMEF）
简化欧洲环境署目前的生物多样性软件（准备过程中，2015年出版）	准备评估和其他软件产品，既有助于在2015年中期审查时实现欧盟生物多样性战略中的目标1、2、3、5和6，又可以提高欧洲环境署在保护生物多样性对话中的声望；改善欧洲环境署利用多元化产品和媒介在物种、生境和生态系统方面的对话情况；将这些产品与环境状况评估报告相结合	开发中的产品计划（基于2010年的10条信息）将有助于2015年的谈判对话（基于欧洲环境署利益相关者的意见）	欧盟委员会环境总署，成员国	欧盟生物多样性战略，欧洲环境署和欧洲环境信息与观测网络法规，欧盟第7次环境行动项目

（摘译自：EEA Annual Work Programme 2014）

美国制定新的打击野生动物贩运国家战略

2014年2月11日，美国总统批准新制定的《打击野生动物贩运的国家战略》（*National Strategy for Combating Wildlife Trafficking*）。对此，总统特别助理兼非洲事务高级主任格兰特·哈里斯（Grant T. Harris）撰写文章进行分析，于2月11日刊登在白宫博客网站上，现将该文章及新《战略》的主要内容摘编如下。文章指出："新制定的打击野生动物贩运的国家战略为子孙后代保护标志性物种"。新战略要求为子孙后代保护大象和犀牛等受威胁物种。对野生动物的偷猎和非法贸易导致标志性物种的数量大量减少，如大象和犀牛等物种面临数量显著下降甚至灭绝的危险，这对全球安全构成了威胁。但这类威胁并非不可以改变，这项《战略》就加强了美国抗击该类威胁发挥的主导作用。今天，我们正采取行动制止这些非法网络，以保证我们的子女在仍然拥有野生动物的世界上成长并获得亲身的体验。

根据战略文本，新战略确立了三项战略要点，战略文本详述了这三项战略要点的核心手段：一是加强国内及全球执法。具体包括国内执法和全球执法。①国内执法又包括：评估和加强法律机构、利用管理工具快速应对目前的偷猎危机、加强拦截和调查工作、美国执法机构以打击野生动物非法交易为优先、加强执法和情报机构的协调、斩断野生动物贩运的非法获利链条。②国际执法包括：支持有关国家政府的能力建设、支持基于社区的野生动物保护、支持有效技术工具的开发和运用、加强信息共享、参加跨国执法行动、寻求建立一个有效的全球野生动植物执法网络(WENS)、着力解决腐败和洗钱链。二是减少国内外对野生动物非法交易的需求。即要提高公众意识并改变行为模式、建立合作伙伴关系、减少国内对贩运野生动物的需求、努力促进全球范围的需求减少。三是为打击对野生动物的非法捕猎和交易，加强与国际合作伙伴、当地社区、非政府组织(NGO)、民营行业以及其他各方的伙伴关系。即要使用外交催化政治意志、加强保护野生动物的国际安排、利用现有的和未来的贸易协定和计划保护野生动物、将保护野生动物的条款纳入其他国际协议、与其他国家政府合作、促建有效的伙伴关系、鼓励设计创新的办法。

鉴于非洲大象面临的威胁不断升级，新战略还决定禁止商业象牙交易，保证美国市场不助长这种标志性物种的减少。除了一些特殊情况，这项禁令对美国境内的象牙进口、出口和商业交易实行新的限制。开展上述行动有助于保证美国不助长对大象的偷猎活动和象牙的非法交易(表1)。

在伦敦举行的制止野生动物非法交易会议(London Conference on the Illegal Wildlife Trade)上，美国希望其他国家一起大刀阔斧采取行动打击野生动物贩运活动。在未来的数月内，将采取进一步措施实施这项《战略》。为了表明对实施这项《战略》的承诺，白宫与国务院(State Department)、司法部(Department of Justice)和国内资源部(Department of the Interior)及十几个联邦机构共同主持打击野生动物贩运的总统特别工作组(Presidential Task Force on Wildlife Trafficking)的工作。期待与总统特别工作组和打击野生动物贩运顾问委员会(Wildlife Trafficking Advisory Council)一道实施这项战略，并与非政府组织、民营合作伙伴及公众相互合作，保证《战略》取得成功(表2)。

表1　行政措施对象牙商业交易的影响

	现状	根据新政策执行所有的行政措施后
进口†	允许商业性古董 《濒危野生动植物种国际贸易公约》(Convention on the International Trade in Endangered Species)公布前的一系列物品 允许(《濒危野生动植物种国际贸易公约》)非商业性制品 没有涉及执法或用途善意(bona fide)的科学标本的规定 捕猎竞技活动战利品不受限制	禁止所有的商业性进口(包括古董) 允许《濒危野生动植物种国际贸易公约》公布前制作的非常有限的不供出售的象牙制品(某些乐器、博物馆和教学标本、家庭用品的搬运) 允许用于执法和用途善意的科学标本 捕猎竞技活动战利品限于每位猎手每年两件
出口†	允许1976年2月2日前获得的商业性古董和象牙制品 允许一系列非商业性物品 禁止所有的商业性出口(除古董外)*	允许某些非商业性物品
国内销售	象牙进口后的销售基本不受监管	禁止州际商业性买卖(跨州界的销售)(除古董外)* 禁止州内商业买卖(一州内的销售)，除非卖方可证明该物品在被列入《濒危野生动植物种国际贸易公约》附件I(1990年1月18日)之前或根据《濒危野生动植物种国际贸易公约》公布之前的文件或其他豁免文件属合法进口

†注释：除表格内注明的特定限制外，所有的进出口必须附《濒危野生动植物种国际贸易公约》相关文件。

*除《濒危物种法》(*Endangered Species Act*)允许的豁免情况外。

表2　行政措施对《濒危物种法》所列物种的影响

	现状	根据新政策执行所有的行政措施后
进口	对古董进口承担有限的举证责任； 对古董进口标准的执行不一致	进口方必须提交确凿的证据证明有关物品作为真实古董符合《濒危物种法》所列任何物种的要求； 进口方必须提交确凿的证据证明大象的种类
出口	对申请古董出口承担有限的举证责任； 提出申请无需证明进口符合《濒危物种法》标准	对《濒危物种法》所列物种制成的古董提交的出口申请必须满足《濒危物种法》所有涉及古董的标准
国内销售	对《濒危物种法》所列物种制成报称古董的物品的州际销售承担有限的举证责任	从事州际商业性交易的古董卖方必须提交确凿的证据证明该物品作为真实古董符合《濒危物种法》所列任何物种的要求

(摘译自：National Strategy for Combating Wildlife Traeficking)

英国发布海外领土生物多样性行动战略

2014 年 4 月，英国发布海外领土[1]生物多样性行动战略(Overseas Territories Biodiversity Strategy)，希望确保其海外领土丰富的自然资源可持续利用。战略的主要任务是确保英国和海外政府在生物多性保护和可持续利用方面履行国际义务。及时对开展的情况和取得的成果进行报道，增加与国际相关组织间的交流，助推海外活动的进一步发展。

根据这份战略，英国支持的生物多样性保护战略的优先领域主要是以下五方面：①获取生物多样性现状相关数据，明确影响生物多样性的人类活动情况，以作为制定政策和管理计划的基础准备工作(包括基线调查和后续监测)；②防止外来物种入侵，根除或控制已入侵物种；③开发跨部门、符合可持续发展原则的方法适应气候变化。英国政府采取一种将环境因素纳入决策制定的核心环节(Environmental Mainstreaming)的创新方法。海外政府须重新审视生态系统在支持经济发展方面的价值，并确保在基础设施规划中纳入生态因素；④开发生态系统服务评估工具，支持可持续发展政策和实践行动。建立了南大西洋信息管理系统和地理信息系统中心，加强生态系统评估和监测的能力，提高海外工作人员的生态管理能力；⑤针对海洋生态系统，提高保护和可持续利用的积极性。

（摘译自：UK Overseas Territories Biodiversity Strategy UK Government Activity）

---

① 英国海外领土是主权归于英国，但并不属于联合王国建制的 14 块海外领土。它们是大英帝国的残余部分，部分领土经投票表决继续成为英国领土，其余领土则尚未取得完全独立。这 14 块领土的总面积共约 172.8 万平方公里，人口约 26 万人。

第四节 可再生能源

欧洲分析其固体生物质能源利用及社会经济效益

2014年4月4日，欧洲可再生能源推广协会(EurObserv'ER)发布《欧洲可再生能源使用现状年度报告(2013)》。该报告不仅展示了欧盟发展可再生能源的背景及可再生能源占据的市场份额，还对相关的就业情况和总产值进行了估计，并在历史上第一次对欧盟投资环境进行了评价，有英语和法语两个版本供免费下载。

报告指出，2011年的欧盟冬天异常温暖，水力发电因低降水量受到限制。2012年欧洲北部的气候重新恢复到正常状态。该回归是近10年欧盟重大投资带来的转机，其主要受益方为风能发电、太阳能发电部门，还有生物质能和热电站。统计数据表明，欧盟各类可再生能源在总能量消耗中的比例从2011年的12.9%上升到2012年的14%，较2020年的目标仅差6%。可再生能源在成员国内逐渐显露出新兴经济的影响力。如法国，2012年，可再生能源创造了近19万个直接和间接就业机会，并带来超过110亿欧元的总产值。现将报告中有关固体生物质内容摘要编译如下。

一、欧洲固体生物质的使用现状

固体生物质在欧盟的热能和电能中占据的比重越来越大，其包括木材、残留的树枝、木屑，即其他林业废弃物和动物粪便。2011年固体生物质的产量下降只是一个偶然事件，由冬天的异常温暖所致。2012 年，固体生物质的产量大幅度回升，同比增长率为 5.4%，总产量达到 82200 万吨油当量，比 2011 年增长 4200 万吨油当量。欧洲可再生能源推广协会提出 2012 年固体生物质的消费总量为 85600 万吨油当量，主要是考虑了进出口业务和 5.9% 的增长率。木屑的进口国家为加拿大、美国和俄罗斯，进口平衡了产量和消费之间的矛盾。欧洲生物质能协会(AEBIOM)指出 2012 年欧盟的木屑消耗量为 1510 万吨，而当年的木屑产量仅为 1050 万吨(2011 年产量为 950 万吨)，说明 30% 的木屑消费依赖进口。

调查结果显示，2012 年固体生物质的消费增加绝大部分源自加工产业对热能的消耗，其热消耗较 2011 年增加了 19%，达 840 万吨油当量。但是，消耗生物质热能的产业不止加工产业，2012 年，87.6% 的固体生物质热能被家庭和工业企业消耗。固体生物质的电能产量不同于热能，对温度的依存度更低，不易受气温影响。根据欧洲可再生能源推广协会提供的数据，2012 年欧盟的电能产量达到 80 太瓦时，同比增长率为 9.0%，贡献突出的国家包括波兰、英国、德国、瑞典和西班牙。

1. 瑞典和挪威：建立基于绿色认证的共同市场

2012 年，瑞典的固体生物质能源产量超过 940 万吨油当量，同比增长率为 5.8%，恢复到 2010 年的水平。瑞典的固体生物质能源不存在进口，且其全部产品均用于国内消费。大多数生物质能用于加工产业，一部分销售给供暖网络(2012 年同比增长 15.1%)，同时也用于生产电能(增长率超过 6.2%，达 599 千兆瓦时)。除加工产业，热能消耗还包括林业和纸浆工业对原木、木屑的直接消费，以及家庭的供热系统。

2012 年 1 月，瑞典和挪威推出了一个基于绿色认证的共同市场(a common market for green certificates)，以鼓励对可再生能源发电的投资，尤其是生物质废热发电。新形成的共同市场旨在 2012 ~ 2020 年间，将可再生能源的发电量提高到 26.4 太瓦时。

2. 法国：热基金

2012 年恢复到正常气候状态的冬天，导致法国固体生物质能源的产量和消耗量均有所增加。可持续发展部门的观察和统计办公室(the sustainable development ministry's observation and statistics office)发布了固体生物质能源的产量数据，结果表明增长率达 9.3%，增长量近 1000 万吨油当量。除了家庭对木质能源的需求，工业、集体住宅和服务业对热能的需求均导致生物质能源的产量增加。2012 年，据估计，热能总消耗为 9200 万吨油当量，其中 400 万吨用于集中供热。政府部门指出导致能源消费增长的根本原因是热基金项目(Heat Fund projects)的启动。自该基金于 2008 年启动以来，法国环境和能源管理所(Environment and Energy Management Agency，ADEME）对工业 、农业和服务业提出了5 个开发生物质能源的要求，催生了 109 个相关项目的启动，其产热能力达1150 兆瓦。

3. 德国：计划修改可再生能源法

2012 年，德国固体生物质能的产量和消费量为 1180 万吨油当量，在欧盟成员国中处于领先地位。该数据由德国环境部可再生能源统计工作组（the German Environment Ministry's working group on renewable energies statistics，AGEE-Stat）提供，指出固体生物质发电量约增 6.8%，为 0.9 ~ 12.2 太瓦时。

对现行的基于固定价格（Feed-in Tariff-based）的激励制度进行改革，在一定程度上推动了政府对可再生能源法进行重大改革，以在短期内降低能源转换成本。谈判代表希望通过减少海上、陆上风力发电、限制生物发电，以强化对林业废弃物发电的利用。

欧盟 27 个成员国的可再生能源行动计划（Renewable Energy Action Plans）标准被用来衡量固体生物质的发展进程。该计划对生物质能（包括木材、林业废弃物、农作物和农业废弃物）提供专项拨款，几乎实现了欧盟可再生能源目标的 1/2，该目标计划到 2020 年将可再生能源在全部能源中的比例提高到 20%。

二、欧洲固体生物质的社会经济效益

固体生物质在林业、机械制造业、木材加工及能源产业，为欧洲经济带来了收益并创造了“绿色体面工作”，同时也为燃料贸易，研究与开发行业，以及培训、咨询业带来了就业机会。生物质能在社会经济学的上地位逐渐转变并日显重要，已跻身领先部门。2011 ~ 2012 年，主要作为能源产品的生物质能，其产量在欧盟所有成员国内均有所增加（2011 年生物质能的产量为 7810 万吨油当量，2012 年增长为 8230 万吨油当量）。考虑生物质能在 2012 年蓬勃的市场发展势头，欧洲可再生能源推广协会重新评估了其社会经济影响，估值为 22.8 亿欧元，同时生物质能的发展显著地带动了就业，共创造 28.2 万个就业机会。

北欧和波罗的海国家因其丰富的自然资源成为使用生物质能的先驱。在瑞典，生物质能及其相关行业为 2.8 万以上的人提供了就业机会。另据欧洲可再生能源推广协会估测，该国生物质能总产值为 27 亿欧元左右。瑞典生物能源协会（SVEBIO）指出生物质能在瑞典全部能源消耗量中所占的比例接近 1/3。芬兰也在不断提高生物质能的产量，目前其产量达 780 万吨油当量。据估计，2012 年生物质能的总产值为 22.8 亿欧元，若将林业考虑在内，提供的就业机会超过 2.3 万个。

在法国，固体生物质能仍是可再生能源中发展最好的领域，尤其是用作热能。2010 年以来，该领域一直得益于“热基金”国家项目。该基金为有关生物质能行业提供资金支持，包括工业、建筑业中的大型燃木锅炉(wood boilers)，以及直接利用固体生物质产品提供热能的行业。法国环境与能源控制署(Ademe)指出，2012年固体生物能产业提供了约4.8万个就业机会，总产值为16亿欧元。

在德国，生物质能生产设施的建设和运行，及其产生的热能和电能(不包括沼气)，在2012年创造了75亿欧元的经济总产值，明显超过2011年的71亿欧元。德国环境部可再生能源统计工作组的评估结果表明，生物质能带动了德国的就业，就业增长率为6%，目前共提供5万个就业机会。带动就业的领域主要有，对小型生物质能供热设备的投资、大型生物质能供热设备的运行和维护，此外，林业部门提供的就业也被考虑在内(2.14万个)。

根据奥地利的年度市场统计数据，其固体生物质能的社会经济效益主要通过增加收入和带动就业得以体现。生物质燃料供给业、生物质锅炉制造业、木屑生产加工业是提供就业的主要行业，2012年共提供1.86万个工作岗位，相比2012年稍有下降，经济总产值较2011年略有提升，为25.5亿欧元。

其他地区也非常重视生物质能源的使用，如波兰，正逐渐提高生物质能在国家电能中的比例。未来的发展很大程度上取决于即将出台的欧盟指令和目前正在讨论的颇具争议的可持续发展指标。集中供电厂的煤炭替换在短期内是一个发展趋势，并对欧盟成员国产生积极的社会经济影响。

欧盟未来的主要工作聚焦于准备2030年的能源/气候一揽子计划，其需要制定雄心勃勃的可再生能源目标以保持目前的发展势头，并为市场参与者提供所需的可见性和稳定性政策。这份《欧洲可再生能源使用现状》报告(2013)将助推可再生能源的发展之路走得更远。

(摘译自：The State of Renewable Energies in Europe, Edition 2013, 13th EurObserv'ER Report)

国际可再生能源机构分析生物质能源发展趋势

2014年6月6日，国际可再生能源机构(IREA)发布《2030年全球可再生能源路线图》，该报告基于对26个国家(这26个国家占全球能源需求的3/4)可再生能源潜力的研究，旨在到2030年实现可再生能源在全球能源中的占比提高一倍。报告强调，这一目标具有成本效益并触手可及，目标的实现可以减少污染，缓解化石燃料的使用对人类健康造成的负面影响，提高能源安全，并可创造

100 万个就业机会。

报告强调，在发电、建筑、交通和工业等几方面增加可再生能源的使用，并预测 2030 年可再生能源在能源总消耗中的占比可能达到 36%，这一结果将减缓全球变暖的趋势——2100 年全球气温将仅高出工业前水平 2℃。报告指出，如果考虑可再生能源的社会经济效益，如减少治理大气污染的成本等，到 2030 年，对可再生能源的使用将每年节约 7400 亿美元。

报告指出，生物质能(biomass)将成为关键能源，并在终端应用市场起主导作用。鉴于生物质能的重要性，IRENA 在报告后又发布一份工作文件，该文件提出几个议题，分别是 2030 年生物质能的可持续供应、生物质能的生产成本和未来价格走势、生物质能的有效利用及生物质能发展前景的不确定性等。

到 2030 年，生物质能将遍布工业、交通业、建筑业、电力和热力行业的终端消费市场。假定固体生物质转化为生物燃料的效率为 50%，那么生产 1GJ 的生物燃料将需要 2GJ 的生物质原材料，因此 IRENA 指出 2030 年对固体生物质的需求将以每年 1.9% 的速度增长，远高于 1990 ~ 2010 年 1.3% 的增长率。

报告指出，2030 年生物质能的供应潜力为每年 95 ~ 145EJ，其中农业和厨馀的最大提供量为 66EJ，林业为 42EJ，能源作物为 37EJ。尽管生物质能的质量、生产成本和价格存在较大不确定性，能源路线图对主要生物质能的预计需求量高达 108EJ，是当前水平的 2 倍多，接近对 2030 年供应量的下限估值。这一估值非常具有挑战性，由于目前已达到生物质能的供应限值，需要重点考虑其可持续供应能力，因此创新和新技术开发至关重要。

供应成本最低的是农业残余物和来自厨馀及牲畜粪的沼气，成本最高的是能源作物。根据世界生物能协会(World Bioenergy Association)的估测，预计 2035 年生物质能的供应量将达 153EJ，其中将有 80%(70EJ)以上来自林产业(包括木材燃料、木质屑和废弃物)，62EJ 来自农业残余物和废弃物，另外 12%(18EJ)来自能源作物。IRENA 对农业残余物和厨余的预测与 WBA 的预测较为接近，为 39 ~ 66EJ，对林产品的预值较低，为 25 ~ 42EJ，而对能源作用的潜力抱有更高期待，高达 31 ~ 37EJ。

(摘译自：ReMAP 2030：A Renewable Energy Roadmap)

第五篇

林业法律与改革

美国农场法案改革有新动向
增强林业生态保护项目

2013 年 11 月，美国白宫农村委员会发布了一份报告，解读了近期通过的《有关食品、农场和就业综合性法案》(《A Comprehensive Food, Farm, and Jobs Bill》，以下简称农场法案) 对美国经济发展的重要性，该法案的立法影响和福利，以及该法案增强林业保护项目的潜在影响。政府明确表明农场法案的重要地位：对于农民和牧场主，法案将提供一个可靠的安全保障，包括农作物保险计划以及对畜牧生产者的追溯援助等；该法案也是一部创造就业法案，将进一步增加美国农业的就业机会，提高生产潜力，并为乡村企业提供支持；该法案还是一个研究法案，将继承美国农业改革的悠久历史；还是一部保护法案，将协同联邦政府和越来越多的农民和农场主来保护土地、森林和水源；还是一部营养法案，将为老年人、残疾人以及退伍军人等弱势群体提供足够的食品保障；此外，该法案将在未来 10 年通过一系列改革来削减数十亿美元的财政赤字。

一、美国改革农场法案的背景

当今，美国农村经济面临着重要的转折点。在创新和精明商业决策的带动下，曾一度低迷的美国农村经济开始复苏。尽管在 2012 年发生了前所未有的干旱等其他自然灾害，美国农业收入目前仍接近历史最高纪录。同时，美国农村发展也面临着由于经济的进一步发展所带来的独特挑战，包括人口减少等。

奥巴马政府认识到创新和积极措施在振兴农村经济、进一步带动就业等方面的重要作用，为此划定一系列重点发展领域。美国农业部通过新成立的白宫农村委员会与联邦合作伙伴共同努力，旨在进一步加强对美国农村的投资，具体包括促进农村市场的发展，为农林生产者提供新市场机遇，加强荒地保护，促进生物质经济发展等。这急需美国国会发布关于食品、农场和就业的综合性法案。

二、新农场法案增强美国森林保护和生态保护

美国森林多为私人所有，近 2.82 亿英亩(折合 1.42 亿公顷)林地为 2200 万家庭所有。在 2200 万私人森林所有者中，仅不到 4% 制定了森林管理计划，

绝大多数森林所有者都未能实现森林的有效经营并缺失森林经营规划。同时，美国森林面临着日益严峻的威胁，如森林火灾、外来物种入侵和林地用途转变等。因此，并不能疏于森林管理，放任其恶性发展。首先要通过教育培训和技术支持等使家庭森林所有者参与到森林保护行动中，这需要通过农场法案中的保护计划来实现。

2008 年的农场法案对美国农业部的保护计划做了重要调整，更有利于森林所有者的参与。森林所有者可以通过农业部自然资源保护局(NRCS)一系列的行动计划来加强森林管理计划，创新保护工具和资源。对于新农场法案，美国森林基金会(AFF)预测分析后，对其促进美国森林保护提出几点展望：一是会加强对家庭森林所有者的宣传、教育和技术援助力度；二是会强化家庭森林所有者通过农场法案的保护计划所获得的保护工具；三是会为传统的森林产品、可再生能源和生态系统服务开拓新的市场机遇；四是将会提高抵御外来入侵物种的能力。

美国白宫农村委员会的分析报告认为，新法案的改革动作从六方面促进林业生态保护：①将按照生态服务和物种生存边界进行财政投资保护，如按照流域、按照艾草榛鸡生存范围、按照长叶松分布的生态区进行保护，而不再按照行政区边界；②将按照保护效果评估项目(Conservation Effects Assessment Project)结果保护最脆弱和最重要的区域，并采取综合方法保护最关切的自然资源；③特别要加强重点小流域保护，加强国家水质倡议计划(National Water Quality Initiative)；④通过保护野生动物倡议使用地计划(Working Lands for Wildlife Initiative)如艾草榛鸡和小草原松鸡(Lesser Prairie Chicken)倡议计划，提供的科学方法，农业部自然资源保护局和内政部渔业和野生动物局帮助生产者有能力预测濒危物种法案规定目前和未来的变动；⑤根据 2009 年的民意测验，保护资金更多地用于土壤和水质最脆弱的地区；⑥加强保护伙伴关系，如通过国家鱼类和野生动物保护伙伴支持计划，2012 年农业部自然资源保护局 1000 万美元的投资撬动了 4200 万美元的保护项目，这些项目的实施标准都符合自然资源保护局景观保护倡议计划(Landscape Conservation Initiatives)的要求。

三、新农场法案涉及林业相关内容

该报告强调了新农场法案对美国农业部门、农业劳动力、美国农村以及全国个体家庭和企业所产生的经济效益，同时包括林业方面的一些新政策：

一是加强生态保护并为清洁能源提供资金。土地的可持续利用和健康的自然资源是决定未来食品和纤维生产的基础。基于此，新法案支持对农地的自愿性保护行动以及恢复和管理工作，并通过简化保护计划以更有效的利用有限的保护基金。农地保护项目计划覆盖范围为6000万英亩(折合2429万公顷)的农地和私人林地。保护项目还包括栖息地保护，通过支付租金或地役权使农民、牧场主和私人土地所有者保护环境敏感度高的土地和野生动植物栖息地。

二是加强生态系统修复。新法案支持国家森林和生态系统的修复。恢复国家森林和生态系统可以使环境受益，在农村社区创造就业机会。森林恢复项目利用美国农业部、其他联邦机构和外部合作伙伴的投资，在节约成本方面取得了显著回报。

三是促进林业经济和就业。林务局通过保护干净的水和支持森林恢复经济来支持经济发展。使用危险燃料和修复治疗中(restoration treatments)的木材来支撑木制品产业和生物经济，使森林健康治疗在经济上可行，同时实现恢复森林和牧场弹性，减少火灾风险，并改善水质的互补性目标(complementary goals)。最近的研究估计投资于森林恢复每百万美元创造平均23个就业岗位；与传统形式的基础设施投资相比，如公共交通、道路和能源生产，这是一个更高的回报。

四是创新火灾和经营者风险管理工具。新农场法案还提供一个被称为管理承包(Stewardship Contracting)的关键森林管理工具的重新授权(re-authorization)。这项授权使林务局从管理销售中应用木材(或其他林产品)的价值来抵消成本，完成资源项目。该项授权为消除危险燃料(hazardous fuel removal)等项目提供了灵活性和高效性。长期的管理合同可支持当地经济，并为去除低价值的生物质提供激励，同时提高森林条件并降低灾难性野火风险。

为农林业生产者建立一个可靠的安全网络以实现精明的风险管理。农场法案通过取消直接补贴并为生产者提供一个强有力的安全网络，将为纳税人节省数十亿美元。成本和市场的不确定性及自然灾害的威胁使得农业成为高风险产业，因此农业生产者需要一个可靠的安全网络，该网络在其需要时可及时提供援助并可支持审慎的风险管理策略。新农场法案对安全网络做了适当改革，以更好反应农业生产者的多元需求，使农民在实现必要投资的同时有效避免不必要的风险和费用。改革后的现代化安全网络包括农作物保险计划以及对生产者的灾难援助计划。此外，农场法案还为牲畜生产者提供了目前急需的救灾援助计划。

五是促进林业能源计划。农场法案首次为社区木材能源计划(Community Wood Energy Program，CWEP)提供基金。在2008年农场法案第9013节的授权下，社区木材能源计划是一项竞争性赠款方案，协助地方政府安装高效的生物质燃料供热系统——这些系统可以减少能源成本，支持农村收入和就业机会，应对火灾风险。

六是投资生物经济以促其发展。农场法案新增并扩大了对可再生能源、生物燃料和生物质产品的投资，这些领域均可改善农村地区就业情况。该法案通过对新一代生物燃料开发、先进生物炼制设备建设及高端技术研究的持续投资，将有力推动生物经济的发展，促进农民转向生物燃料作物的种植及生物工业产品的生产。生物经济为农村创造了成千上万的就业机会，并通过利用林业产品作为日常商品的基础原料在整个经济链上新增了许多工作岗位。同时，对生物经济的投资可减少对国外石油的进口，进而减少贸易赤字，并有利于维护一个更加健康的地球环境。

七是推动国内外市场以实现全球贸易承诺。充满活力且公平的多元化市场将为农民、牧场主、生产商和消费者带来多种效益。在农场法案的影响下，包括市场准入程序和国外市场开发计划，农林业生产者在产品出口方面获得了历史上最有力的支持。新农场法案还将支持生产者扩大国内市场的努力。同时，农业法案还促进了美国农林产品出口的出口融资，使得 2012 年美国农产品的销售额超过 41 亿美元，包括那些高价值产品如林产品、杏仁、鱼和新鲜水果。

综上所述，新的综合性农场法案需要紧紧把握不断变化的农林业需求，有效解决美国农村社会面临的挑战，并为美国农民和家庭加强安全保障。

（摘译自：The Economic Importance of Passing A Comprehensive Food, Farm, and Jobs Bill）

美国通过新的农业法案专章增减调整林业条款或项目 未来五年强化森林健康、林务局管理承包合约、森林清查以及林产品技术研究和推广

2014 年 2 月 7 日，美国总统奥巴马签署一项为期 5 年（2014～2018 年）的全面农业法案，即《2014 年农业法案》（*Agriculture Act of* 2014），它的支持总额度为 9564 亿美元。根据美国白宫农村委员会的解读，新法案从五个方面促进经济发展，这五个方面活动分别是：减少财政赤字、保障农场收入、支持地方经济、给予农户信心、保护森林流域支持生态旅游。林业活动占据其中第五方面。该法案共十二章，其第八章专门针对林业。林业这一章又细分为四节：取消一些林业项目、对 1978 年合作林业援助法案项目重新授权、对其他林业相关法律重新授权、杂项条文。为了促进林业完成前述的支持经济发展的第五方面活动。新法案对林业法律和项目进行了“增、废”调整，主要是促

进美国林业支持国内生态旅游、林业就业、进出口等支撑经济发展。现将该法案关于林业的增加、强化和废除内容，摘编整理如下。

一、新法案的亮点：在“减少政府财政赤字”这个总基调下尽可能照顾资源保护活动，建立了农户保护森林、草原、湿地、野生动物的履约约束规定

2014 年农业法案不算完美，但总体而言，它是支持保护森林、野生动物和可再生能源，以及为保护土壤、水、野生动植物的关键项目提供资金的强有力法案。新法案取消每年 50 亿美元对农户的直接支付补贴，而加强支持农业保险的范围和力度，建立农户保险奖金补贴。新法案对林业的主要亮点是“为农户获取保险补贴建立了保护履约约束(conservation compliance)，根据新法案，农户为了领取保险奖金补贴(insurance premium subsidies)必须实施湿地、土壤、野生动物等保护活动”。未来 10 年，新法案为保护项目提供总计 576 亿美元的资金，这一数量较以前有所下降，但已经是在“减少政府赤字”这个总基调下能争取到的最大限额。新法案增强或调减了一些典型保护项目，它们包括：①受赤字总基调影响，减少保护储备计划(Conservation Reserve Program)将从目前的 3200 万英亩减少为 2014 年的 2750 万英亩再减少为 2018 年的 2400 万英亩。②增强野生动物栖息地激励计划(Wildlife Habitat Incentives Program)。新法案把野生动物栖息地激励计划纳入环境质量激励计划(Environmental Quality Incentives Program)中，但规定其最少必须达到环境质量激励计划资金量的 5%，环境质量激励计划 2014 年为 13.5 亿美元，2018 年为 17.5 亿美元。③新设了区域保护伙伴计划(Regional Conservation Partnership Program)以竞争和择优为准则选取野生动物、土壤、水质和空气保护项目，年资金量 2.75 亿美元，其中联邦 1.1 亿，州 6875 万美元，8 个重要的保护区 9625 万美元。④将现有的草地保护计划、湿地保护计划、农场和草场保护计划加强为农业保护地役权计划(Agricultural Conservation Easement Program)，未来五年总资金为 20.25 亿美元。⑤自愿的公众准入计划(Voluntary Public Access Program)，是由为公众提供狩猎、钓鱼和其他休闲旅游活动的农户申请，在竞争规则评判下提供赠款的项目，每年约为 800 万美元。另外，保护监管计划(Conservation Stewardship Program)规模达到每年 1000 万英亩。

二、新法案主要增强林业四个方面

(一)新增每年 2 亿美元财政支持“森林治疗区”以增强森林健康(2014～2024 年)

1. 为什么要增强森林健康

美国农业部长 Tom·Tidwell 在 2013 年描述了美国森林健康，“它受干旱和昆虫破坏以及灾难性野火，百万英亩森林受损。过去 20 年中，一种趋势是，严重的火情(severe fire behavior)和防火成本快速上升。”火灾增加，将增加对地方和国家经济的影响。从全美范围看，2012 年有 7.24 万个社区面临林火风险，同年，林务局花费 1.4 亿多美元用于防火。他强调，森林健康工作的重要性，有助于防火，并在农村地区创造数以千计的就业机会。

另一方面，森林健康对生态旅游和水供给。过去几年，国家森林和草原平均每年接待 1.66 亿人次。森林休闲旅游每年对美国经济贡献约 130 亿美元。旅客直接消费，再加上附近经济体的连锁反应，保持了超过 20 万全职和兼职的工作。森林为超过 1.8 亿人提供清洁饮用水，国家森林和草原流域区提供全国饮用水供应源的 20%。许多主要的中心城市，丹佛、波特兰、亚特兰大和洛杉矶，依赖国有林供给水源。

2. 新法案未来 10 年每年拨款 2 亿美元用于“森林治疗区”增强森林健康

新法案指出，要在 2003 年的森林健康恢复法案(*Healthy Forests Restoration Act of* 2003)“其他事项”一章的第 601 条后增加“森林病虫害传播”(insect and disease infestation)两条内容，这两条分别命名为第 602 和第 603 条。

(1)602 条，即指定森林治疗区(designation of treatment areas)，具体包括 6 项内容：一是界定“衰退中的森林健康”(declining forest health)，指的是一片正在经历病虫害导致树木死亡率大幅增加的森林，或由于病虫害传染或落叶导致枯死的森林。二是指定森林治疗区。①初始治疗区(Initial Areas)。在本法案颁布 60 天内，若有州长请求，农业部长应当在经历病虫害疫情的某州的国有林上，指定 1 个或更多的景观区域如按照美国地质调查局水文单元代码系统(System of Hydrologic Unit Codes of the United States Geological)分类标准属于第六级水文单元的子流域(Subwatershed)，作为其森林病虫害治疗计划的组成部分。②新增治疗区(Additional Areas)。在前述“初始治疗区”建立工作的 60 天期限后，农业部长基于应对森林病虫害的需要，可以增加指定新的基于景观尺度(landscape-scale)的治疗区。三是要求。前述提出的景观尺度区域，指的是符合以下要求之一的区域：①经农业部年度森林健康调查正处于森林健康衰退中(declining forest health)；②基于林务局公布的最新国家病虫害风险地图(National Insect and Disease Risk Map)，未来 15 年由于病虫害传播处于树木死亡率大量增加的风险；③风险树木对公共基础设施、健康和安全施加了紧迫威胁。四是治疗区。一般情况下，农业部长优先选择在联邦土地上执行治疗区保护项目，以减少风险程度，提高抵抗病虫害的能力。五是树木保留（Tree Retention）。尽最大可能保留古树和大树（old-growth and large trees）。六是拨款授权。2014～2024年每个财政年度拨款2亿美元。

（2）603条，即行政复议（administrative review）。主要就治疗项目合格性界定，并提出问责性范围。

（二）完善林务局生产管理承包合同

1. 为什么要完善林务局生产管理承包合同

美国农业部长Tom · Tidwell在2013年指出了林务局生产管理承包合同的重要性。2012年，大约25%木材销量由管理承包合约完成。通过共同实施恢复森林景观项目，制定管理承包合约，林务局创造或维持1550个就业机会，同时使国家的森林应对野火威胁更具应变能力。安排好森林产品行业的90万劳动力，至关重要。随着房地产市场的节节攀升，木材需求和价格上升，林务局需要依托管理承包合约完成更多的森林项目。

2. 新法案提出要完善林务局生产管理承包合同

新法案提出要完善最终结果监管合约项目（stewardship end result contracting projects），在2003年的《森林健康恢复法案》（*the Healthy Forests Restoration* Act of 2003）“其他事项”一章的第601条后增加602和603条的基础上再增加604条，即最终结果监管合约项目。林务局局长和土地管理局局长，可以与私人或相关团体“就国有林和公共土地促进地方和农村经济实现土地管理目标”订立合约。具体的土地管理目标可能是下述7项之一：①提高水质的公路或林道维护或撤除；②提高土壤生产力，保护野生动物和鱼类栖息地，以及其他资源价值；③有助于改进林分组成、结构、状态和健康以及野生动物栖息地的计划烧除（prescribed fires）；④促进健康林分、减少火灾风险，以及实现其他土地管理目标的清除植被及其他活动；⑤流域恢复和维护；⑥野生动物和鱼恢复和维护；⑦控制有毒和外来杂草，以及重新建植（reestablishing）本土植物种群。法案就合约的具体条款、合约采购的程序进行了规定。

（三）加强森林清查和分析的战略计划

新法案提出，要修订森林清查和分析战略计划（revision of strategic plan for forest inventory and analysis）。在本法案颁布180天内，农业部长应修订“满足1978年《森林和草原可再生资源研究法案》（*Forest and Rangeland Renewable Resources Research Act*）相关条款的”森林清查和分析战略计划，要满足新的要求。修订后的战略计划的要素——即在修订计划时，农业部长应详细描述组织、程序和资金，以实现以下11项内容：①要完成向年度（annualized）森林清查的转变，包括清查阿拉斯加内陆区；②实施城市环境中树木的年度清查，包括树木和森林的现状和趋势，评估它们的生态系统服务价值，以及面临病虫害的健康和风险；③按照所有权类型，分别从地方、州、大区和国家层面报告可再生生物量和碳储存的信息；④综合州级林务人员和信息利用者的观点，重新评估森林清查采集的核心数据列表，特别强调要满足示范活动的需要；⑤提高（作为森林清查子计划的）木材产品产出计划的及时性，并提高该数据集的准入性；⑥加强森林清查计划、研究站领导、州林务人员和信息使用者之间的合作；⑦促进非联邦资源的提供和获取，以提高信息分析和信息管理；⑧与自然资源保护局、国家航空和航天局、国家海洋和大气管理局和地质调查局合作，加强遥感和空间分析 技术在森林资源清查和分析中的运用；⑨理解和报告关于土地覆盖和利用方面的报告；⑩扩张现有的（清查）计划，通过与其他联邦机构、1000 多万个私有林所有者合作，促进森林可持续管理、减少管理障碍；⑪实施有效程序，提高在县一级估计的统计精度。

（四）每年 700 万美元新增“林产品（技术）研究和推广计划（2014 ~ 2018 年）

另外在农业部分，新法案提出要在 1998 年《农业研究、推广和教育改革法案》（*Agricultural Research Extension, and Education Reform Act of* 1998）的基础上，增加“林产品（技术）研究和推广计划（2014 ~ 2018 年）”（forestry products research and extension initiative），每年财政投入 700 万美元。这项计划包括以下活动：①研究。木材质量提升研究，新型工程化木制品和可再生能源，通过加强管理提高林地生长期、可持续性和盈利能力；②示范。加强向有关方绿色建筑材料，生命周期评估等示范。以及关于项目设计、拨款规定等。

此外，新法案还强化有关林业内容，如：①加强 1978《合作林业援助法案》（*Cooperative Forestry Assistance Act of* 1978）第 2A 条即州森林资源评估和战略（state-wide assessment and strategies for forest resources），具体有两点增加：财政拨款支持从 2012 年延长到 2018 年，每年 1000 万美元；州级林业部门加强与管理林地的军事部门合作。②延长实施 1990 年《食品、农业、保护和贸易法案》（*Food, Agriculture, Conservation, and Trade Act of* 1990）第 2371（d）（2）条即农村振兴技术计划（Rural Revitalization Technologies）到 2018 年，每年继续支持 500 万美元，继续推进利用生物质和小径级原料的技术、继续通过销售活动和示范项目创建基于社区的企业、继续建立小规模商业企业充分利用生物质和小径级原料。③继续延长国际林业办公室（Office of International Forestry）至 2018 年。④将 2003 年的《森林健康恢复法案》（*Healthy Forests Restoration Act of* 2003）中的健康森林保护计划（Healthy Forests Reserve Program）从目前的每年 975 万美元增资为 1200 万美元（2014 ~ 2018）。另一方面，修订印第安部落林纳入健康森林保护计划的办法。⑤友邻授权(good neighbor authority)。主要是就地方政府和林务局等联合开展国有林资源保护项目的地域界限、活动类型进行规定，以及州长和农业部长订立友邻合作协议的规范。⑥州之间的防火资金补偿。

三、废除部分不合形势的法律或项目

一是废除1978《合作林业援助法案》(*Cooperative Forestry Assistance Act* of 1978)第4条即林地改良计划(Forest Land Enhancement Program)。

二是废除1978合作林业援助法案第6条即废除流域林业援助计划(Watershed Forestry Assistance Program)。

三是废除1978合作林业援助法案第18条即合作国有林产品销售计划(Cooperative National Forest Products Marketing Program)。

四是废除2008年《粮食、保护与能源法案》(*Food*, *Conservation*, *and Energy Act of* 2008)第8402条即西班牙裔服务机构农地国家资源领导计划(Hispanic Serving Institution Agricultural Land National Resources Leadership Program)，农业部长可在竞争基础上向西班牙裔服务机构提供赠款支持其本科奖学金计划(undergraduate scholarship program)支持在林业部门征招、使用和培训西班牙裔及其他少数民族。

五是废除2003年的森林健康恢复法案第303条即部落流域林业援助计划(Tribal Watershed Forestry Assistance Program)。

六是废除1993年内政部及相关机构拨款法案(Department of the Interior and Related Agencies Appropriations Act 1993)第322条，该条名称为"林务局决策和申诉改革"(Forest Service Decisionmaking and Appeals Reform)，即林务局根据1974年森林和草原可再生资源规划法案(Forest and Rangeland Renewable Resources Planning Act of 1974)实施有关的土地和资源管理项目和活动时，需要执行"通知和公众评议"程序(Notice and Comment)。一般在通知公布30天后接受评议，该条还规定申诉以及申诉处理的非正式和正式评估两种方式。

七是废除森林生物能源计划(2002农业安全和农村投资法案第9012部分)，2014年新法案废除了森林生物能源计划，政府对该计划2009～2012财年每年资助1500万美元。

(摘译自：Agricultural Act of 2014)

美国环保署：
三因素致美国大草原坑洼区湿地急剧减少

美国环保署官网于2014年7月1日登载信息指出，根据美国鱼野局的最新报告《1997～2009年美国大草原湿地的状况和趋势》，北美大草原①(Prairie)的坑洼地区湿地在1997～2009年间，减少了74340英亩(约合30097公顷)，每年净损失6200英亩(约合2510公顷)。鱼野局局长Dan Ashe指出，极端天气事件、不断上升的农业商品价格和油气资源开发，是导致湿地损失的主要因素。根据鱼野局的报告，主要有三个深层次原因导致湿地损失：

一是法律机制保护不足导致湿地破坏。在1977年的《清洁水法》(CWA)中，纳入了对湿地的政府管制措施，该法界定"可航水体"的管制范围包括"独立湿地和湖泊、间歇溪流、湿草原坑洞和其他水系"。该法第404条款对于"可航水体"中"填埋和疏浚物质的排放"制定了一套许可程序，及任何在湿地进行的，涉及挖掘或填埋物质的填埋活动、水坝与堤防等水利工程、高速公路等基础设施、采矿工程等活动均由工程兵团审查，并由其决定是否授予疏浚和填埋物许可证，许可证授予应遵循的标准则由美国环保署(EPA)制定。

但是，近年来，法律机制对孤立湿地的定义不清导致湿地破坏，表现在两方面：一方面，联邦政府根据清洁水法作出的减少湿地破坏的立法，受到各种解释的干扰，影响其将大草原坑洼湿地纳入或排除的决策；另一方面，最高法院关于排除孤立湿地的决定，进一步恶化了这个结果。研究估计，大草原坑洼地区约88%的湿地和水体，不与可流动水体通航。在2001年最高法院作出关于联邦关于湿地管辖权的决议后，Van der Valk和Pederson指出，大草原坑洼地区的大多数湿地不被认定为美国水体，并不受联邦《清洁水法》的保护。Johnston在2013年指出，联邦根据《清洁水法》采取的许可制度，已对孤立湿地上的农业活动失效。随之，南北达科他州大草原坑洼地区湿地损失的最大原因是对玉米生物乙醇的需求，随着农业商品价格上涨，导致湿地被转变为行播作物用地。

二是城市化发展。报告分析指出，在1997～2009年间，由于城市化发展

---

① 北美大草原总面积约130万平方公里，主要包括美国科罗拉多州、堪萨斯州、蒙大拿州、内布拉斯加州、新墨西哥州、北达科他州、俄克拉荷马州、南达科他州、德克萨斯州、怀俄明州，加拿大草原三省以及墨西哥的一小部分。

占地，导致575公顷湿地损失。

三是农业开发。报告认为农业开发是主因，因其损失的湿地占湿地损失总面积的95%。它从两种途径导致湿地损失：直接排干湿地损失和农药污染致使无脊椎动物减少的间接损失。

（摘译自：Status and Trends of Prairie Wetlands in the United States 1997 to 2009）

美国林务局拟建立生态恢复政策指令　增强林业事权将生态文明建设纳入法制化轨道

据美国联邦公报(Federal Register)的消息，美国林务局正在推进生态恢复政策(Ecological Restoration Policy)立法工作，力求建立长期化和法制化的生态恢复政策行政指令，将其正式纳入《2020版林务局手册》(*Forest Service Manual* 2020)。在2013年9月12日，林务局就这项政策立法提出了建议指令(Proposed Directive)，并于当年11月12日完成对公众评论的征求意见活动，经过酝酿，预计将在2014年9月份形成最终指令(final)，下一步预计纳入到《2020版林务局手册》中。

美国联邦公报和林务局公布的生态恢复政策指令的消息，主要包括六方面：林务局推动建立生态恢复政策行政指令的背景、林务局开展的生态恢复重大行动、建立生态恢复政策指令的法律基础、生态恢复指令的主要政策内容、该项指令对各参与方的事权责任、建立该项指令的影响评估。现就这六方面的内容摘要编译整理如下，供参考。

一、为什么要推动建立生态恢复政策行政指令

在林务局提出的立法建议背景文件中，分析了推动建立生态恢复政策行政命令的三个重要背景。

一是通过立法建设，加强林务局的组织能力和资金能力，应对21世纪多样化的环境威胁，加强大尺度的生态恢复行动。长达几十年来，林务局一直通过大量的生态项目坚持恢复生态环境，但是，国家国有林体系的许多领域，仍需要完成生态恢复工作。国家森林和草原面临各种影响其长期健康、生产力和多样性的胁迫，21世纪最为严峻的包括气候变化、水质压力、不断变化的干扰机制、外来入侵物种、病虫害和火灾，这些威胁影响到国家每一个地

区的陆生和水生生态系统；生态系统的自我调节和反馈功能所主导的自主恢复能力有限，必须减少生态系统在外界胁迫下产生的种种不健康症状。

面对各种威胁，林务局已经建立起国家防火计划、健康森林倡议、健康森林恢复法案等全国性战略和政策，但是，这些单项计划并未着眼于保持和维护生态系统的结构、功能的可持续性，难以保证生态系统的长远健康发展，相对生态治理的任务和形势来说，生态恢复的要求超过了林务局的组织和资金能力。许多森林和草原正以不可阻挡的速度退化。林务局必须提高其生态恢复的生产力和有效性(productivity and effectiveness)。

二是林务局加强生态恢复政策的立法已经得到高层领导和社会公众的认可，具备立法完善管理的基础条件。林务局提供的立法建议背景文件分析指出，生态恢复的概念已经在林务局和其他中央部门执行的2001年国家防火计划及10年综合战略和实施计划中得到认可。生态恢复相关概念，如再造林、弹性、适应，已经越来越多地出现在国会、媒体、公共机构、科学界的措辞中，这就有利于林务局在国家和地方层面沟通建立生态恢复的政策法律指令。另一方面，2009～2011年，林务局已经两次公开征求关于生态恢复的概念，一些公众认为须适度修改完善，大多数认同林务局提出的概念。

三是有利于形成生态系统管理目标，更好地协同林务局职工以及林务局和其他部门的活动，保障生态恢复行之有效。林务局分析认为，林务局2006年的《生态系统恢复：国家森林和草原的恢复和保持框架》报告中指出，生态恢复的概念并没有得到很好的理解，思想还没有完全统一，也并没有得到一致的贯彻和执行；实施生态恢复行政指令，可以帮助林务局、各部门、中央、州和地方政府各方面充分沟通生态建设需求，确保各种资源管理项目更好地服务于生态恢复的需要。

林务局指出，生态恢复是重建支持可持续陆生和水生生态系统的生态构成、结构和过程，是旨在促进或加速生态系统恢复其健康、完整性和可持续性的活动。林务局建议修订其2020年《林务局手册》，增加新的行政指令，即生态恢复。行政指令的目的是帮助建立清楚、全面和科学的恢复政策，在气候变化和人类多重需求的环境胁迫下，指导实现生态完整性。

为了识别生态系统是否需要恢复，应评价三个方面：生态系统功能参照系的自然变异范围、生态系统受自然干扰的动态性质，以及受气候变化影响的未来环境。总之，要建立一个基础性的、全面性的恢复国家森林和草原的政策体系，使生态恢复更好地成为国家生态文明建设的有力工具。

二、近年来林务局开展的生态恢复重大行动

自2011年以来，林务局为恢复其土地上的森林和流域的健康和完整，开

展了大量的生态恢复重大行动，主要表现在：

(1)与合作伙伴共同投入，推进2009年国会授权的《合作保护森林景观法案》(*Collaborative Forest Landscape Restoration Act*)，其中制定并实施了流域现状框架(Watershed Condition Framework)，指导流域恢复工作；增加管理承包合约的实施范围(stewardship contracts)；拓展国有林林产品市场。

(2)制定了新的森林规划规定(new forest planning rule)，重新完成7814万公顷国有林地的土地管理计划，聚焦森林、流域恢复和合作，指导林地多功能经营。

(3)根据流域现状框架，完成对1.5万条大小流域的国家现状评估，框定其中急需重点恢复的205条流域，下一步拟制定流域行动计划(Watershed Action Plans)开展恢复活动。

(4)实施综合性资源恢复(Integrated Resource Restoration)项目，2012年由国会授权，目前已经开展三个试点项目，旨在加强森林景观恢复和增强森林生态系统弹性。

(5)加强各方合作，全力恢复森林。如与丹佛水管理董事会(Denver Water Board)合作恢复丹佛水源地的国有林区。

(6)制定气候变化路线图和积分表(scorecard)，促进各森林经营单位更好地保持气候变化下自然资源的弹性和健康。

(7)与合作伙伴实施土地全方位凝聚力战略(All-lands Cohesive Strategy)，恢复和维持适应火灾的社区和景观。

(8)2011和2012年，累计完成770万英亩(约合312万公顷)国有土地的恢复行动，包括恢复流域、森林和野生动物栖息地，以及减少可燃物。同期累计完成40.67万英亩(约合16.5万公顷)的机械抚育。

(9)实施山松大小蠹战略，完成对1800万英亩(约合728.7万公顷)受影响森林的恢复工作。

三、生态恢复政策指令以坚实的法律和行政命令为基础

根据美国联邦公报公布的文件，林务局建立生态恢复行政指令加强生态管理方面的林业事权，具备法律和行政命令两方面的授权基础。

法律方面主要表现在以下法案：①林务局《组织管理法》(*Organic Administration Act*)。它规定，林务局应保护联邦土地边界内的国有林、确保水质和径流处于优良状态、并确保为社会提供必需的木材。它授权农业部长必要时可以制定法规，保护森林免遭破坏。②《威克斯法》(*Weeks Law*)。它授权农业部长可采取出于保护森林和水供给的目的与州政府订立协议，还可以征收通航河道区域的林地以保护流域和生产木材。③《科努森—温盾玻格法》(*The*

Knutson-Vandenberg Act)。授权从木材销售收入中收取资金用于植被恢复。④Anderson-Mansfield再造林和恢复植被联合决议法案它授权国会为了木材和流域保护，向林务局提供法律基础，在国有林地及林务局管理的其他土地上开展再造林和植被恢复活动。⑤Granger-Thye 法案授权收取一部分放牧费用于清除有害植物或购买种子。⑥*Sikes Act*。授权农业部长与州长合作，开展野生动物、鱼和猎物的规划、保护行动。⑦《维持多种用途生产法案》(MUSYA)。赋予林务局户外休闲、放牧、木材、流域和野生动植物保护为目的的国有林管理审批权。⑧《荒野地法案》。授权按照国会指定的荒野地办法，管理一部分国有林。⑨《国家自然与风景河流法》(Wild *and Scenic Rivers Act*)。授权林务局保护其地界内具有突出与独特的风景价值、历史与文化内涵、地质特性、野生动植物或者其它相似价值的河流。⑩《国家环境政策法》(NEPA)。要求对开发活动执行环境影响评估报告。另外，还包括《濒危物种法、马格努森渔业养护和管理法》(*Magnuson-Stevens Fishery Conservation and Management Act*)、《森林和牧场可再生资源规划法》、《清洁水法》、《清洁空气法》、《北美湿地保护法》等。

行政命令主要表现在以下几项：①1970 年的第 11514 号“保护和增强环境质量”行政命令。要求采取连续的监测、评价和控制行动，保护和增强环境质量。②1972 年的第 11644 号“越野车控制”行政命令。要求采取控制程序和行动减少越野车活动对资源的破坏。③1977 年的第 11988 号“洪泛区管理”行政命令。要求林务局在下述三方面采取行动：减少对泄洪道的挤占和干扰(occupancy and modification)、减少洪灾损失风险、减少洪水对人类安全和健康的影响、恢复和保护洪漫滩的自然和美观价值。④1977 年的第 11990 号“湿地保护”行政命令。最小程度地减少湿地破坏、损失和退化，保护增强湿地的自然和美观价值。⑤1999 年的“入侵物种”行政命令。要求恢复已被入侵物种破坏的生态系统。

四、生态恢复政策的目标和主要内容

美国林务局局长 Tom Tidwell 说，新指令将提高国有林的弹性、健康和多样性，我们和我们的伙伴更多地着眼于行动而不是纸面工作，旨在更少的时间内恢复更多的土地。根据新指令，林务局可以在国有林地上开展森林和生态系统恢复活动，还可以根据国家环境政策法案的除外对象[①](categorical ex-

---

① 按照环境质量委员会的施行规则，行政机关首先要判断是否需要编制环境影响报告书，即首先要确定除外对象(categorical exclusion)。不是联邦政府的所有行为都需要编制环境影响报告书，属于除外对象的行为就不需要编制环境影响报告书。当然这些除外对象要按照有关法律规定来确定。

clusions)规定，采取必要的生态恢复活动包括恢复被铁路、公路、防洪堤、涵洞、排洪沟以及自然干扰如洪水和飓风破坏的坡地、湿地等。在加州的Sequoia国有林区，将对40.41万英亩(16.36万公顷)的森林实施生态恢复政策。

根据美国联邦公报公布的文件，林务局新的生态恢复政策主要有两个目标和六个方面的主要内容。

两个目标包括：①重建和保留国有林体系和相关资源的生态完整性，确保生态可持续并提供广泛的生态系统服务；②恢复和维持生态系统的弹性，提高其忍耐环境胁迫的承载力，如自然干扰特别是多变条件下不确定环境状态和极端天气事件。

六个方面主要内容包括：①林务局的战略计划和资源管理计划，应包括重建生态完整性和生态系统适应能力的生态恢复目标。这些目标应符合法律法规、目前和未来的生态能力、气候和其他环境变化的预测、公共价值和愿望、印第安条约和价值观、自然变异范围，并应用最前沿的科学信息实现国家森林和林地的理想状态。②所有的资源管理项目应承担生态恢复事项，包括但不限于植被、水、野火、鱼、野生动物、旅游等方面的资源管理。管理活动从监测资源状况到调节陆生和水生生态系统，支持其从人类过度利用的影响中恢复过来。③在目前的授权范围内，来自自然资源商业化利用产生的收入，可用于生态恢复活动。④采取综合管理方法，将消除或减少气候和环境胁迫因素的行动，纳入资源管理项目。综合管理方法甚至包括可能产生局部负面效应的大尺度生态恢复。⑤要采取适应性管理、监测和评价等有效实现生态恢复的关键活动。⑥生态恢复活动要采取规划、赋权、实施、监测和评价，立足确保生态系统处于自然变异范围，以及具有适应未来气候和环境变化的生态能力潜力。对于生态上和经济上恢复已不可行的生态系统、或者因破坏已不可逆转的生态系统，在保持生态可持续的总目标下，将生态恢复的目标和活动随之调整。

五、生态恢复政策指令对各参与方的事权责任界定

根据美国联邦公报公布的文件，对下述六方面政策参与者在生态恢复中的事权责任进行了逐项界定：

(1)林务局局长。主要承担三项责任：一是保留对生态恢复的授权权力，并承担国家自然干扰严重区(disturbed sites)和退化生态系统区生态恢复政策的事权责任。二是促进林务局与其他部委、州、部落、公共机构等方面的合作和协调。三是确保对所有副局长的领导权，集中力量保障生态恢复、气候变化和风险管理科学纳入到林务局所有项目活动。

(2)主管国有林系统的副局长。主要事权责任是在适用法律和政策框架

下恢复国有林系统。促进国有林系统恢复项目的协调，以及下述并未下放给林务官、森林和草原监管者、分区营林员的生态恢复事权，都归林务局副局长承担。

(3)华盛顿办公室。按照局长和副局长的安排，负责规划、设计、管理、监测和评价分配到的恢复项目。在执行有关战略规划时，办公室人员应按照林务局手册描述的要求执行综合性的生态恢复政策和原则，设计、执行、监测、报告和监督项目和活动。

(4)区域林务官。主要有四项事权责任：一是按照国家政策框架建立区域生态恢复政策。二是建立指南和政策，确保将生态恢复政策纳入到地方发展项目和土地管理计划中。三是与各方协调确保实施生态恢复项目和活动。四是将恢复国有林体系土地的授权下放给森林和草原监管者。

(5)森林和草原监管者(forest and grassland supervisors)。主要有三项事权责任：一是按照国家和区域政策实施森林和草原恢复项目。二是确保将生态恢复纳入到森林和草原项目及土地管理计划中。三是与各方协调确保实施生态恢复项目和活动。

(6)分区营林员(district ranger)。设计和批准生态恢复项目，确保其符合国家、区域和林业政策。

六、对生态恢复政策指令可能产生的影响进行了综合评估

根据美国联邦公报公布的文件，林务局针对生态恢复政策指令，已经从环境影响、中央和地方关系、私有产权、法规影响等方面逐项进行了评估。在环境影响方面，生态恢复指令属于国家环境政策法案的除外对象，不需要进行环境影响评估。在中央和地方关系方面，生态恢复指令遵守联邦主义原则(federalism)，并不会给州政府带来额外的成本。总的来说，指令不会产生过多的负面影响。

另外，美国联邦公报公布的文件还对生态恢复指令涉及的基本概念逐一进行了界定，主要包括适应性管理、干扰、干扰机制、生态恢复、生态完整性、生态系统(含构成、结构、功能、连通性)、生态系统服务(含供给、调节、支持、文化)、景观、自然变异范围、弹性、恢复、胁迫、可持续性等。

(摘译自：1. Notices Federal Register Vol. 78, No. 177；2. Increasing the Pace of Restoration and Job Creation on Our National Forests；3. US Forest Service announces final rule on restoration of soil and water resources；4. U. S. Forest Service Proposes Ecological Restoration Policy)

欧盟气候新政策提案重视农林碳汇：建议将农业、土地利用变化和林业纳入成员国国家减排目标

欧盟委员会于2014年1月22日公布了《2030年气候与能源政策框架》(*A Policy Framework for Climate and Energy in the Period From* 2020 *to* 2030)(以下称《框架》)，旨在促进欧盟低碳经济发展，提高能源系统竞争力，增强能源供应安全性，减少能源进口依赖以及增加就业机会。《框架》的制定参考了《2020年气候与能源框架》和《2050年能源路线图》等相关文件，体现了欧盟2050年温室气体排放目标。欧委会将向欧盟理事会和欧洲议会申请批准该《框架》和欧盟温室气体及可再生能源发展目标。欧盟理事会计划在2014年3月20日至21日的春季会议中讨论该《框架》。

一、欧盟2030年气候和能源政策框架的主要内容

《框架》的主要内容包括：第一，2030年前，将欧盟温室气体排放量与1990年相比减少40%。若达到此目标，欧盟排放交易系统中各部门排放量与2005年相比需减少43%，而不属于排放交易系统中的部门排放量与2005年相比需减少30%，该目标将分解给各成员国共同承担。第二，2030年前，欧盟能源消费中可再生能源占比将提高至27%以上。欧盟不会通过立法对其成员国做出硬性规定，各成员国可根据自身能源系统的情况与条件灵活调整。第三，继续提高能效。在《能源效率指导》的基础上，继续提高能源效率目标，具体目标稍后提出。第四，改革欧盟排放交易系统(ETS)。为了使其更加有效地促进低碳产业投资，欧盟委员会建议于2021年建立新的市场稳定储备，以针对欧盟排放配额剩余的问题，提高系统灵活性，应对配额审计时产生的供应调整。作为改革方案，欧委会设立了“市场稳定储备机制”(Market Stability Reserve)，其原理是，让一定量的冗余排放权在储备(积累额度)中进出，以稳定排放权价格。欧委会为储备的进出制定了规则，以确保透明度。出现冗余时，每年减少12%的配额(在储备中积累)。例如，冗余量为15亿吨时，第二年的排放权拍卖将从预定量中减少1.8亿吨。而在冗余小的时候(不到4亿吨)，则从储备中释放1亿吨的配额。市场稳定储备机制将从2021年开始实施，到2030年，排放权的价格将从12欧元的自然水平上涨到35欧元。第五，建立竞争力更强、价格更低、供应更安全的能源系统。欧盟委员

会制定了一系列评估指标，为政策与法案的制定提供了更加坚实的基础。第六，建立新的监管体系等。

表 1 欧委会 2030 年气候和能源政策

项目	2030 年目标	当前
GHG 减排	40%	18%(2012 年)
可再生能源普及	不低于 27%(电力占 45%)	12.7%(2012 年)，电力占 21%
节能	日后研究	节能率 5.2%(2011 年/2005 年)
可再生能源燃料		4.7%(2010 年)
EU-ETS 改革	实施市场稳定储备机制 削减率：2.20%/年(2021 年～) 排放权价格：35 欧元(预计)	排放权冗余 削减权：1.74%/年(～2020 年) 排放权价格：5 欧元(当前)
投资与效果	年均投资 380 亿(预计) 与节约的燃料费基本抵消创造就业	能源成本增加
今后的日程表	2014 年 3 月下旬召开欧洲理事会，在下次峰会前敲定	在 2015 年的巴黎峰会上正式决定

注：根据欧盟委员会的资料等制作。

二、欧委会建议将农业、土地利用纳入成员国国家减排目标：背景原因和具体建议

(一)背景原因

欧盟认为，亟须将土地利用、土地利用变化和林业(LULUCF)部门纳入到国家减排目标中。它分析指出，土地利用部门有两个重要的碳库，一个是森林生物量，另一个是土壤有机碳。通过农林业管理能有效优化未来的碳清除，也能提供成本效益的减排模式。根据目前的气候政策，这些碳库的碳储存随时间推移将会减少。重要原因是，生物质能源利用增加[①](在 2005～2030 年间预计总的木材需求将增加超过 15%，而同期，以能源为目的的木材需求将增加超过 40%)。而且，全球粮食和饲料需求将持续增加，进而影响到欧洲农业排放。因此，在 2020 后的气候政策中，加强土地利用部门的碳库保护，显得至关重要。与已经纳入欧盟减碳努力分担决议政策领域下管理的农业部门非 CO_2 排放比较，LULUCF 部门并未纳入到欧盟 2020 年气候和能源政策框架下。

(二)具体建议

根据该《框架》第四章“核心配套政策”(Key Complementary Policies)的第

① 欧委会关于到 2030 年林业部门的排放分析报告指出：植树造林将增加有限的碳汇。毁林将导致排放。森林管理的碳汇贡献随时间推移下降。主要的排放压力是增长的木材需求，特别是木质能源材料的需求。采伐木质林产品的碳储存预期将增加。

二节"农业和土地利用"(即该《框架》文件的第 4.2 部分),欧委会建议将农业、土地利用纳入成员国国家减排目标。现将该节全文编译如下:

农业、土地利用变化和林业部门具有多个目标,如生产食品、饲料、原材料和能源,以及提高环境质量、促进减缓和适应气候变化。这些综合部门既向大气中排放温室气体,也从中清除温室气体。例如,牲畜生产和肥料利用产生了温室气体排放,而草地管理和农林业措施能从大气中清除 CO_2。

目前,这些排放和清除由欧盟气候政策中的不同部分进行处理。农业部门非 CO_2 排放由欧盟减碳努力分担决议[①](Effort Sharing Decision)负责管理,而与土地利用和林业相关的排放和清除被排除在成员国的国内减排目标外,但必须根据国际承诺计入国家账户。为确保各部门以成本效益的方式来实现减缓气候变化的努力,应把农业、土地利用、土地利用变化和林业纳入(成员国)2030 年温室气体减排目标。需要进一步进行分析,以评估减缓潜力和最适宜的政策措施,例如(该政策措施)能(充分)利用未来管制非 ETS 温室气体排放的欧盟减碳努力分担决议,或者(建立)明确的独立支柱(政策),或者是这两者的结合。也应该基于欧盟共同农业政策"环保"(greening)的经验,建立相关配套政策措施,并确保与欧盟其他政策的连贯性。

三、欧盟为将农林业碳汇纳入国家减排目标设计了三个管理政策选项

对于 2030 年《框架》如何将农林碳汇管理纳入国家减排目标,欧委会提出了三个政策选项供决策参考:

选项一: 在现状的基础上逐渐推进(status quo)。继续将农业部门非 CO_2 排放纳入到 2020 年后延续的减碳努力分担决议,同时,针对 LULUCF 单独设计部门管理政策。

选项二: 按照减碳努力分担决议统一管理。把农业部门非 CO_2 排放及其他 LULUCF 部门均纳入 2020 后延续的减碳努力分担决议进行统一管理。

选项三: 建立一个单独的土地部门政策支柱(land sector pillar)。将农业

---

① 欧盟为实现 2020 年气候减排目标,即到 2020 年减排 20% 的目标(与 2005 年相比减排 14%),提出把相关的目标对象分为两类,一是欧盟排放交易体系(Emissions Trading Scheme, ETS),覆盖工厂、电厂和航空;另一是欧盟减碳努力分担决议(Effort Sharing Decision, ESD),覆盖剩余行业,如交通、热力、废弃物和农业。欧盟减排任务中的很大部分通过"排放贸易体系"完成。这个体系所覆盖的部门到 2020 年减排与 2005 年相比约为 21%。欧盟减碳努力分担决议主要是就未被欧盟排放交易体系所覆盖部门的温室气体减排任务,在成员国之间进行分配。这些部门的温室气体排放占欧盟全部排放的 60%,为达到 2020 年减排 20% 的目标,这些部门需减排大约 10%(以 2005 年为基年),就这 10% 的任务在 27 个成员国之间进行分配。成员国之间的减排目标根据人均 GDP 进行核算,从减排 20% 到增排 20% 不等。

部门非 CO_2 排放及其他 LULUCF 部门整合起来，建立一项新的、独立的欧盟气候政策进行管理。

对于这三个管理政策选项，欧盟认为要进行综合评估后才能进行决策①。欧委会认为，政策“选项一”继续将 LULUCF 的管理独立于减碳努力分担决议。但是，这并不意味着不针对 LULUCF 采取行动，相反，会采取针对性的措施。这种模式的弊端是，农业和 LULUCF 排放按照不同的政策工具进行管理，而它们可能涉及相同的农业活动。

政策“选项二”的努力分担，将增加由减碳努力分担决议管理的部门，因此提高了成员国完成既定减排目标的灵活性。相对于“选项一”，它的优势是成员国可以针对农林业采取综合性的政策措施，可能更好地管理各种土地利用活动的综合排放效应。例如，决定将草地上的畜牧业生产转换为能源作物生产，意味着减少来自畜牧业的甲烷排放，增加可再生能源的生产，同时还可增加土壤排放量。但是，其也存在一定缺点，目前减碳努力分担决议按照年度履约为周期进行设计，而若把 LULUCF 的排放和清除纳入进来，其每年度巨大的波动性、长期性以及数据不可靠性，将与减碳努力分担决议难以相容。此外，碳清除的成本效益潜力具有显著的地域特征，可能导致减碳努力分担决议的努力分担变得更复杂。总之，“选项二”增加了成员国的灵活性，也使成员国可采取综合管理活动，但其增加了复杂性，也提出了方法学问题。

政策“选项三”的土地部门政策支柱，具有与“选项二”相似的优势，同时有助于 LULUCF 部门基于部门特点设计精细政策，充分利用共同农业政策。欧委会认为，这个选项失去了将 LULUCF 纳入减碳努力分担决议后形成多部门参与，协助国家完成减排目标的灵活性，但是，它赋予了充分考虑 LULUCF 部门特殊性（如持久性、长周期和自然变异）的政策工具。

四、欧盟碳市场 2020 年后或不再使用国际碳信用抵消欧盟境内排放

根据一家意大利能源咨询机构（Nomisma Energiasrl）的说法，欧盟 2030 年《框架》可能预示国际碳抵消市场在欧盟的终结。

欧盟一位执行助理在官网上表示，欧盟 2030 年气候和能源目标仅允许在明年全球于巴黎达成统一的气候协议的前提下使用国际碳信用抵消欧盟境内排放。欧盟决定到 2030 年在 1990 年基础上减排 40%。

---

① 欧委会在其关于“2030 年气候和能源政策框架影响评估的工作文件”（Commission Staff Working Document Impact Assessment Accompanying the Communication A Policy Framework for Climate and Energy in the Period From 2020 up to 2030）中进行了详细评估。

欧盟碳交易市场自2008年起允许排放设施采购联合国清洁发展机制（CDM）的碳信用，用于抵消一定比例的碳排放。联合国碳信用的价格在过去6年内已下跌逾98%，已无法激励资本进入发展中国家投资低碳能源技术。

一位Nomisma Energia的分析员称，《框架》恐怕要终结CDM市场，市场上或许仍有一些交易，投资人需要从他们投资的项目中获利，但是如果没有新的需求，这个市场注定一潭死水。

根据洲际交易所ICE的数据，联合国碳信用的交易量在2012年达到历史最高峰15.7亿吨，在之后2013年下降70%，仅4.64亿吨，12月CER期约升至0.38欧元/吨，上涨2.7%，而2008年7月份的合约价达到23.38欧元/吨，形成鲜明对比。

“2020年以后没有国际抵消机制会令人非常失望，甚至在最不发达国家也没有”，欧盟政策研究中心一名高级顾问Andrei Marcu说，“这相当于为减排项目或潜在的减排规划投资设置了缓冲。”

《框架》留有选择余地，允许市场使用非特定的排放抵消信用，官方描述为“如果2015年全球气候协议达成并能够使欧盟设置大于40%的2030年减排目标，欧盟才考虑在境内使用国际碳信用，在这种情况下，欧盟将决定使用何种碳信用。”

欧盟在针对2030年能源政策和气候目标的Q&A中详细解释了对欧盟和国际碳市场的影响，指出欧盟的ETS正面临大量过剩，原因包括欧盟经济危机后的缓慢发展和大量国际碳信用的注入。欧盟还特别指出国际碳信用在环保方面的控制有争议，其部分项目经常受到利益相关方针对环境问题的指责。回复中欧盟认为目前的过剩很难减少，导致碳价过低而不能促进减排项目投资，从而削弱了欧盟设置EUETS对减少温室气体排放的长效作用。

欧盟此次提出的提案即为解决供应过剩和强化EU-ETS，在2021年创造一个市场稳定储备。此外欧盟声明国际碳信用市场仍然是解决气候变化问题、减少全球温室气体排放的主要途径，欧盟未来的核心目标是建立欧盟碳交易体系与全球其他区域体系之间的链接。

（摘译自：1. Parliament, the Council, the European Economic and Social Committee and the Committee of the Regions: A policy framework for climate and energy in the period from 2020 to 2030》；2. Commission Staff Working Document Impact Assessment Accompanying the Communication: A policy framework for climate and energy in the period from 2020 up to 2030；3. 欧盟碳市场2020年后或不再接纳国际碳信用 碳抵消市场恐终结）

《全球气候立法研究：66国评估》（第四版）发布 八国旗舰性法规有重大进展 50国法规关注到林业

2014年2月27~28日，全球平衡环境立法者组织（Global Legislators Organization for a Balanced Environment，GLOBE International）在美国华盛顿举行的该组织第二次气候立法峰会上发布《全球气候立法研究：66国气候立法评估》（第四版）（*The GLOBE Climate Legislation Study*：*A Review of Climate Change Legislation in* 66 *Countries*，4th ed.）报告，分析了2013年全球气候立法的进展和特点。现将立法基本情况和林业立法情况，摘编整理如下。

一、全球气候立法总体情况概览：六个主要发现

2013年是全球气候政治外交的过渡年。国际谈判正缓慢有序推进到缔约方2015年的关键会议，即巴黎会议。奥巴马在其连任后的国情咨文演讲中提出了应对气候变化的承诺，并随后发布了气候行动计划。在最坏经济年份过去之后，欧盟开始再次关注气候政策及2020年后气候政策目标。然而，相较于几年前，发达国家碳立法的政治环境已变得更加困难，这在澳大利亚显得尤为突出，澳大利亚新政府已发誓要废除其旗舰立法即清洁能源法案的核心部分。日本在海啸导致福岛核电站毁坏后，减少了对低碳核能的依赖（而增加对燃煤电能的需求），政府宣布调减其气候减排目标。

气候立法的进展还反映出一个长期趋势，即已经看到气候变化立法从工业化国家转向发展中国家和新兴市场的势头。在适应气候变化的立法方面，各国合作趋势增强。发展中国家的气候法律储备仍低于发达国家，但许多国家正在通过先进的新立法缩短这种差距。

报告发现，两个地区发生了显著的积极性变化。在撒哈拉以南的非洲地区，几乎所有的研究对象国家，都制定了国家气候战略和计划，并以此为基础制定未来的法律。在拉丁美洲，应对气候变化计划开始转化为具体的立法，尤其是玻利维亚和哥斯达黎加在墨西哥气候立法取得实质性进展的基础上，玻利维亚制定了《促进更美好生活的地球母亲和综合发展框架法》（*Framework Law on Mother Earth and Integral Development to Live Well*），哥斯达黎加也即将出台预期的气候变化框架法。

综合66个国家的情况，这份报告的研究发现主要有六个：①作为研究对象的66个国家覆盖全球排放的88%，这些国家通过了500份国家气候法规；

② 66 个国家中有 64 个已经或正在气候立法或能源立法方面取得进展。66 个国家中有 8 个取得实质性立法进度，它们通过了旗舰性立法(flagship legislation)，另外 19 个国家取得一些积极进展；③ 2013 年气候立法取得实质性进展的主要是将在未来几十年提供经济增长动力的新兴经济体，如中国、墨西哥；④虽然立法方式各不相同(或者是来自促进气候变化、能源效率、能源安全的压力，或者是来自提高竞争力的压力)，但是国家气候立法是都取得了类似的结果，即改善能源安全、提高资源利用效率和实现更为清洁、低碳的经济增长；⑤虽然目前国家气候法规尚未发挥阻止危险气候变化的作用，但它正步入“建立测量、报告和核实排放量机制的”正轨，而这正是建立一个可以信赖的全球气候协议的先决条件；⑥对于尚未通过相关气候法规的国家，亟须跟上步伐。

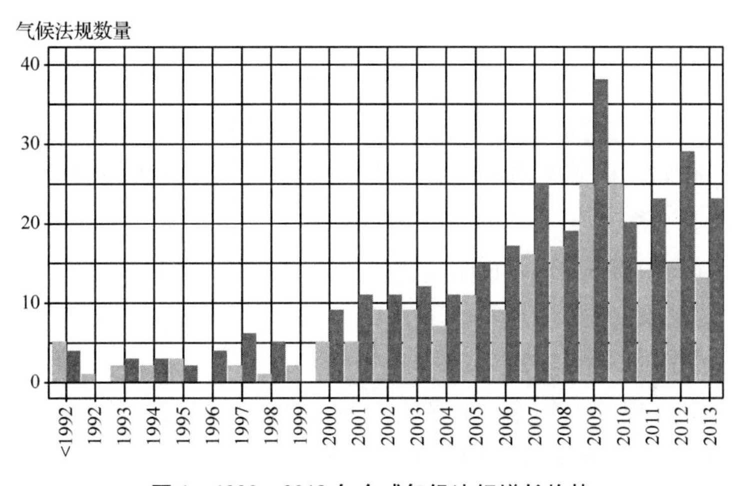

图 1 1992～2013 年全球气候法规增长趋势

(■附件一国家 ■非附件一国家)

二、主要地区气候立法进展：八个国家通过了旗舰性气候法规

(一)主要地区气候立法进展

1. 亚太

蒙古在 2013 年 1 月与日本订立了联合信用机制(Joint Crediting Mechanism)协议①，帮助日本抵消其温室气体排放。7 月，蒙古修订了森林法以促

---

① 根据该协议，日本公司可以在发展中国家开展减少温室气体排放的项目，例如建立再生能源生产基地或植树。作为回报，这些公司可以获得碳排放额度，并用于实现它们自身的减排目标。日本已向国际社会承诺，在 2020 年前将温室气体排放量降至 1990 年水平的 75%。日本希望国外的减排行动也能获得承认并计入该目标。继蒙古、孟加拉国、埃塞俄比亚、肯尼亚、马尔代夫之后，日本正寻求与印度尼西亚、印度和越南等其他发展中国家达成类似双边协议。根据该协议，日本和这些国家将建立“联合委员会”以制定规则，包括如何测量碳排放减少量。双方都认可，在联合信用机制下的减排项目中，已证实的减排或清除排放可作为双方履行国际减排承诺的一部分。

进森林碳汇的利用。同时，蒙古正在开展联合国 REDD 项目，以推动REDD + 纳入国家战略和立法。

日本在 2013 年 11 月召开内阁会议，决定到 2020 年度将温室气体排放量较 2005 年减少 3.8%，实际上是距离 2009 年政府承诺的到 2020 年减排 25% 的目标大幅后退，变为增排 3.1%。日本政府对于减排目标后退的理由是，2011 年福岛核事故发生后，日本几乎所有的核电站都停止了运行，为保持电力供应，不得不大幅使用火力发电，导致减排目标无法达成。目前尚未看到这一目标变化如何反映在日本的气候立法中。

哈萨克斯坦在 2013 年没有通过任何新立法，但它于 2013 年 1 月开始试行为期一年的碳交易。交易系统一旦成功，第二期交易将延续至 2020 年。

密克罗尼西亚(Micronesia)在 2013 年取得重大进展，通过了两项重要法案。一项是国家综合减灾管理和气候变化政策，规定其关于减少灾害、应对气候变化和减少排放的多重灾害(multi-hazard)管理办法。另一项是气候变化法案，指导政府机构制定应对气候变化的政策和工具，以及总统向议会报告实施进展的义务。

印度尼西亚在 REDD + 方面较为活跃，建立了专门的管理机构。一份总统指令(Presidential Instruction)延长了森林砍伐禁令(forest moratorium)，成为印度尼西亚 REDD + 核心实施手段。

澳大利亚出现重大转变，9 月份，新上台的政府宣布将废除碳税。新政府预计在 2014 年 7 月引入一份直接行动计划取代清洁能源法，根据这份计划，政府承诺在 2020 年较 2005 年减排 5%。2013 年 8 月，新西兰宣布到 2020 年无条件减排 5%。

2. 欧洲

欧盟共同农业改革方案在 2013 年获得通过，改革后的共同农业政策引入两个重大措施加强应对气候变化(见后附内容)。在 6 月份，欧盟理事会通过了一项关于适应气候变化的战略。该战略修订了关于能源效率的指令，所有成员国有义务建立能源效率计划和政策措施。

瑞典是生物燃料发展大国，2009 年其生物质能源使用量超过石油，成为位居首位的能源，其供能总量甚至超过水电和核电的总和。由于生物质能源的广泛使用，瑞典在 1990 ~ 2000 年 10 年间温室气体的排放量减少了 9%，但国民生产总值增加了 50%。政府为鼓励生物燃料行业，制定了免税激励措施。

2013 年 10 月 10 日，英国能源气候变化部发布了《电力体制改革实施草案》，针对差价合同和容量市场两项政策提出实施草案，计划将于 2014 年正式实施。

法国在 2013 年 7 月的能源转型国家辩论中，提出了一系列建议。其中一个建议重申核能的减少，即将核能从目前的 75% 减少为 2025 年的 50% 。另一个建议是，到 2050 年将总的能源消费减少 50% 。这些建议预计将在 2014 年变为立法。

波兰通过了适应气候变化国家战略，瑞士全面修订其 CO_2 法案，以增强减排雄心。

3. 美洲和加勒比地区

在美国，完全致力于气候立法仍面临政治挑战。但是，美国总统 2013 年 6 月宣布了一项应对气候变化行动计划，其中包括了一系列旨在实现美国温室气体减排目标和准备应对气候变化影响的行动。这份计划为美国环保署设定一份时间表，通过制定法规来管理现有和未来的化石燃料电厂。另外，总统颁布了一份名为“美国为气候变化影响做好准备”的行政命令，其促进了政府各层面信息共享和针对气候风险的知情决策。2013 年底，参议院开始审议两党能效立法，节能和产业竞争力法案，将会在 2014 年进一步辩论。

墨西哥在出台 2012 年的《气候变化基本法》(*General Law on Climate Change*)之后，建立了气候变化国家体系(Climate Change National System)和气候变化秘书处间委员会(Inter-secretarial Committee on Climate Change)，通过了国家气候变化战略。该战略提出了跨部门气候政策的重点领域，即适应气候变化和减少温室气体排放，并加强温室气体减排目标。

具体看，该地区的气候立法进展是：①玻利维亚制定了《促进更美好生活的地球母亲和综合发展框架法》；②萨尔瓦多通过了国家气候变化战略(National Climate Change Strategy)；③厄瓜多尔的 1815 法令成立了跨部门应对气候变化国家战略(Intersectoral National Strategy for Climate Change)；④哥斯达黎加引入了气候变化框架法，有望在 2014 年获得通过。

另外，在中东地区，约旦通过了国家气候变化政策(National Climate Change Policy)，阿联酋推出了强制性能源效率标准和标签计划(mandatory Energy Efficiency Standardization and Labelling Scheme)。

在非洲，肯尼亚通过了《2013 ~ 2017 年气候变化行动计划》(2013—2017 *Climate Change Action Plan*)，莫桑比克通过了《2013 ~ 2025 年应对气候变化国家战略》(2013 ~ 2025 *National Strategy for Climate Change*)，坦桑尼亚通过了《*REDD* + 国家战略》(*National Strategy on REDD* +)，尼日利亚立法会批准通过了《国家气候变化政策和应对战略》(*National Climate Change Policy and Response Strategy*)。

(二)八个国家(地区)通过了旗舰性气候法规

在大多数国家中，都有可能识别出旗舰性法规(Flagship Legislation)。同时也有一些综合性的法规，其将现有的法规与新的气候变化规定统一纳入到一个法规之下，欧盟、墨西哥等国家都有此类法规(表1)。2013年，八个国家通过了旗舰性气候法规，分别是玻利维亚、萨尔瓦多、危地马拉、肯尼亚、密克罗尼西亚联邦、莫桑比克、尼日利亚和瑞士。如瑞士2013年修订了CO_2法案，规定其2020年排放较1990年减少20%，并设置了短期目标，对建筑物、交通(如轿车)和工业设定了减排措施。

表1　主要国家和地区旗舰性气候立法(Flagship Legislation)进展

国家和地区	法律名称	主要目的	通过时间	2013年进展情况
欧盟	气候与能源一揽子法案(CARE)	核心包括4个互相补充的立法部分：修订并加强欧盟的排放交易体制(ETS)；成果分享：考虑欧盟成员国相对的财富状况，公平地减少温室气体排放；建立可再生能源生产与提高的一般性框架；CO_2地质储存环境安全的法律框架	2008年	欧盟气候适应战略 欧盟理事会11151/13决议和欧洲议会529/2013/EU 决议，关于LULUCF相关活动温室气体排放和清除的核算规则及关于这些活动的有关信息行动
美国	美国暂无综合性的联邦气候变化立法 目前为止具有重要意义的措施包括：总统行政命令13514：联邦环境、能源与经济绩效的管理(Executive Order 13514：Federal Leadership in Environmental, Energy and Economic Performance)	总统行政命令13514使温室气体排放管理成为联邦机构的优先事项，并要求对具体的目标与期限进行报告。该命令主要致力于交通、全部的能源利用与能源采购政策。要求所有的联邦机构开发、执行并每年更新战略可持续性绩效计划(Strategic Sustainability Performance Plan)	2009年	无新立法
巴西	国家气候变化政策(NPCC)	主要在UNFCCC框架下巴西的国际义务基础上建立，并包含之前的一些政府正式文件(如国家气候变化规划/National Plan on Climate Change、国家气候变化基金/National Fund on Climate Change等)	2009年	2013年制定了12805号法律，即建立农业、畜牧和森林综合管理的国家政策
日本	关于应对全球变暖改进措施的法案(Law Concerning the Promotion of Measures to Cope with Global Warming)	在该法案下确立了全球环境保护部长理事会；制定了《京都议定书》的完成计划；提出了地方政府实施与执行应对措施的规定	1998年(2005年修订)	2013年无进展
墨西哥	气候变化基本法	建立迈向低碳经济的机构建设、法律框架和融资的法律基础。视资金和技术的可获性，2020年比照常情景减排30%	2012年	2013年制定国家气候变化战略

（续）

国家	法律名称	主要目的	通过时间	2013 年进展情况
俄罗斯	俄罗斯联邦气候议定书（Climate Doctrine of the Russian Federation）	俄罗斯的气候议定书提出了未来气候政策开发与实施的战略性指导，涵盖的问题包括气候变化及其影响。包括的领域主要有：提高研究，以便更好地理解气候系统并评估未来的影响与风险；发展短期与长期的减缓与适应措施；与国际团体的合作	2009 年	2013 年颁布了一项总统法令，到 2020 年其排放不能超过 1990 年的 75%

注：表中部分内容摘自《科学研究动态监测快报》。

三、林业应对气候变化立法：50 个国家至少有一项法规涉及 REDD + 或 LULUCF，6 个国家主要关注 REDD + 和 LULUCF 立法

在不同的国家，优先领域各不相同（表 2），这也反映出各国主要排放源的差别（如印度尼西亚的毁林、其他国家的能源生产等）。在 66 个国家的法规中，都不同程度地包含能源效率与可再生能源问题。大多数国家都制定了至少一项法规或行政政策来解决这些优先领域，只有 5 个国家没有关于能源供给的气候法规。13 个国家没有任何关于适应气候的法规，但一些国家会有一项非正式的政策。多数国家制定了适合本国国情的制度安排。

林业部门气候立法在增加，50 个国家至少有一项法规涉及 REDD + 或 LULUCF，6 个国家主要关注 REDD + 和 LULUCF 立法，分别是玻利维亚、刚果（金）、加蓬、印度尼西亚、马尔代夫、瑞士。一些国家（地区）也针对林业方面取得了进展，如欧盟、瑞士、巴西，具体表现在以下方面：

1. 欧盟

欧盟的进展有两方面：一方面是 LULUCF 核算。2013 年 7 月 8 日决议（No 529/2013/EU），即 LULUCF 相关活动温室气体排放和清除的核算规则及关于这些活动的有关信息行动。在德班决议修订土壤和森林（排放）核算规则后，欧盟采纳了一份关于土地利用、土地利用变化、林业排放和清除核算规则的决议，将欧盟境内最后一个主要的无共同规则的部门，森林和农业部门的排放和清除纳入到欧盟气候政策框架下。成员国有义务报告它们如何增加森林和土壤部门的碳清除以及如何减少这些部门的碳排放。欧盟立法进度超过了气候公约决议的要求，因为它从国家层面逐步强制性地核算草地和农田排放。这些规则将有助于增强温室气体核算的环境完整性。根据国际规则，目前湿地排水和湿地复湿实行自愿核算。

另一方面是在欧盟共同农业政策改革框架下纳入气候政策措施。欧委会

关于2013年后共同农业政策改革的建议在2011年10月提出，并在2013年6月欧洲理事会和欧洲议会的共同决策程序(co-decision procedure)中获得通过。改革后的共同农业政策引入两个重大措施：①2014～2020年共同农业政策"环保措施"(greening measures)。通过鼓励恢复更多的草原、保护森林覆盖、应对土壤质量下降等增加碳汇；②农民获得的直接支付(支柱一)的30%，将按照其产生气候效益的"环保措施"的实施情况视条件支付。这些措施包括作物多样化、保护5%(后来的7%)的生态效益功能土地，以及保持永久性草原。该支付要遵守欧盟政策如能源效率指令、水框架指令和可再生能源指令，支持部门转向低碳经济、推进适应气候变化、风险防范和管理。30%的农村发展项目(支柱二)应致力于环境友好、农业环境改善的措施。

综上，欧盟关于LULUCF相关活动温室气体排放和清除的核算规则决议，并没有针对农业、林业制定具体的减排目标。而关于共同农业政策的改革中设定了"直接支付中30%必须是环保措施"的规则，实际上制定了一个具体的气候政策措施及目标。

2. 瑞士

瑞士的森林法保护森林不发生土地利用变化，它规定必须实现森林可持续管理，除非用同等面积的新造林替代否则禁止毁林。其国家森林计划(2004～2015)描述了保障具有森林保护功能的优先领域，即保护生物多样性、改善林业部门的经济可持续能力、增强木材价值链、保护森林土壤、树木和饮用水。瑞士木材采伐可能增加，部分原因是用木质材料替代水泥、钢铁等材料，另一部分原因是成过熟林的采伐，这就会导致森林碳汇减少。瑞士农业部门的排放占国家总排放的10%。瑞士农业政策反映出欧盟共同农业政策日益增加环保(greening)力度的趋势。瑞士政策的重点是，采取与(农)产品脱钩的直接支付，即鼓励农民按照良好的环境标准保护土地、对更有效地利用自然资源的农民给予补贴、维持一定面积的生态补偿区域、鼓励轮作和土壤保护、选择性采用农作物保护剂，以及减少农业生产温室气体排放强度。

3. 巴西

巴西在2009年制定了REDD+国家草案(national REDD+ Bill)。草案除了关注REDD+机制，还涉及森林恢复和植树造林，以及生态系统服务维护和改进(包括旅游、水和生物多样性)。建议的立法内容包括：①可交易REDD+碳信用的所有权，以建立争端解决机制来处理这方面相关活动的争议；②土著居民、传统社区和小生产者的参与权和利益分享机制；③草案明确接纳美国加州和日本的限额和交易体系，允许REDD+碳信用作为两国间补偿信用。

表2　部分国家(地区)在主要领域的气候立法进展

国家	法规数量	碳定价	能源需求	能源供给	REDD+和LULUCF	运输	适应	研究开发	制度安排
欧盟	27	X	M	X	X	X	X	X	X
美国	8		X	M	X	X		X	X
澳大利亚	9	X	X	M	X	X			X
日本	8	X	M	X		X		X	X
中国	5	X	M	X	X	X	M	M	M
巴西	14		X	X	X		X	X	M
玻利维亚	3			X	M	X	X	X	X
刚果(金)	3			X	M		X		
加蓬	4				M		X		X
印度尼西亚	27		X	M	M		X	X	M
马尔代夫	1		M	M	M		M	M	M
瑞士	8	X	M	X	M	X	X	X	X

注：M表示最多数量的立法都关注该领域；X表示至少有一项法规关注该领域。

（摘译自：The Globe Climate Legislation Study：A Review of Climate Change Legislation in 66 Countries’ FOURTH EDITION）

国际红十字会立法建议：加强减少气候灾害风险的自然资源管理法律

过去20年，在全球范围内，自然灾害影响到44亿人，剥夺了130万人的生命，造成20万亿美元的经济损失。这些灾害并不仅仅造成死亡，它们对贫困群体和弱势群体的影响更为严重。灾害已在全球尺度上对可持续发展构成不可避免的主要威胁。

现在人们已达成共识，法律工具可以规范和指导人们在灾害面前作出正确选择。这一点在《兵库行动纲领(2005—2015)：加强国家和社区的抗灾能力》中已被168个联合国成员国所认同。基于此，国际红十字会针对31个国家的法律框架进行评估，力求发现有效的应对灾害的法律框架。

2014 年 6 月 17 日，联合国开发计划署出版物《减少灾害的有效法律和法规：多国报告》(*Effective Law and Regulation for Disaster Risk Reduction*: *A Multi-country Report*)发布，其中第 19 章概述了减少气候灾害风险的自然资源管理法律，主要内容如下：

1. 背景

大多数灾害风险管理法律，都包括同时应对多种灾害的措施，但是，高度暴露于两类灾害的国家往往需要构建新立法，这两类灾害，一是森林火灾，二是洪水灾害。另外，应对干旱风险也是受灾国家的立法新领域。与地震和飓风等灾害不同，森林火灾、洪水和干旱灾害的特点在于，它们与自然资源管理(森林资源和水资源)、土地资源管理存在紧密的内在联系，通过有效的管理活动，能减少加剧灾害风险的土地和生态系统退化。对国家立法的研究，企图找到管理特殊灾害的风险的相关法律信息。因为目前关于这类法律规定的实施的研究发现很不详细，对于该问题主要是进行案头研究，还需进行大量深入的补充研究。

2. 各国自然资源管理法规的案例

在许多国家，管理森林火灾风险的相关法律往往与灾害风险管理法、环境法相互割裂。原因是，许多国家(如：澳大利亚、美国、越南、马达加斯加)在灾害管理法诞生之前的几十年，就已经颁布了预防火灾的法律。这些预防森林火灾的法律通常以严厉的罚金和刑事处罚为主，但是在落后或中等收入国家(如马达加斯加、越南)并没有得到很好的执行。在个别国家如澳大利亚，其与灾害风险管理法割裂开来的森林火灾风险管理法，执行得非常有效，但这种情况并不适用于所有国家。需要研究，为什么森林火灾风险管理未纳入灾害风险管理法，并需要进一步研究，是否一些国家为了更有效地应对灾害，应将森林火灾风险管理纳入灾害风险管理法。

对于大部分经常发生洪水灾害的样本国家，洪灾一般都被纳入国家灾害管理法进行统一管理。但是，这些法律仅仅聚焦于短期减缓措施和洪灾预警。要更多地考虑土地利用规划法(*land use planing laws*)和建筑法规(*building codes*)，特别是在洪灾制图和禁止在洪泛区设立居民点的时候，要充分考虑洪水风险。这些措施可以明显减小对洪灾风险的暴露度，但解决潜在洪灾和干旱灾害风险还要通过部门水资源联合管理。水资源管理法律在所有样本国家都已建立，立法主要集中在可持续地保障安全和充足的水供给，其中部分法律关注到减少洪灾风险和减缓措施。

关于样本国水和干旱最令人感兴趣的研究发现是，将水资源和洪水管理立法纳入以减少灾害风险作为目标的资源管理综合系统。洪水管理主要包括有关法律和利益相关者(社区、社会公民和灾害风险管理组织)，制定建筑法规的政府机构、空间规划、土地(泄洪区)利用规划、环境管理规定和环境影响评估，进行气象、水文预测和早期预警的技术部门。采取综合方法的主要原因是，水资源管理由于管理条件和优先顺序的不同可能会增加或减少洪水和干旱风险。如在某一地区，水务局的决定可能增加洪水和干旱的风险，但也可能在其他地区减少洪水风险或促进水供应。水资源综合管理的方法就是要把排水区和河流流域当成一个逻辑单元进行管理。这常常需要特殊的法律授权来管理跨地区或州边界的水资源，并开展跨部门灾害风险管理合作和计划。几乎一半的样本国家都有相关法律支持这种方法，但是需要更加深入的研究来细化法规和提高实践的应用效率。

尽管样本国家特别是非洲十分关注干旱风险，但这些国家只在多种风险方法(*multi-hazard approaches*)中不同程度提到干旱，而几乎没有法律规定具体涉及干旱。这就导致多种风险方法不能很好应对缓慢性灾害(*slow-onset disasters*)。2010～2011 年在非洲之角由于缺少预防措施发生了干旱和饥荒就说明了这个问题，随后，肯尼亚制定了干旱特殊法和机构框架。还有一个争论就是，干旱究竟是与其他灾害分离单独管理还是采取综合管理方法。在样本国家采取了很多方法，包括水的储存、定量配给、考虑干旱风险的水资源综合管理。进一步的研究需要分析新兴领域法律规定的发展，并找到在不同国家适用的管理方法。

3. 要点总结

森林火灾、洪水和干旱的风险管理与自然资源，特别是与森林、水和土地资源的管理存在内在联系。管理目标是阻止导致洪水和干旱风险的土地和生态退化。森林管理法往往与灾害风险管理法割裂，森林管理法常对引起火灾的行为进行严厉的处罚，在落后和中等收入国家不能得到很好的执行。在大多数样本国家，洪水是经常发生的灾害，并已将洪水风险纳入国家灾害风险管理法律和系统，只是法律主要涉及短期的减缓洪水措施和洪水预警。尽管在减灾管理法律中通常包括多种风险危害的定义，但由于缺乏具体法规，导致对干旱监测系统难以监测的缓慢性灾害缺乏指导意义。

(摘译自：*Effective Law and Regulation for Disaster Risk Reduction*：*A Multi-country Report*)

权利与资源组织：全球林权改革进展

2014 年 3 月，权利与资源倡议组织(Rights and Resources Initiative)发布《改革未来何在：2002 年以来林权改革的进展与停滞》报告(*What Future for Reform? Progress and slowdown in forest tenure reform since* 2002)，分析其对 40 个国家 2002 年以来林权改革进展的研究结果。该报告是一系列追踪森林所有权改革足迹分析报告中的一部分。2002 年关于森林发展趋势的报告——《谁是世界森林的所有者?》(*Who Owns the World's Forests?*)，描述了 4 种法定的森林所有权关系，并指出，自 20 世纪 80 年代以来，尽管森林所有权发生转变，但政府仍直接控制着 77% 的森林，私人和公司管理的森林仅占 12%。这份新报告描述了截至 2013 年世界森林的产权状态，评估了 2002 年以来的发展趋势，并为继续推进森林所有权改革提出行动建议。

一、报告认为林权下放分权至关重要

在大多数国家中，尽管政府已在历史征用过程中，通过正式的法定程序明确了森林所有权，但对于生活在森林附近的土著居民和当地居民，按照他们对所有权的惯常理解，仍认为森林归其所有。因此，尽管政府越来越重视对森林所有权的认定，在一些国家中，包括低收入、中等收入和高收入国家，森林所有权仍存在争议。关于森林所有权的争议对于当地居民、各国政府和国际社会的发展目标来说，是一个显著的障碍。同时，森林所有权的不明确使当地居民的合法权益受到侵犯，阻碍了地区的社会经济发展，妨碍了森林的可持续经营，并破坏了健康的投资环境。尽管存在此类问题，目前世界的大多数森林仍然沿袭传统的基于社区的确权机制，土著居民和当地居民通过不断更新升级新的体制、工具等，来争取法定认可。政府逐渐改变对森林的管理方式，开始分散森林所有权。该转变是基于对所有权作为一项基本人权的承认，并认可了森林确权在减少农村冲突、促进社会可持续发展及调动农民经营、保护森林积极性等方面所起的重要作用。各国森林所有权改革如雨后春笋般出现，并被作为国际计划的一部分所采用，如 REDD + 战略中对土地所有权的关注，欧洲森林执法、施政与贸易(FLEGT)进程等。

二、全球林权改革总体情况的分析方法和主要发现

1. 分析方法

这份报告将林权划分为四种类型：第一种类型是政府管理的林地(forest

land administered by governments)，类似于国有林；第二种类型是政府指定给少数民族和当地社区的林地(forest land designated by governments for indigenous peoples and local communities)，即政府保有所有权，但是将其他一些权利授予少数民族和当地社区的林权，类似于国有代管林；第三种类型是少数民族和社区拥有的林地(forest land owned by indigenous peoples and local communities)，类似于集体林；第四种类型是私人和公司拥有的林地，类似于私有林。

这份报告定义的林权是包括七种权利的权利束：①使用权(access right)；②受益权(withdrawal right)，但要区分为生存而获取森林资源的受益权和为经济目的而获取森林资源的受益权；③处分权(management right)；④排他权(right of exclusion)；⑤非经正当程序不得剥夺和补偿的权利(right to due process and compensation)；⑥有效期；⑦转让权。

2. 主要发现

报告评估了约占全球森林面积90%左右的40个国家的林地产权变化情况(表1)，总的结论是政府控制并管理的森林仍然是全球森林的主角，占被评估森林总面积的73%。报告主要研究发现包括四点：①第一种产权类型的森林即政府所有并且政府管理的国有林，占被评估森林总面积的73%，由2002年的26.5亿公顷下降到2013年的24.06亿公顷，减少了2.44亿公顷；②第二种产权类型的森林即政府所有但指定少数民族、当地社区代管的森林面积，占被评估森林总面积的2.9%，增加了4600万公顷，即从2002年的5000万公顷提高为2013年的9600万公顷；③第三种产权类型的森林即少数民族和社区拥有的林地，占被评估森林总面积的12.6%，从2002年的3.33亿公顷增加到2013年的4.15亿公顷，增加了8200万公顷；④第四种产权类型的森林即私人和公司拥有的林地，占被评估森林总面积的11.5%，从2002年的3.7亿公顷增加到2013年的3.79亿公顷，增加了900万公顷。

表1　2002~2013年主要森林国家林地产权变化情况　　百万公顷

项目	第一种类型的森林(国有林)		第二种类型的森林(国有代管林)		第三种类型的森林(集体林)		第四种类型的森林(私有林)	
	2002	2013	2002	2013	2002	2013	2002	2013
俄罗斯	808.3	809.1	0	0	0	0	0	0
巴西	294.5	150.1	11.7	35.6	75.3	110.8	94.3	99.9
加拿大	374.2	356.9	0	0.03	1.5	5.4	26.5	27.3
美国	129.1	132.7	0	0	7.3	7.5	167	163.7
刚果(金)	157.3	154.1	0	0	0	0	0	0
澳大利亚	123.8	109.3	0	0	20.9	20.9	18.1	17.2
印度尼西亚	97.7	91.7	0.22	1	0	0	1.5	2.7

（续）

项目	第一种类型的森林（国有林）		第二种类型的森林（国有代管林）		第三种类型的森林（集体林）		第四种类型的森林（私有林）	
	2002	2013	2002	2013	2002	2013	2002	2013
印度	44.3	33	14.1	24.6	0	1.9	9.4	9.7
……	……	……	……	……	……	……	……	……
40 国汇总	2650.1	2405.6	49.8	96.3	333	415	369.9	379.4

三、林权下放分权改革若干问题[①]的研究发现

1. 林权代管为主，完全下放占比较少

2002～2013 年新制定了 24 项林权下放改革制度，多数制度改革是政府所有而将林权指定给少数民族和当地社区代管（共 15 项，占 62.5%），完全下放林权给少数民族和当地社区拥有的制度改革仍为少数（共 4 项，占 16.7%）。

承认地方社区和集体拥有林权的法律呈现增加趋势。在 2002 年，27 个中低收入国家中有 9 个国家，在其国家法律中并未承认少数民族和当地社区拥有林地、森林的权利。但是，到了 2013 年，这 27 国都在国家或次国家层面的立法中制定了至少一项社区林权制度（community forest tenure regime）。这些林权改革主要发生在亚洲和非洲地区，这 27 国总共产生了 24 项新的林权制度。如泰国在 2010 年通过了《社区土地利用许可》（*Community Land Use Permits*）、赞比亚在 2006 年通过了《联合管理森林》（*Joint Forest Management*）。在 24 项新的林权制度中，有 18 项是在 2002～2007 年的 6 年间新制定的，其中有 4 项属于前述第三种产权类型的森林即少数民族和社区拥有的林地，有 10 项属于前述第二种产权类型的森林即政府所有但指定少数民族、当地社区代管的森林，剩余的 4 项少数民族和当地社区仅拥有“微弱的”（weak）权利，实际上仍属于前述第一种产权类型的森林即政府所有并且政府管理的国有林。而 24 项新的林权制度中，剩余 6 项是在 2008～2013 年的六年间新制定的，其中 5 项属于前述第二种产权类型的森林即政府所有但指定少数民族、当地社区代管的森林，剩余 1 项属于前述第一种产权类型的森林即政府所有并且政府管理的国有林，没有任何一项属于少数民族和当地社区完全拥有所有权的林权制度（图 1）。

2. 三种产权类型的林权制度对林权赋予不同的权利组合

2013 年，27 个国家共有 61 项社区林权制度（community forest tenure regime），其中仅有 19 项（占 31%）将林权完全下放给少数民族和当地社区，这

---

① 本部分分析的是 27 个中低收入国家，其森林占全球森林面积的 41%。

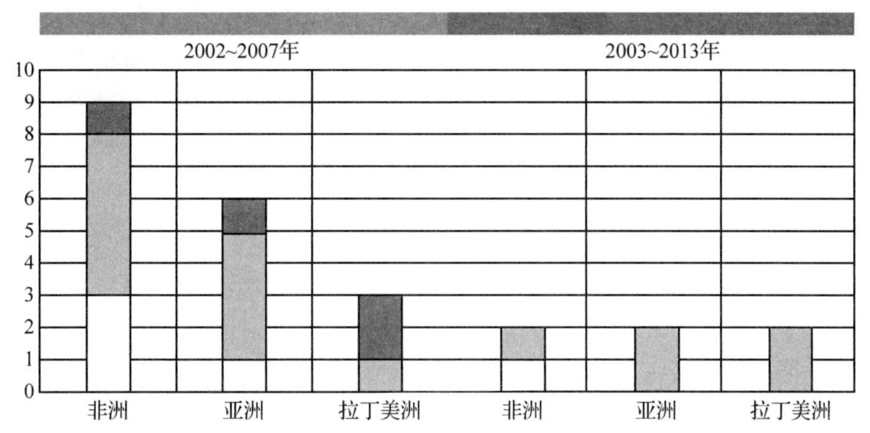

图 1 2002～2013 年全球 24 项新制定的林权制度的类型和区域分布

些国家主要在拉丁美洲；有 34 项(占 57%)属于前述第二种产权类型的森林即政府所有但指定少数民族、当地社区代管的森林；有 8 项(占 12%)仍属于前述第一种产权类型的森林即政府所有并且政府管理的国有林。

从 19 项完全下放林权的林权制度的权利组合看，它们都完全承认对林权的无限持有期、排他权，以及使用权这三个基本权利。此外，还赋予一定程度的受益权和处分权。这种模式表明，对社区林权给予了完全保障，既承认控制资源的权利，也承认从资源获利的权利。但 19 项中，有 3 项对非木质林产品和木材商业性受益权实施了一定限制。

从 34 项"政府所有但指定少数民族、当地社区代管的林权制度"的权利组合看，情况较为复杂。它们拥有一定的处分权和排他权，但缺乏作为"长期权利保障的"排他权、非经正当程序不得剥夺和补偿的权利，以及无限期持有权的权利束组合。其中有 9 项林权制度要求当地社区和政府指定的经营实体联合管理森林。有 19 项并不承认社区林业的排他权，有 13 项并不承认社区的非经正当程序不得剥夺和补偿的权利。

从 8 项"政府所有并且政府管理的国有林"的林权制度的权利组合看，仅有 1 项不承认社区的使用权。有 2 项承认社区商业性受益权。

对上述这三种产权类型的林权制度，林业资源商业性利用的受益权对于生计和扶贫至关重要，61 项社区林权制度中有 44 项承认这种权利。

3. 社区林权制度的实施情况

由于缺乏法律工具，社区林权制度难以落实，这一点在非洲表现得特别明显。在撒哈拉以南的非洲地区，17 项承认社区拥有森林的林权制度，其中有 10 项由于前述原因未成功实施。另外，实施林权改革制度还需要管理计划和许可证的完美配合。在拉丁美洲，虽然很多森林已分配给当地社区，但是复杂的官僚程序阻止了这一进程，如在巴西，正式承认 Quilombola 社区的林权的登记过程可能耗时 15 年以上。经常变动的法规和国家法院的决议也会对林权改革产生负面影响。

四、报告提出的政策建议

报告提出以下 4 点建议，旨在抓住推进森林所有权改革的机会：一是加强金融和政治支持，实现消除贫困、应对气候变化及粮食安全等综合发展目标。对林权改革投入财政、技术支持，将显著影响政府对少数民族和当地社区拥有森林所有权的态度，推动各国政府做出积极的转变。二是用 REDD + 和 FLEGT 战略促进国内林权改革。森林所有权改革活动可以利用国际 REDD + 保障机制和 REDD + 战略的国家发展进程，作为未来推动所有权改革的政策突破口，同时可利用 FLEGT 对话提供的政治空间来助推所有权改革议程。在未来，REDD + 保障信息系统的开发和运行将为改革提供另一个契机。三是协调推进林权改革活动和森林保护活动。目前的森林保护活动受到当地社区尊重人权和林权的挑战，保护机构和当地社区之间产生了对抗。在保护机构和当地社区之间建立更有效的利益分享机制，是推进保护活动和林权改革活动的重要基础。这一方面要求保护活动改革中更多地考虑人权、林权等因素，另一方面要求林权改革建立起健全、长期的保障机制。四是吸引私营企业和投资者。考虑私营企业和投资者的全球影响力和经济重要性，其可以从本质上影响林权改革的进程。私营企业和投资者需要超越“谨小慎微”(doing no harm)的底线，为林权改革提供金融支持，并遵循市场规律，创新出适合当地居民所享有林权的生产和商品化模式。

（摘译自：What Future for Reform? Progress and slowdown in forest tenure reform since 2002）

阿根廷通过湿地最低环境标准立法

据湿地国际(Wetlands International)2013 年 12 月的新闻信息简报，阿根廷参议院通过了湿地最低环境标准立法(立法文本以西班牙语形式发布)。该法律规定了阿根廷湿地保存、保护、恢复以及明智和可持续利用的最低标准(minimum standards)。这份标准利于保护湿地，特别是目前大豆等产业发展严重影响阿根廷湿地的存在。这份法案还要求建立国家湿地清查(National Wetland Inventory)，明确识别区分现有的湿地，并提供必要的信息供明智保护和监测湿地。

(摘译自：Argentina Senate Approves Legislation on Minimum Standards for Wetlands; http://www.environmentallawportal.com/argentina-environmental-developments-Q3－2013)

主要国家控制根除入侵物种财政和非财政资金提供机制的芬兰经验

欧盟环境政策研究所(IEEP)2014年6月3日发布了题为《入侵物种资金行动工具：精选案例及其在芬兰的适用性回顾和评估》的报告，分析了十个财政和非财政资金供给机制国家典型案例的制度安排，及其在芬兰适用的评价指标。

报告指出，这项研究的目的在于，为识别和评估适用于国家控制清除入侵物种的资金提供新工具，提出科学的借鉴吸收方法，指导入侵物种防控的财政制度安排。

报告提出了控制清除入侵物种财政和非财政资金提供机制的优劣性评价指标，主要包括六个方面：①资金机制对入侵物种类型和入侵阶段的覆盖范围；②成本效益性，即覆盖防控活动、减少入侵物种风险花费的成本；③执法条件、执法能力的要求；④对管理部门增加的负担；⑤对公共资金的要求；⑥对不同参与部门的可接受性和合法性。

这份报告基于对以下典型案例(表1)的评估研究，提出了芬兰采用外来入侵物种新型资金工具的经验：资金机制应使违反入侵物种履约规定的行为承担成本，特别是对一些如大豕草等重点物种；可以采取征税或定期检查收费的资金机制，将收取的资金用于监测和研究；要建立绿色公共采购法规，将入侵物种风险最小化；要对入侵物种资金政策进行一次全面和成本效益方面的评估研究。

表1　外来入侵物种(IAS)新型资金工具及政策措施概况

资金机制	案例说明	工作重点	覆盖范围	强制/自愿	资金来源	适用性(芬兰)
澳大利亚植物健康协会与需求方签订的病害紧急汇报协议(EP-PRD)	对紧急发生的入侵植物和害虫进行消灭，用事先设定的方法提供资金	消除(有目的或无目的)	全国	如果合作方同意，绝大部分是强制	私人和公共	芬兰可采用，但需要进一步完善多方合作的法规
澳大利亚的杂草风险评价系统(WRA)	必要检查范围由政府承担。超出范围申请者希望执行新评估，需承担成本	预防(有目的)	全国	强制	私人和公共	芬兰可采用，但需要进一步完善法规
澳大利亚临时性的货船征税	资助入侵物种技术研究；提高货船防范意识	预防	全国或地区	强制	私人	芬兰可采用
比利时、英国的公共财政采购	强制界定各级政府的公共采购，鼓励使用本土物种	预防(有目的)	全国或地区	强制或自愿	公共	芬兰可采用
夏威夷的入侵物种公共税	运输工具征税	根据税的差异有所不同	地区	强制	公共	芬兰不适用
俄勒冈的清理费	一年或两年定期对船舶进行检查，上交检查费，发现入侵物种必须清理	预防	地区	强制	私人	芬兰制定细节后可采用

(摘译自：Instruments for Financing Action on Invasive Alien Species：Review and assessment of selected examples and their applicability in Finland)

后 记

经过努力，《气候变化、生物多样性和荒漠化问题动态参考 2014 年度辑要》与读者见面了。辑要密切跟踪国际生态治理进程和各国生态建设情况，力图及时、客观、准确地搜集、分析、整理国际气候变化、生物多样性和荒漠化领域的重要行动和政策信息，供有关领导和管理部门了解情况和决策参考。

此项工作得到了国家林业局局领导的亲切关心，得到了各司局、各单位的大力协助，得到了国家林业局有关专家的悉心指导。在此，谨向关心、支持这项工作的领导、专家和有关单位表示衷心感谢！

气候变化、生物多样性和荒漠化等问题覆盖面广，涉及许多方面的内容。我们深知工作有许多不完善的地方，今后会倍加努力，希望得到各界人士的关心和支持，对我们工作提供宝贵意见。

国家林业局经济发展研究中心
地址：北京市东城区和平里东街 18 号，100714
电话：(010)84239163
E-mail：climate&forest@126.com